高等职业教育创新型人才培养系列教材

高等数学

(第2版)

王桠楠　周　渊　主　编
李馨茹　杨　丽　副主编

北京航空航天大学出版社

内 容 简 介

本书以教育部高职高专人才培养目标为依据，结合现阶段高职高专学生学习特点，在借鉴国内外优秀教材编写经验的基础上，总结近年来高职高专“高等数学”课程一线教学和改革经验编写而成。全书立足实际、语言通俗易懂，尤其注重学生数学文化素养培养及思维能力训练，共分为9章：函数、极限与连续，一元函数微分学及其应用，不定积分，定积分，常微分方程，无穷级数，向量与空间解析几何，多元函数微积分，线性代数。

本书配有同步辅导书《高等数学学习指导(第2版)》(ISBN 978-7-5124-4432-4)。

本书可作为高职高专院校机械、数控、汽车、电子等工科类专业的基础课教材，也可作为相关工程技术人员的自学参考用书。

图书在版编目(CIP)数据

高等数学 / 王桠楠，周渊主编. -- 2版. -- 北京 ：北京航空航天大学出版社，2024.8. -- ISBN 978-7-5124-4425-6

Ⅰ. O13

中国国家版本馆 CIP 数据核字第 2024AR2631 号

高等数学(第2版)

王桠楠 周 渊 主 编

李馨茹 杨 丽 副主编

策划编辑 冯 颖 责任编辑 龚 雪

*

北京航空航天大学出版社出版发行

北京市海淀区学院路37号(邮编 100191) http://www.buaapress.com.cn

发行部电话：(010)82317024 传真：(010)82328026

读者信箱：goodtextbook@126.com 邮购电话：(010)82316936

河北宏伟双华印刷有限公司印装 各地书店经销

*

开本：787×1 092 1/16 印张：14.25 字数：365千字

2024年8月第2版 2025年1月第2次印刷 印数：5 001～9 000册

ISBN 978-7-5124-4425-6 定价：49.00元

若本书有倒页、脱页、缺页等印装质量问题，请与本社发行部联系调换。联系电话：(010)82317024

第 2 版前言

“高等数学”课程是理工科各专业必修的公共基础课，同时在科学研究、工程技术、经济、金融等各个领域有广泛的应用。为适应目前高职高专院校的需求，结合高职高专人才培养目标，总结近年来高职高专高等数学教学和改革经验，体现高职高专公共基础课程的基本要求而编写此书。

在本次修订过程中，我们努力体现以下特点：

① 对知识体系进行优化，降低理论要求，强调高等数学在实际中的应用；

② 知识体系力争做到通俗易懂、由浅入深、由易到难，通过各种类型的例题，把理论性降到最低；

③ 为了使学生更好地掌握知识点，书中配有大量的例题、习题，各小节有习题，每章节有总复习题；

④ 注重激发学生的学习兴趣，培养学生的数学文化素养，提高学生利用数学知识解决问题的能力，提升学生分析问题和解决实际问题的能力。

本书由四川航天职业技术学院王桠楠、周渊，主编，李馨茹、杨丽为副主编。全书共 9 章，其中第 1 章、第 6 章由李馨茹编写，第 2 章、第 4 章、第 7 章、第 8 章由王桠楠编写，第 3 章由杨丽编写，第 5 章、第 9 章由周渊编写。最后由王桠楠对全书进行统稿。

唐绍安教授任本书主审，对本书的编写工作提出了许多宝贵意见和建议。同时学院各级领导对我们的编写工作给予了大力支持，本书的出版得到了北京航空航天大学出版社编辑们的倾心帮助，在此一并表示衷心的感谢！

本书配有同步辅导书《高等数学学习指导(第 2 版)》(ISBN 978－7－5124－4432－4)。

限于编者水平，书中不足之处在所难免，敬请专家、同行及广大读者不吝赐教，以便今后修订完善。

编　者

2024 年 3 月

目　　录

第 1 章　函数、极限与连续

学习目标

- 理解函数的概念，会求函数(包含分段函数)的定义域，会建立实际问题的函数表达式；
- 熟练掌握基本初等函数的性质与图像；
- 掌握复合函数，能分解复合函数结构；
- 掌握极限概念及极限存在的充要条件，极限的四则运算法则；
- 熟练掌握两个重要极限；
- 了解无穷小量、无穷大量的概念，掌握无穷小的性质，了解无穷小的阶，会用等价无穷小替换求极限；
- 理解函数在一点连续与间断的概念，会判断函数(含分段函数)的连续性，会判定函数间断点类型；
- 了解闭区间上连续函数的有界性定理、最值定理、介值定理，会用零点存在定理进行证明.

刘徽与极限思想：数学探索的无尽之路

在学习高等数学时，会用到一些初等数学的知识. 为了帮助起点不同、层次不同的同学学习高等数学，本章先回顾和整理了在高等数学学习中需要用到的初等数学的重要知识，起到承上启下的作用；然后再介绍极限理论，它不仅是一个非常重要的概念，也是一种基本的运算，后面对导数、积分的学习都离不开对极限的理解和应用；最后着重讨论极限的概念、性质、计算方法和函数的连续性.

1.1　函数及其性质

1.1.1　函数的定义

在数学中，函数是两个集合之间的一种特殊对应关系，通常用符号 f 来表示函数，用 $f(x)$ 表示函数作用在元素 x 上的结果.

定义 1.1　设 D 是一个实数集，如果对于 D 中的每一个数 x，变量 y 按照某种对应法则 f，总有确定的值与之对应，那么就称 y 为定义在数集 D 上的 x 的函数，记作 $y=f(x)$，x 称为自变量，y 称为函数或因变量. 数集 D 称为函数的定义域. 当 x 取定 x_0 时，与 x_0 对应的值称为函数在点 x_0 的函数值，记作 $y_0=y|_{x=x_0}=f(x_0)$. 当 x 取遍 D 中的一切实数值时，对应的函数值的集合 M 叫作函数的值域.

【例 1.1】　设 $y=f(x)=\dfrac{1}{x}\sin\dfrac{1}{x}$，求 $f\left(\dfrac{1}{\pi}\right)$.

解　$f\left(\dfrac{1}{\pi}\right)=\pi\sin\pi=0$.

【例1.2】 设 $f(x+1)=x^2-2x$,求 $f(x)$.

解 令 $x+1=t$,则 $x=t-1$,所以

$$f(t)=(t-1)^2-2(t-1)=t^2-4t+3.$$

再令 $t=x$,得 $f(x)=x^2-4x+3$.

1.1.2 函数的两个基本要素

函数的对应法则 f 和定义域 D 称为函数的两个基本要素,值域一般称为派生要素.

(1) 对应法则 f

给定两个对应法则,如果自变量取任意相同取值,其对应的函数值都相等,则称这两个对应法则相同,否则,称这两个对应法则不同.例如:函数 $f(x)=\sin x$,f 确定的对应规律为 $f(\quad)=\sin(\quad)$.

(2) 定义域

在实际问题中,函数的定义域是根据问题的实际意义确定的.若抽象地研究函数,则规定函数的定义域是使其表达式有意义的一切实数组成的集合,一般地,函数的定义域要求如下:

① 分式中,分母不能为0;

② 偶次根式的被开方式必须大于等于0;

③ 对数函数的真数必须大于0,底数大于0且不等于1;

④ 三角函数与反三角函数要符合其定义;

⑤ $x^0=1$,但 $x\neq0$.

⑥ 如果函数表达式中含有上述几种函数,则应取各部分定义域的交集;如果是分段函数则取其并集.

【例1.3】 求下列函数的定义域.

① $y=\lg(x-1)+\sqrt{5-x}$; ② $y=\sqrt{-x^2+4x-3}$.

解 ① 由偶次方根被开方式非负,且对数的真数部分为正,有 $\begin{cases}5-x\geqslant0\\x-1>0\end{cases}$,解得 $\begin{cases}x\leqslant5\\x>1\end{cases}$,即定义域为 $(1,5]$.

② 由偶次方根被开方式非负,得 $-x^2+4x-3\geqslant0$,解得 $1\leqslant x\leqslant3$,即定义域为 $[1,3]$.

(3) 相同函数

如果两个函数的定义域相同、对应法则也相同,那么,这两个函数就是相同的函数.

【例1.4】 判定下列函数是否相同?

① $f(x)=2\ln x$ 与 $f(x)=\ln x^2$; ② $y=\sqrt{x}$ 与 $u=\sqrt{v}$.

解 ① 不相同,因为 $f(x)=2\ln x$ 定义域为 $x>0$,$f(x)=\ln x^2$ 定义域为 $x\in\mathbf{R}$ 且 $x\neq0$.

② 相同,因为对应法则和定义域均相同.

1.1.3 函数的表示方法

常见的函数表示法有公式法、表格法和图像法.

① 用数学式子表示函数的方法叫作函数的公式法,其优点是便于理论推导和计算,数学中的函数大多采用此法.

② 用表格形式表示函数的方法叫作函数的表格法,其优点是所求的函数值容易查到.

③ 用图像表示函数的方法叫作函数的图像法,其优点是直观形象,能清晰地看到函数的变化趋势。

1.1.4　分段函数

定义 1.2　如果一个函数的函数值在其定义域的不同范围内必须分别表达,则称该函数为分段函数.由此可见,分段函数就是在自变量的不同取值范围内有着不同对应法则的函数.分段函数是定义域上的一个函数,不要理解为多个函数,分段函数需要分段求值,分段作图.如:

(1) 取整函数

$y=[x]=n, n\leqslant x<n+1 (n=0,\pm1,\pm2,\cdots)$,如图 1.1 所示.

(2) 符号函数

$$y=\operatorname{sgn} x=\begin{cases}1, & x>0\\ 0, & x=0.\\ -1, & x<0\end{cases}$$

它的定义域为$(-\infty,+\infty)$,值域为$\{-1,0,1\}$,如图 1.2 所示.

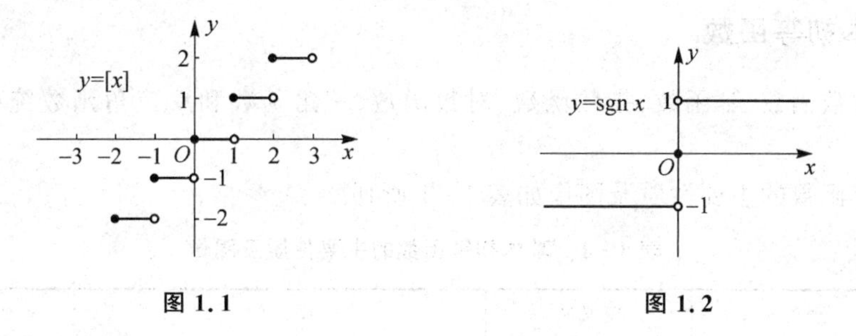

图 1.1　　图 1.2

1.1.5　函数的性质

性质 1.1(单调性)　如果函数 $f(x)$对定义区间 I 内的任意两点 x_1,x_2,当 $x_1<x_2$ 时,总有 $f(x_1)<f(x_2)$,则称 $f(x)$在 I 上单调增加,区间 I 称为单调增区间;若 $f(x_1)>f(x_2)$,则称 $f(x)$在 I 上单调减少,区间 I 称为单调减区间.单调增区间或单调减区间统称为单调区间.

性质 1.2(奇偶性)　如果函数 $f(x)$对关于原点对称的定义区间 I 内的任意一点 x,均为 $f(-x)=f(x)$,则称 $f(x)$为偶函数;若 $f(-x)=-f(x)$,则称 $f(x)$为奇函数.

注意:讨论函数是否具有奇偶性的前提条件是该函数的定义域必须是关于原点的对称区间,否则就没有讨论的意义了.在平面直角坐标系中,奇函数的图形关于原点对称;偶函数的图形关于 y 轴对称.

性质 1.3(有界性)　如果函数 $f(x)$对定义区间 I 内任意 x,总有$|f(x)|\leqslant M$,其中 M 是一个与 x 无关的常数,则称 $f(x)$在区间 I 上有界,否则称为无界.

性质 1.4(周期性)　函数 $f(x)$,若存在一个常数 $T\neq0$,对定义区间 I 上任意 x,有 $x+T\in I$,且 $f(x+T)=f(x)$,则称 $f(x)$为周期函数.通常所说的函数的周期是指其最小正周期.

【例 1.5】 判断下列函数的奇偶性.

① $f(x)=\sin x$;　　② $f(x)=x\mathrm{e}^x$.

解 ① 因为 $f(x)=\sin x$ 的定义域为 $(-\infty,+\infty)$,是关于原点对称的,且 $f(-x)=\sin(-x)=-\sin x=-f(x)$,所以函数 $f(x)=\sin x$ 在其定义域区间内是奇函数.

② 因为 $f(x)=x\mathrm{e}^x$ 的定义域为 $(-\infty,+\infty)$,是关于原点对称的,且 $f(-x)=-x\mathrm{e}^{-x}$,所以函数 $f(x)=x\mathrm{e}^x$ 为非奇非偶函数.

1.1.6 反函数

定义 1.3 设有函数 $y=f(x)$,其定义域为 D,值域为 W. 如果对于 W 中的每一个 y 值 $(y\in W)$,都可以从关系式 $y=f(x)$ 确定唯一的 x 值 $(x\in D)$ 与之对应,那么所确定的以 y 为自变量的函数 $x=\sigma(y)$ 叫作 $y=f(x)$ 的反函数,它的定义域为 W,值域为 D.

习惯上,函数的自变量都以 x 表示,所以函数 $y=f(x)$ 的反函数常表示为 $y=f^{-1}(x)$. 函数 $y=f(x)$ 的图像与其反函数 $y=f^{-1}(x)$ 的图像关于直线 $y=x$ 对称.

【例 1.6】 求函数 $y=3x+1$ 的反函数.

解 由 $y=3x+1$ 解得 $x=\dfrac{y-1}{3}$,互换 x 和 y 得函数 $y=3x+1$ 的反函数为 $y=\dfrac{x-1}{3}$.

1.1.7 基本初等函数

我们把常数函数、幂函数、指数函数、对数函数、三角函数和反三角函数统称为基本初等函数.

基本初等函数的主要性质及图像如表 1-1 所列.

表 1-1 基本初等函数的主要性质及图像

名　称	表达式	定义域	图　像	性　质
常值函数	$y=a$ (a 为常数)	$(-\infty,+\infty)$	y, $y=a$, O, x	有界函数;偶函数
幂函数	$y=x^\mu$ $(\mu\neq 0)$	根据 μ 值不同,定义域不同	y, $y=x^3$, $y=x^2$, $y=x$, $y=x^{\frac{1}{2}}$, $y=x^{\frac{1}{3}}$, $y=x^{-1}$, $y=x^{-2}$, 1, O, 1, x (第一象限图像)	图像必过(1,1),具有奇偶性(与 μ 值相关)
指数函数	$y=a^x$ $(a>0,a\neq 1)$	$(-\infty,+\infty)$	y, $(a>1)$, $(0<a<1)$, 1, O, x	图像必过(1,1); 位于 x 轴上方; $a>1$ 单调递增,$a<1$ 单调递减

续表 1-1

名称		表达式	定义域	图像	性质
对数函数		$y=\log_a x$ $(a>0,a\neq1)$	$(0,+\infty)$	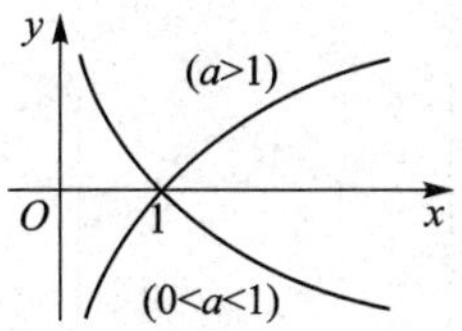 y $(a>1)$ O 1 x $(0<a<1)$	图像必过(1,0)； 位于 x 轴正半轴； $a>1$ 单调递增，$a<1$ 单调递减
三角函数	正弦函数	$y=\sin x$	$(-\infty,+\infty)$	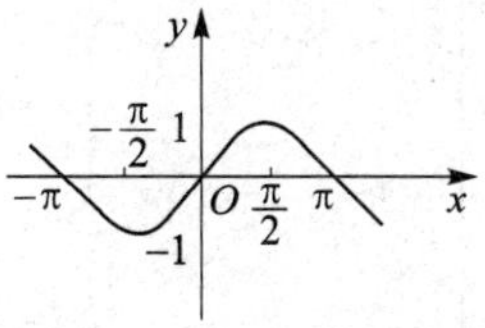 y $-\frac{\pi}{2}$ 1 $-\pi$ O $\frac{\pi}{2}$ π x -1	奇函数； 有界函数； 周期函数
	余弦函数	$y=\cos x$	$(-\infty,+\infty)$	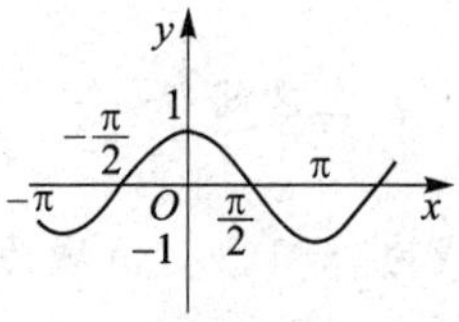 y 1 $-\frac{\pi}{2}$ π $-\pi$ O $\frac{\pi}{2}$ x -1	偶函数； 有界函数； 周期函数
	正切函数	$y=\tan x$	$x\neq k\pi+\frac{\pi}{2},k\in\mathbf{Z}$	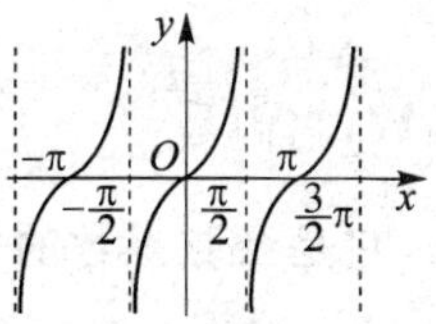 y $-\pi$ O π $-\frac{\pi}{2}$ $\frac{\pi}{2}$ $\frac{3}{2}\pi$ x	奇函数； 周期函数
	余切函数	$y=\cot x$	$x\neq k\pi,k\in\mathbf{Z}$	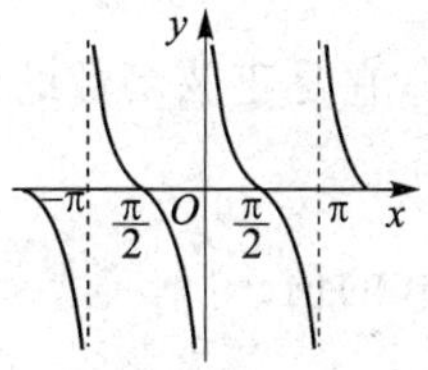 y $-\pi$ $\frac{\pi}{2}$ O $\frac{\pi}{2}$ π x	奇函数； 周期函数
反三角函数	反正弦函数	$y=\arcsin x$	$[-1,1]$	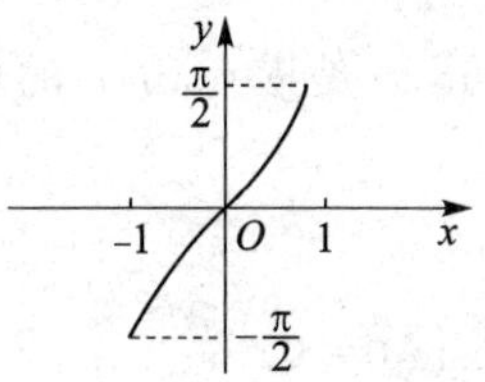 y $\frac{\pi}{2}$ -1 O 1 x $-\frac{\pi}{2}$	奇函数； 有界函数； 单调增加
	反余弦函数	$y=\arccos x$	$[-1,1]$	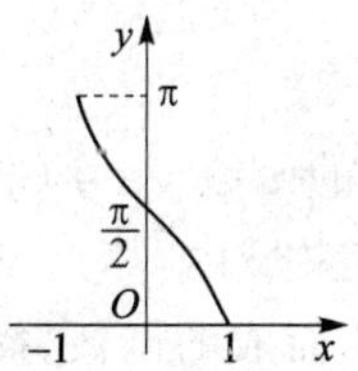 y π $\frac{\pi}{2}$ O -1 1 x	有界函数； 单调减少

续表 1-1

名称		表达式	定义域	图像	性质
反三角函数	反正切函数	$y=\arctan x$	$(-\infty,+\infty)$	y, $\frac{\pi}{2}$, O, x, $-\frac{\pi}{2}$	奇函数；有界函数；单调增加
	反余弦函数	$y=\text{arccot}\, x$	$(-\infty,+\infty)$	y, π, $\frac{\pi}{2}$, O, x	有界函数；单调减少

注意： 正弦函数 $y=\sin x$ 在区间 $\left[-\frac{\pi}{2},\frac{\pi}{2}\right]$ 上的反函数称为反正弦函数，记作 $y=\arcsin x$. 函数 $y=\arcsin x$ 的定义域为 $[-1,1]$，值域为 $\left[-\frac{\pi}{2},\frac{\pi}{2}\right]$. 余弦函数 $y=\cos x$ 在区间 $[0,\pi]$ 上的反函数称为反余弦函数，记作 $y=\arccos x$. 函数 $y=\arccos x$ 的定义域为 $[-1,1]$，值域为 $[0,\pi]$.

此外，还有2个三角函数，它们是：

① 正割函数 $y=\sec x$，它是余弦函数的倒数，即 $\sec x=\frac{1}{\cos x}$，其中周期为 $T=2\pi$，为无界函数.

② 余割函数 $y=\csc x$，它是正弦函数的倒数，即 $\csc x=\frac{1}{\sin x}$，其中周期为 $T=2\pi$，为无界函数.

【例1.7】 求下列各式的值.

① $\arcsin(-1)$； ② $\arcsin 0$.

解 ① 因为 $y=\arcsin x$ 是 $y=\sin x$ 的反函数，所以由 $\sin\left(-\frac{\pi}{2}\right)=-1$ 得 $\arcsin(-1)=-\frac{\pi}{2}$.

② 由 $\sin 0=0$ 得 $\arcsin 0=0$.

1.1.8 复合函数

定义1.4 如果 y 是 u 的函数 $y=f(u)$，而 u 又是 x 的函数 $u=\varphi(x)$，且 $u=\varphi(x)$ 的值域包含在函数 $y=f(u)$ 的定义域内，那么 y(通过 u 的关系)也是 x 的函数，则称这样的函数为 $y=f(u)$ 与 $u=\varphi(x)$ 复合而成的函数，简称为复合函数，记作 $y=f[\varphi(x)]$，其中 u 称为中间变量.

对于复合函数，有以下说明：

① 不是任何两个函数都可以构成一个复合函数,如函数 $y=\arcsin u$ 与 $u=x^2+3$ 就不能复合成一个函数,这是因为 $y=\arcsin u, u\in[-1,1]$,而由 $u=x^2+3, x\in(-\infty,+\infty)$,易知 $u\geqslant 3$,显然 $y=\arcsin(x^2+3)$ 没有意义.

② 复合函数可以有多个中间变量.

③ 复合函数通常不一定是由基本初等函数复合而成,更多的是由基本初等函数经过四则运算而形成的简单函数所构成.这样,复合函数的合成与分解往往是相对简单函数而言的.无中间变量的函数称为简单函数.

【例 1.8】 写出 $y=u^3, u=\cot x$ 的复合函数.

解 将 $u=\cot x$ 带入 $y=u^3$ 得到复合函数 $y=\cot^3 x$.

【例 1.9】 指出下列函数是由哪些简单函数复合而成?

① $y=\ln(x^2+1)$;　　　　② $y=3^{\tan\frac{1}{x}}$.

解 ① $y=\ln(x^2+1)$ 是由 $y=\ln u$ 与 $u=x^2+1$ 复合而成.

② $y=3^{\tan\frac{1}{x}}$ 是由 $y=3^u, u=\tan v, v=\dfrac{1}{x}$ 复合而成.

1.1.9　初等函数

由基本初等函数经过有限次四则运算及有限次复合步骤所构成,且可用一个解析式表示的函数,叫作初等函数,否则就是非初等函数.

今后我们讨论的函数,绝大多数都是初等函数.

习题 1.1

1. 求下列函数的定义域.

(1) $y=\sqrt{x+1}+\dfrac{1}{x-2}$;　　(2) $y=\dfrac{1}{\sqrt{1-x^2}}$;　　(3) $f(x)=\dfrac{x+1}{\sqrt{x^2-x-2}}$.

2. 判断下列函数的奇偶性.

(1) $f(x)=\dfrac{\sin x}{1+\cos x}$;　　(2) $f(x)=\ln(x+\sqrt{x^2+1})$;　　(3) $y=xf(x^2)$.

3. 分析下列函数的复合过程.

(1) $y=\arctan 5^x$;　　(2) $y=\ln^2 \arccos x^2$;　　(3) $y=\sqrt{(\arctan x)^2+3}$.

4. 设 $f(x)$ 的定义域为 $(0,1)$,求 $f(2x+1)$ 的定义域.

5. 设 $f(x)=\dfrac{1}{x-1}$,求 $f[f(x)], f\{f[f(x)]\}$.

1.2　极限的概念

通过对1.1节函数的学习,大家已经熟悉了函数值的计算问题.但是,在客观世界中,还有大量问题需要我们研究.当自变量无限接近于某个常数或某个"目标"时,函数无限接近于什么?是否无限接近于某一确定常数?这就需要极限的概念和方法.极限是高等数学中最重要的概念之一,是研究微积分学的重要工具.微积分学中的许多重要概念,如导数、定积分等,均通过极限来定义.因此,掌握极限的思想与方法是学好微积分学的前提条件.

1.2.1 数列的极限

定义1.5 按一定顺序排列的无穷多个数 $u_1,u_2,\cdots,u_n,\cdots$ 称为数列,简记为 $\{u_n\}$,称其中的第 n 项 u_n 为该数列的通项或一般项.

例如,数列 $1,2,3,\cdots,n,\cdots$,其通项 $u_n=n$,该数列可记为 $\{n\}$.数列 $\frac{1}{2},\frac{1}{4},\frac{1}{8},\cdots,\frac{1}{2^n},\cdots$,其通项 $u_n=\frac{1}{2^n}$,该数列可记为 $\left\{\frac{1}{2^n}\right\}$.

定义1.6 如果当 n 无限增大时,数列 $\{u_n\}$ 无限接近于一个确定的常数 A,则称 A 为数列 $\{u_n\}$ 的极限,也称数列 $\{u_n\}$ 收敛于 A.记为 $\lim\limits_{n\to\infty}u_n=A$ 或当 $n\to\infty$ 时,$u_n\to A$.若数列 $\{u_n\}$ 没有极限,则称数列 $\{u_n\}$ 发散.

【例1.10】 观察下列数列的极限:

① $u_n=\frac{n}{n+1}$; ② $u_n=\frac{1}{2^n}$; ③ $u_n=(-1)^{n+1}$.

解 先观察所给的数列:

$u_n=\frac{n}{n+1}$,即 $\frac{1}{2},\frac{2}{3},\frac{3}{4},\cdots,\frac{n}{n+1},\cdots$;

$u_n=\frac{1}{2^n}$,即 $\frac{1}{2},\frac{1}{2^2},\frac{1}{2^3},\cdots,\frac{1}{2^n},\cdots$;

$u_n=(-1)^{n+1}$,即 $1,-1,1,\cdots,(-1)^{n+1},\cdots$.

观察上述3个数列在 $n\to\infty$ 时的发展趋势,得

① $\lim\limits_{n\to\infty}\frac{n}{n+1}=1$;

② $\lim\limits_{n\to\infty}\frac{1}{2^n}=0$;

③ $\lim\limits_{n\to\infty}(-1)^{n+1}$ 不存在.

1.2.2 函数的极限

数列是一种特殊形式的函数,它是自变量为正整数的函数,比如数列 $u_n=\frac{1}{n}$,此时 n 为正整数,无限增大,当 n 为实数时,则表达式为 $f(x)=\frac{1}{x}$,就可以推广出函数的极限。下面分两种情况加以讨论:

1. $x\to\infty$ 时,函数 $f(x)$ 的极限

$x\to\infty$ 是指自变量 x 的绝对值 $|x|$ 无限增大,即无限远离 x 轴的坐标原点.它包含两个方向:一个是沿着 x 轴的负向,记作 $x\to-\infty$;另一个是沿着 x 轴的正向,记作 $x\to+\infty$.因此,$x\to\infty$ 是指同时考虑 $x\to-\infty$ 与 $x\to+\infty$ 两种情况.

定义1.7 如果当 x 的绝对值无限增大,即 $x\to\infty$ 时,函数 $f(x)$ 无限接近于一个确定的

常数 A，则称 A 为函数 $f(x)$ 当 $x\to\infty$ 时的极限，记为 $\lim\limits_{x\to\infty}f(x)=A$ 或当 $x\to\infty$ 时 $f(x)\to A$.

类似地，当 $x\to-\infty$ 与 $x\to+\infty$ 时有相应的定义.

定义 1.8　如果当 $x\to+\infty$(或 $x\to-\infty$)时，函数 $f(x)$ 无限接近于一个确定的常数 A，则称 A 为函数 $f(x)$ 当 $x\to+\infty$(或 $x\to-\infty$)时的右极限(或左极限)，记为 $\lim\limits_{x\to+\infty}f(x)=A$(或 $\lim\limits_{x\to-\infty}f(x)=A$)或当 $x\to+\infty$(或 $x\to-\infty$)时 $f(x)\to A$.

【例 1.11】　已知函数 $f(x)=e^x$，求 $\lim\limits_{x\to+\infty}f(x)$，$\lim\limits_{x\to-\infty}f(x)$，并讨论 $\lim\limits_{x\to\infty}f(x)$ 是否存在.

解　由题意 $\lim\limits_{x\to+\infty}f(x)=\lim\limits_{x\to+\infty}e^x=+\infty$，$\lim\limits_{x\to-\infty}f(x)=\lim\limits_{x\to-\infty}e^x=0$，由于 $\lim\limits_{x\to+\infty}f(x)\neq\lim\limits_{x\to-\infty}f(x)$，所以 $\lim\limits_{x\to\infty}f(x)$ 不存在.

不难证明，函数 $f(x)$ 在 $x\to\infty$ 时的极限与在 $x\to-\infty$ 与 $x\to+\infty$ 的极限有如下关系：

定理 1.1　$\lim\limits_{x\to\infty}f(x)=A$ 存在的充分必要条件是 $\lim\limits_{x\to-\infty}f(x)=\lim\limits_{x\to+\infty}f(x)=A$.

2. $x\to x_0$ 时，函数 $f(x)$ 的极限

为方便理解，先从图像上观察两个具体的函数.

不难看出，当 $x\to1$ 时，$f(x)=x+1$ 无限接近于 2(见图 1.3)；当 $x\to1$ 时，$g(x)=\dfrac{x^2-1}{x-1}$ 无限接近于 2(见图 1.4). 函数 $f(x)=x+1$ 与 $g(x)=\dfrac{x^2-1}{x-1}$ 是两个不同的函数，前者在 $x=1$ 处有定义，后者在 $x=1$ 处没有定义. 这就是说，当 $x\to1$ 时，$f(x)$，$g(x)$ 的极限是否存在与其在 $x=1$ 处有无定义无关.

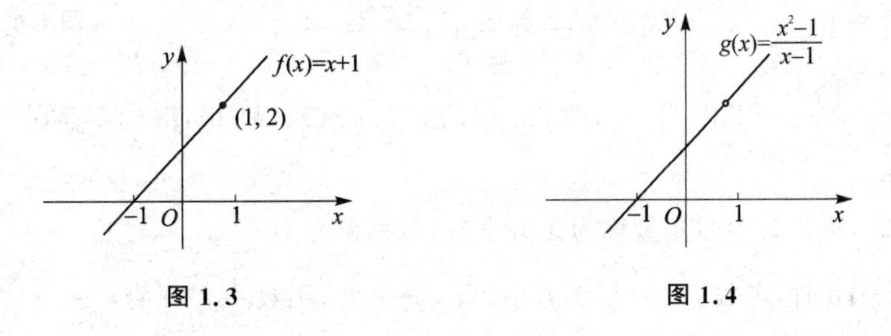

图 1.3　　　　图 1.4

可见，$\lim\limits_{x\to1}(x+1)=2$，$\lim\limits_{x\to1}\dfrac{x^2-1}{x-1}=2$.

定义 1.9　设 $f(x)$ 在 x_0 的某一去心邻域 $N(\hat{x}_0,\delta)$ 内有定义，如果 x 在 $N(\hat{x}_0,\delta)$ 内无限接近于 x_0，即 $x\to x_0$ 时，函数 $f(x)$ 的值无限接近于一个确定的常数 A，则称 A 为函数 $f(x)$ 当 $x\to x_0$ 时的极限，记为 $\lim\limits_{x\to x_0}f(x)=A$ 或当 $x\to x_0$ 时 $f(x)\to A$.

定义 1.10　如果当 $x\to x_0^-$ 时，函数 $f(x)$ 无限接近于一个确定的常数 A，则称 A 为函数 $f(x)$ 当 $x\to x_0^-$ 时的左极限，记为 $\lim\limits_{x\to x_0^-}f(x)=A$ 或当 $x\to x_0^-$ 时 $f(x)\to A$.

由此可知，讨论函数 $f(x)$ 在点 x_0 处的左极限 $\lim\limits_{x\to x_0^-}f(x)=A$ 时，在自变量无限接近于 x_0 的过程中，恒有 $x<x_0$. 用 $x\to x_0^-$ 代表 $x\to x_0$ 且 $x<x_0$，则有 $\lim\limits_{x\to x_0^-}f(x)=A$.

定义 1.11　如果当 $x\to x_0^+$ 时，函数 $f(x)$ 无限接近于一个确定的常数 A，则称 A 为函数

$f(x)$当$x\to x_0$时的右极限,记为$\lim\limits_{x\to x_0^+}f(x)=A$或当$x\to x_0^+$时$f(x)\to A$.

定理1.2 $\lim\limits_{x\to x_0}f(x)=A$存在的充分必要条件是$\lim\limits_{x\to x_0^-}f(x)=\lim\limits_{x\to x_0^+}f(x)=A$.

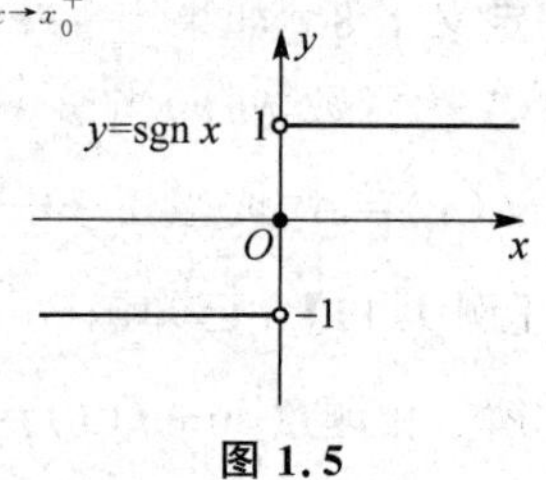

图1.5

【例1.12】 求函数$f(x)=\text{sgn}\,x=\begin{cases}1, & x>0\\0, & x=0\\-1, & x<0\end{cases}$当$x\to 0$时的左、右极限,并讨论极限$\lim\limits_{x\to 0}f(x)$是否存在.

解 由图1.5可知:左极限为$\lim\limits_{x\to 0^-}f(x)=\lim\limits_{x\to 0^-}(-1)=-1$;
右极限为$\lim\limits_{x\to 0^+}f(x)=\lim\limits_{x\to 0^+}1=1$. 因为$\lim\limits_{x\to 0^-}f(x)\neq\lim\limits_{x\to 0^+}f(x)$,所以极限$\lim\limits_{x\to 0}f(x)$不存在.

【例1.13】 设$f(x)=\begin{cases}x-1, & x<0\\0, & x=0\\x+1, & x>0\end{cases}$,求$\lim\limits_{x\to 0^-}f(x)$、$\lim\limits_{x\to 0^+}f(x)$,并讨论$\lim\limits_{x\to 0}f(x)$是否存在.

解 由图1.6可知,$\lim\limits_{x\to 0^-}f(x)=\lim\limits_{x\to 0^-}(x-1)=-1$;
$\lim\limits_{x\to 0^+}f(x)=\lim\limits_{x\to 0^+}(x+1)=1$;$\lim\limits_{x\to 0}f(x)$不存在.

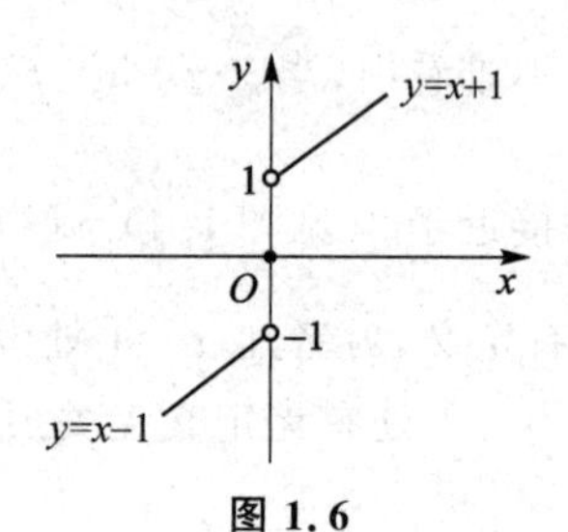

图1.6

【例1.14】 已知函数$f(x)=\dfrac{|x|}{x}$,证明$\lim\limits_{x\to 0}f(x)$不存在.

证明 因为$\lim\limits_{x\to 0^-}f(x)=\lim\limits_{x\to 0^-}\dfrac{|x|}{x}=\lim\limits_{x\to 0^-}\dfrac{-x}{x}=-1$,
$\lim\limits_{x\to 0^+}f(x)=\lim\limits_{x\to 0^+}\dfrac{|x|}{x}=\lim\limits_{x\to 0^+}\dfrac{x}{x}=1$,即$\lim\limits_{x\to 0^-}f(x)\neq\lim\limits_{x\to 0^+}f(x)$,故$\lim\limits_{x\to 0}f(x)$不存在.

3. 无穷小

定义1.12 极限为零的变量称为无穷小量,简称无穷小.

例如:当$x\to 0$时,函数$\sin x$是无穷小;当$x\to\infty$时,函数$\dfrac{1}{x}$是无穷小.

由定义1.12可见,数零是唯一可作为无穷小的常数,一般说来,无穷小表达的是量的变化状态,而不是量的大小.一个量不管多么小,都不能是无穷小,零是唯一例外的.简言之,无穷小是绝对值无限变小且趋于零的变量.

注意: 判断函数是否为无穷小必须考虑变化过程,同一个变量在不同的变化过程中,情况会不同,如当$x\to 0$时,函数$\sin x$是无穷小,但当$x\to -\dfrac{\pi}{2}$时,函数$\sin x$就不是无穷小;同时函数可能在多种情况下都是无穷小量,当$x\to\pi$时,函数$\sin x$也是无穷小.

【例1.15】 自变量x在怎样的变化过程中,下列函数为无穷小?

① $f(x)=x+3$; ② $f(x)=\dfrac{1}{x-2}$; ③ $f(x)=3^x$.

解 ① 因为$\lim\limits_{x\to -3}f(x)=\lim\limits_{x\to -3}(x+3)=0$,所以$x\to -3$时,函数$f(x)=x+3$为无穷小.

② 因为$\lim\limits_{x\to\infty}\dfrac{1}{x-2}=0$,所以$x\to\infty$时,函数$f(x)=\dfrac{1}{x-2}$为无穷小.

③ 因为 $\lim\limits_{x\to-\infty}3^x=0$，所以 $x\to-\infty$ 时，函数 $f(x)=3^x$ 为无穷小.

4. 无穷小的运算性质

性质 1.5　有限个无穷小的代数和是无穷小.

性质 1.6　有界函数与无穷小的乘积是无穷小.

【例 1.16】　求 $\lim\limits_{x\to\infty}\left(\dfrac{1}{x}\arctan x\right)$.

解　当 $x\to\infty$ 时，$\dfrac{1}{x}$ 是无穷小，$\arctan x$ 是有界函数，由无穷小的性质可知 $\lim\limits_{x\to\infty}\left(\dfrac{1}{x}\arctan x\right)=0$.

性质 1.7　常数与无穷小的乘积是无穷小.

注意：两个无穷小之商未必是无穷小，例如：$x\to0$ 时，x 与 $2x$ 皆为无穷小，但由 $\lim\limits_{x\to0}\dfrac{2x}{x}=2$ 可知，当 $x\to0$ 时 $\dfrac{2x}{x}$ 不是无穷小.

性质 1.8　有限个无穷小的乘积也是无穷小.

一般地，函数、函数的极限与无穷小三者之间具有如下关系：

定理 1.3　$\lim f(x)=A$ 的充要条件是 $f(x)=A+\alpha(x)$，其中 $\alpha(x)$ 是 x 同一变化过程中的无穷小.

证明　设 $\lim f(x)=A$，令 $\alpha(x)=f(x)-A$，则 $\lim\alpha(x)=\lim[f(x)-A]=\lim f(x)-\lim A=A-A=0$. 反之，$f(x)=A+\alpha(x)$，则 $\lim f(x)=\lim[A+\alpha(x)]=A$.

5. 无穷大

定义 1.13　在自变量 x 的某一变化过程中，若 $f(x)$ 的绝对值无限增大，则称 $f(x)$ 为 x 的这一变化过程中的无穷大量，简称为无穷大. 如果 $f(x)$（或 $-f(x)$）无限增大，则称 $f(x)$ 为 x 的这一变化过程中的正（负）无穷大.

一个函数 $f(x)$ 在 x 的某一变化过程中为正（负）无穷大，那么它的极限是不存在的. 但为了便于描述函数的这一性质，也说“函数的极限为无穷大（正、负无穷大）”，并记为 $\lim f(x)=\infty$ $(\lim f(x)=+\infty, \lim f(x)=-\infty)$.

注意：① 无穷大是极限不存在的一种情形，这里借用极限的记号，但并不表示极限存在.

② 对于无穷小和无穷大，均与自变量的变化过程密切相关，说一个函数是无穷小或无穷大，必须指明自变量 x 的变化过程.

6. 无穷小与无穷大的关系

定理 1.4　在自变量的同一变化过程中，无穷大的倒数是无穷小；恒不为零的无穷小的倒数是无穷大.

7. 无穷小的阶（无穷小的比较）

定义 1.14　设 α、β 都是自变量在同一变化过程中的无穷小，且 $\lim\dfrac{\beta}{\alpha}$ 也是在这个变化过程中的极限.

① 若 $\lim\dfrac{\beta}{\alpha}=0$，则称 β 是 α 的高阶无穷小，记作 $\beta=o(\alpha)$；

② 若 $\lim\dfrac{\beta}{\alpha}=\infty$，则称 β 是 α 的低阶无穷小；

③ 若 $\lim \dfrac{\beta}{\alpha}=c\neq 0$,则称 β 与 α 是同阶无穷小.

特别地,若 $c=1$,则称 β 与 α 是等价无穷小,记作 $\beta \sim \alpha$.

【例 1.17】 判定 $x\to 3$ 时,x^2-6x+9 与 $x-3$ 的阶.

解 $\lim\limits_{x\to 3}\dfrac{x^2-6x+9}{x-3}=\lim\limits_{x\to 3}\dfrac{(x-3)^2}{x-3}=\lim\limits_{x\to 3}(x-3)=0$,所以 $x\to 3$ 时,x^2-6x+9 是 $x-3$ 的高阶无穷小.

1.2.3 极限的性质

极限可以描述为函数的自变量在某一变化过程中,函数值无限逼近于某个确定的常数,极限具有以下性质:

性质 1.9(唯一性) 若 $\lim\limits_{x\to x_0} f(x)$ 存在,则极限值唯一.

性质 1.10(有界性) 若 $\lim\limits_{x\to x_0} f(x)$ 存在,则在 x_0 的某一去心邻域($0<|x-x_0|<\delta$,δ 为某一正数)内,函数 $f(x)$ 有界.

性质 1.11(保号性) 若 $\lim\limits_{x\to x_0} f(x)=A$ 且 $A>0$(或 $A<0$),则必存在 x_0 的某一去心邻域,使得在该邻域内,函数 $f(x)>0$(或 $f(x)<0$).

推论 若在 x_0 的某一去心邻域内函数 $f(x)\geqslant 0$(或 $f(x)\leqslant 0$),且 $\lim\limits_{x\to x_0} f(x)=A$,则 $A\geqslant 0$(或 $A\leqslant 0$).

1.2.4 极限的运算

定理 1.5 设在 x 的同一变化过程中,$\lim f(x)=A$,$\lim g(x)=B$(A,B 为常数),则

① $\lim[f(x)\pm g(x)]=\lim f(x)\pm \lim g(x)=A\pm B$;

② $\lim[f(x)\cdot g(x)]=\lim f(x)\cdot \lim g(x)=A\cdot B$;

特别地,$\lim[f(x)]^n=[\lim f(x)]^n=A^n$,$\lim Cf(x)=C\lim f(x)=CA$ (C 为常数).

③ $\lim \dfrac{f(x)}{g(x)}=\dfrac{\lim f(x)}{\lim g(x)}=\dfrac{A}{B}$ ($B\neq 0$).

极限记号“lim”下没注明自变量的变化过程,表示 $x\to x_0$ 或 $x\to\infty$ 等情形,后同.

注意:法则①②可推广到有限多个函数的情形.

【例 1.18】 求 $\lim\limits_{x\to 1}\dfrac{x^3+2x^2+4x+1}{3x^4+x^3-2x^2+4x+2}$.

解 因为分母的极限

$$\lim_{x\to 1}(3x^4+x^3-2x^2+4x+2)=3\times 1^4+1^3-2\times 1^2+4\times 1+2=8\neq 0.$$

所以
$$\lim_{x\to 1}\frac{x^3+2x^2+4x+1}{3x^4+x^3-2x^2+4x+2}=\frac{\lim\limits_{x\to 1}(x^3+2x^2+4x+1)}{\lim\limits_{x\to 1}(3x^4+x^3-2x^2+4x+2)}=\frac{8}{8}=1.$$

【例 1.19】 求 $\lim\limits_{x\to 1}\dfrac{2x^2-1}{3x^2-5x+2}$.

解 因为 $\lim\limits_{x\to 1}(3x^2-5x+2)=0$,$\lim\limits_{x\to 1}(2x^2-1)\neq 0$,所以 $\lim\limits_{x\to 1}\dfrac{3x^2-5x+2}{2x^2-1}=0$,

$\lim\limits_{x\to 1}\dfrac{2x^2-1}{3x^2-5x+2}=\infty$.

【例 1.20】 求极限$\lim\limits_{x\to 1}\dfrac{x-1}{x^2+2x-3}$.

解　由于 $x\to 1$ 时，$x-1$ 趋近于 0，x^2+2x-3 趋近于 0，此时为$\dfrac{0}{0}$型，不能直接用四则运算法则，可以通过因式分解消去零因子法，则

$$\lim_{x\to 1}\frac{x-1}{x^2+2x-3}=\lim_{x\to 1}\frac{x-1}{(x-1)(x+3)}=\lim_{x\to 1}\frac{1}{x+3}=\frac{1}{4}.$$

【例 1.21】 求极限$\lim\limits_{x\to 0}\dfrac{\sqrt{x+1}-1}{x}$.

解　此式为$\dfrac{0}{0}$型，无法通过因式分解，只能采用先分子有理化，再来求极限，即

$$\lim_{x\to 0}\frac{\sqrt{x+1}-1}{x}=\lim_{x\to 0}\frac{(\sqrt{x+1}-1)(\sqrt{x+1}+1)}{x(\sqrt{x+1}+1)}=\lim_{x\to 0}\frac{1}{\sqrt{x+1}+1}=\frac{1}{2}.$$

【例 1.22】 求极限$\lim\limits_{x\to\infty}\dfrac{2x^2+x-3}{3x^2+x-4}$.

解　当 $x\to\infty$ 时，分子分母极限均为无穷大，不能直接用四则运算，此时分子分母同除 x^2，使极限存在，利用四则运算来完成，即

$$\lim_{x\to\infty}\frac{2x^2+x-3}{3x^2+x-4}=\lim_{x\to\infty}\frac{2+\dfrac{1}{x}-\dfrac{3}{x^2}}{3+\dfrac{1}{x}-\dfrac{4}{x^2}}=\frac{\lim\limits_{x\to\infty}\left(2+\dfrac{1}{x}-\dfrac{3}{x^2}\right)}{\lim\limits_{x\to\infty}\left(3+\dfrac{1}{x}-\dfrac{4}{x^2}\right)}=\frac{2}{3}.$$

【例 1.23】 求极限$\lim\limits_{x\to\infty}\dfrac{x^4-x^3+4}{3x^3+4x-7}$.

解　当 $x\to\infty$ 时，分子分母极限均为无穷大，不能直接用四则运算，由于分子的次数比分母高，所以有

$$\lim_{x\to\infty}\frac{3x^3+4x-7}{x^4-x^3+4}=\lim_{x\to\infty}\frac{\dfrac{3}{x}+\dfrac{4}{x^3}-\dfrac{7}{x^4}}{1-\dfrac{1}{x}+\dfrac{4}{x^4}}=0.$$

利用无穷大与无穷小的关系，$\lim\limits_{x\to\infty}\dfrac{x^4-x^3+4}{3x^3+4x-7}=\infty$.

对于$\dfrac{\infty}{\infty}$型，一般当 $x\to\infty$ 时且 $a_0\neq 0$，$b_0\neq 0$，m、n 为非负整数时，有以下结论：

$$\lim_{x\to\infty}\frac{a_0x^m+a_1x^{m-1}+\cdots+a_m}{b_0x^n+b_1x^{n-1}+\cdots+b_n}=\begin{cases}0, & m<n\\ \dfrac{a_0}{b_0}, & m=n.\\ \infty, & m>n\end{cases}$$

由此可得，有理函数(两个多项式之商)在 $x\to x_0$ 时的极限是容易求得的.

【例 1.24】 求$\lim\limits_{n\to\infty}\dfrac{3^{n+1}+2^n}{3^n+2^{n+1}}$.

解
$$\lim_{n\to\infty}\frac{3^{n+1}+2^n}{3^n+2^{n+1}}=\lim_{n\to\infty}\frac{1+\frac{1}{3}\times\left(\frac{2}{3}\right)^n}{\frac{1}{3}+\left(\frac{2}{3}\right)^{(n+1)}}=3.$$

【例 1.25】 求 $\lim\limits_{x\to 0}\dfrac{\sqrt{1+x}-1}{x}$

解 $\dfrac{\sqrt{1+x}-1}{x}=\dfrac{(\sqrt{1+x}-1)(\sqrt{1+x}+1)}{x(\sqrt{1+x}+1)}=\dfrac{x}{x(\sqrt{1+x}+1)}=\dfrac{1}{1+\sqrt{1+x}}$.

从而有$\lim\limits_{x\to 0}\dfrac{\sqrt{1+x}}{x}=\lim\limits_{x\to 0}\dfrac{1}{1+\sqrt{1+x}}=\dfrac{1}{2}$.

【例 1.26】 已知$\lim\limits_{x\to\infty}\left(\dfrac{x^2+2}{x-1}-ax-b\right)=0$,求常数 a,b.

解
$$\frac{x^2+2}{x-1}-ax-b=\frac{(1-a)x^2+(a-b)x+b+2}{x-1}.$$

由于
$$\lim_{x\to\infty}\left(\frac{x^2+2}{x-1}-ax-b\right)=\lim_{x\to\infty}\frac{(1-a)x^2+(a-b)x+b+2}{x-1}=0.$$

所以 $1-a=0$,$a-b=0$,即 $a=b=1$.

小结 ① 运用极限法则时,必须注意只有各项极限存在(对商,还要分母极限不为零)才能适用.

② 如果所求极限呈现$\dfrac{0}{0}$、$\dfrac{\infty}{\infty}$等形式,不能直接用极限法则,必须先对原式进行恒等变形(约分、通分、有理化、变量代换等),然后再求极限.

③ 利用无穷小的运算性质求极限.

1.2.5 复合函数的极限运算法则

设 $y=f(u)$与 $u=g(x)$构成复合函数 $y=f[g(x)]$. 如果$\lim\limits_{u\to u_0}f(u)=a$,$\lim\limits_{x\to x_0}g(x)=u_0$ 且 $g(x)\neq u_0(x\neq x_0)$,那么有$\lim\limits_{x\to x_0}f[g(x)]=\lim\limits_{u\to u_0}f(u)=a$.

【例 1.27】 求$\lim\limits_{x\to 1}\ln\dfrac{x^2-1}{3(x-1)}$.

解 令 $u=\dfrac{x^2-1}{3(x-1)}$,由于$\lim\limits_{x\to 1}\dfrac{x^2-1}{3(x-1)}=\lim\limits_{x\to 1}\dfrac{x+1}{3}=\dfrac{2}{3}$,所以
$$\lim_{x\to 1}\ln\frac{x^2-1}{3(x-1)}=\lim_{u\to\frac{2}{3}}\ln u=\ln\frac{2}{3}.$$

1.2.6 两个重要极限

(1) $\lim\limits_{x\to 0}\dfrac{\sin x}{x}=1\left(属于\dfrac{0}{0}型\right)$

证明　因为 $f(x)=\dfrac{\sin x}{x}$ 是一个偶函数，所以只要能证明 $\lim\limits_{x\to 0^+}\dfrac{\sin x}{x}=1$ 成立即可. 另外，由 $x\to 0^+$，不妨限制 x 在 $\left(0,\dfrac{\pi}{2}\right)$ 内取值. 如图 1.7 所示，设单位圆心为 O，在圆周上取一定点 A，在圆周上任取一点 B 使 $\angle AOB=x\left(0<x<\dfrac{\pi}{2}\right)$. 过点 A 作圆周的切线交 OB 的延长线于 D，连结 AB，则得$\triangle AOB$、扇形 AOB、$\triangle AOD$ 三个图形，设其面积分别为 $S_{\triangle AOB}$，$S_{扇形AOB}$，$S_{\triangle AOD}$，则有关系

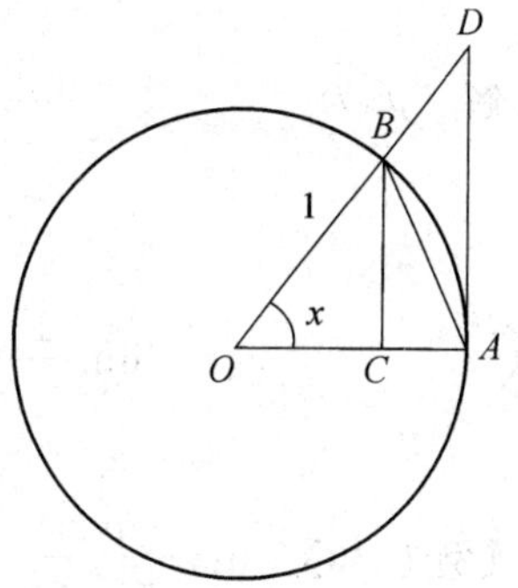

图 1.7

$$S_{\triangle AOB}<S_{扇形AOB}<S_{\triangle AOD}.$$

即

$$\frac{1}{2}\sin x<\frac{1}{2}x<\frac{1}{2}\tan x.$$

$$\sin x<x<\tan x.$$

因为 $x\in\left(0,\dfrac{\pi}{2}\right)$，所以 $\sin x>0$，得

$$1<\frac{x}{\sin x}<\frac{1}{\cos x}.$$

即

$$\cos x<\frac{\sin x}{x}<1.$$

因为 $\lim\limits_{x\to 0^+}\cos x=1$，$\lim\limits_{x\to 0^+}1=1$，于是由夹逼准则得 $\lim\limits_{x\to 0^+}\dfrac{\sin x}{x}=1$，从而 $\lim\limits_{x\to 0}\dfrac{\sin x}{x}=1$.

当 $x<0$ 时，$-x>0$，$\lim\limits_{x\to 0^-}\dfrac{\sin x}{x}=\lim\limits_{x\to 0^-}\dfrac{\sin(-x)}{-x}=\lim\limits_{x\to 0^+}\dfrac{\sin x}{x}=1$.

该极限可以推广：$\lim\limits_{\square\to 0}\dfrac{\sin\square}{\square}=1$，$\square$为自变量某一变化过程中的无穷小.

注意：① 该极限为 $\dfrac{0}{0}$ 型；② $\lim\limits_{\square\to 0}\dfrac{\sin\square}{\square}=1$.

【例 1.28】　求 $\lim\limits_{x\to 0}\dfrac{\sin 3x}{x}$.

解（方法一）　令 $u=3x$，则当 $x\to 0$ 时，$u\to 0$，所以

$$\lim_{x\to 0}\frac{\sin 3x}{x}=\lim_{u\to 0}\frac{\sin u}{\dfrac{u}{3}}=3\lim_{u\to 0}\frac{\sin u}{u}=3.$$

（方法二）　$\lim\limits_{x\to 0}\dfrac{\sin 3x}{x}=\lim\limits_{x\to 0}\dfrac{\sin 3x}{3x}\cdot 3=3$.

方法一采用了变量替换法；方法二直接将待求极限“凑”成第一个重要极限的形式.

一般地，$\lim\limits_{x\to 0}\dfrac{\sin kx}{x}=k$.

【例 1.29】　求 $\lim\limits_{x\to 0}\dfrac{1-\cos x}{x^2}$.

解 因为 $$\frac{1-\cos x}{x^2}=\frac{2\sin^2\frac{x}{2}}{x^2}=\frac{1}{2}\left(\frac{\sin\frac{x}{2}}{\frac{x}{2}}\right)^2.$$

所以 $$\lim_{x\to 0}\frac{1-\cos x}{x^2}=\frac{1}{2}\lim_{x\to 0}\left(\frac{\sin\frac{x}{2}}{\frac{x}{2}}\right)^2=\frac{1}{2}\times 1^2=\frac{1}{2}.$$

【例 1.30】 $\lim\limits_{x\to\pi}\frac{\sin x}{\pi-x}$.

解 $\lim\limits_{x\to\pi}\frac{\sin x}{\pi-x}=\lim\limits_{x\to\pi}\frac{\sin(\pi-x)}{\pi-x}=1.$

由于 $x\to 0$ 时，$\sin x$ 与 x 都为无穷小量，且 $\lim\limits_{x\to 0}\frac{\sin x}{x}=1$，可知在 $x\to 0$ 时，有常用的等价无穷小：

$\sin x\sim x$，$\tan x\sim x$，$1-\cos x\sim\frac{1}{2}x^2$，$\arcsin x\sim x$，$\arctan x\sim x$，$e^x-1\sim x$，$\ln(1+x)\sim x$，$\sqrt{1+x}-1\sim\frac{1}{2}x$.

(2) $\lim\limits_{x\to\infty}\left(1+\frac{1}{x}\right)^x=e$(属于 1^∞ 型)

当 $x\to\infty$ 时，有 $\left(1+\frac{1}{x}\right)^x$ 的变化趋势(见表 1－2).

表 1－2

x	1	2	4	10	1 000	10 000	100 000	…
$\left(1+\frac{1}{x}\right)^x$	2	2.25	2.441	2.594	2.717	2.718 1	2.718 27	…

从表 1－2 可以看出，当 x 取正值无限增大的时候，$\left(1+\frac{1}{x}\right)^x$ 是逐渐增大的，且越来越接近 2.718 281…，我们把这个数记为 e，得

$$\lim_{x\to\infty}\left(1+\frac{1}{x}\right)^x=e.$$

注意： ① 极限为 1^∞ 型，且 $\lim\limits_{x\to 0}(1+x)^{\frac{1}{x}}=e$；

② $\lim\limits_{\square\to\infty}\left(1+\frac{1}{\square}\right)^{\square}=e$，$\lim\limits_{\square\to 0}(1+\square)^{\frac{1}{\square}}=e$.

【例 1.31】 求下列极限：

① $\lim\limits_{x\to\infty}\left(1+\frac{2}{x}\right)^x$； ② $\lim\limits_{x\to 0}(1-6x)^{\frac{2}{x}}$； ③ $\lim\limits_{x\to 0}(1+kx)^{\frac{1}{x}}$ $(k\neq 0)$； ④ $\lim\limits_{x\to\infty}\left(\frac{x+1}{x-1}\right)^x$.

解 ① $\lim\limits_{x\to\infty}\left(1+\frac{2}{x}\right)^x=\lim\limits_{x\to\infty}\left(1+\frac{2}{x}\right)^{\frac{x}{2}\cdot 2}=\lim\limits_{u\to\infty}\left[\left(1+\frac{1}{x}\right)^x\right]^2=e^2.$

② $\lim\limits_{x\to0}(1-6x)^{\frac{2}{x}}=\lim\limits_{x\to0}[1+(-6x)]^{\frac{2}{x}}=\lim\limits_{x\to0}[1+(-6x)]^{\frac{1}{-6x}\cdot(-12)}=\mathrm{e}^{-12}$.

③ $\lim\limits_{x\to0}(1+kx)^{\frac{1}{x}}=\lim\limits_{x\to0}(1+kx)^{\frac{1}{kx}\cdot k}=\lim\limits_{x\to0}[(1+kx)^{\frac{1}{kx}}]^{k}=\mathrm{e}^{k}$.

④ 因为 $\dfrac{x+1}{x-1}=1+\dfrac{2}{x-1}$,所以有

$$\lim_{x\to\infty}\left(\frac{x+1}{x-1}\right)^{x}=\lim_{x\to\infty}\left[\left(1+\frac{2}{x-1}\right)^{\frac{x-1}{2}}\right]^{\frac{2}{x-1}\cdot x}=\lim_{x\to\infty}\left[\left(1+\frac{2}{x-1}\right)^{\frac{x-1}{2}}\right]^{\lim\limits_{x\to\infty}\frac{2}{x-1}\cdot x}=\mathrm{e}^{2}.$$

习题 1.2

1. 求下列极限

(1) $\lim\limits_{x\to\infty}\dfrac{x^4-x^3+4}{3x^3+4x-7}$;　　(2) $\lim\limits_{x\to0}\dfrac{\tan5x}{\sin 2x}$;

(3) $\lim\limits_{x\to0}\dfrac{\sin^2 x}{x^3+2x^2}$;　　(4) $\lim\limits_{x\to4}\dfrac{\sqrt{x+5}-3}{\sqrt{x}-2}$.

2. 已知函数 $f(x)=\begin{cases}\mathrm{e}^{x}, & x<0\\ 3x+1, & 0\leqslant x<1\\ \dfrac{3}{x}, & x\geqslant1\end{cases}$,求极限 $\lim\limits_{x\to0}f(x)$,$\lim\limits_{x\to1}f(x)$,$\lim\limits_{x\to2}f(x)$,$\lim\limits_{x\to\infty}f(x)$ 是否存在.

3. 求下列极限

(1) $\lim\limits_{x\to0}\dfrac{\tan x-\sin x}{x^3}$;　　(2) $\lim\limits_{x\to\infty}\left(x\sin\dfrac{1}{x}\right)$;

(3) $\lim\limits_{x\to2}\dfrac{2-\sqrt{x+2}}{2-x}$;　　(4) $\lim\limits_{n\to\infty}\left(\dfrac{1}{n^2}+\dfrac{3}{n^2}+\cdots+\dfrac{2n-1}{n^2}\right)$.

1.3　函数的连续性

1.3.1　函数连续的概念

定义 1.15　若自变量 u 从初值 u_1 变到终值 u_2,则称 u_2-u_1 为变量 u 的增量(或改变量),记为 Δu,即 $\Delta u=u_2-u_1$.

增量 Δu 可以是正的,也可以是负的. 当 Δu 是正的时,变量 u 是增加的;当 Δu 是负的时,变量 u 是减少的.

如果函数 $y=f(x)$ 在 x_0 的某邻域内有定义,当自变量 x 从 x_0 变到 $x_0+\Delta x$ 时,即 x 有增量 Δx 时,函数 $y=f(x)$ 相应地从函数 $f(x_0)$ 变到函数 $f(x_0+\Delta x)$,因此函数相应的增量为 $\Delta y=f(x_0+\Delta x)-f(x_0)$.

定义 1.16　设函数 $y=f(x)$ 在 x_0 的某邻域内有定义,如果自变量的增量 $\Delta x=x-x_0$ 趋于零时,对应的函数增量也趋于零,即

$$\lim_{\Delta x\to 0}\Delta y=\lim_{\Delta x\to 0}[f(x_0+\Delta)-f(x_0)]=0$$

则称函数 $y=f(x)$ 在点 x_0 处连续.点 x_0 也称为 $f(x)$ 的一个连续点.

在定义1.16中,令 $x_0+\Delta x=x$,则 $\Delta y=f(x_0+\Delta x)-f(x_0)=f(x)-f(x_0)$,显然 $\Delta x\to 0$,即 $x\to x_0$,$\Delta y\to 0$ 也就是 $f(x)\to f(x_0)$,所以函数 $y=f(x)$ 在点 x_0 处连续的定义又可叙述如下:

定义 1.17 设函数 $y=f(x)$ 在 x_0 的某邻域内有定义,若 $\lim\limits_{x\to x_0}f(x)=f(x_0)$,则称函数 $y=f(x)$ 在点 x_0 处连续.

定义1.17说明,函数 $f(x)$ 在 x_0 处连续就是函数 $f(x)$ 同时满足下列三个条件:

① 函数 $f(x)$ 在 x_0 的某邻域 $U(x_0,\delta)$ 内有定义;

② 函数 $f(x)$ 在 x_0 处的极限存在,即 $\lim\limits_{x\to x_0}f(x)=a$;

③ 函数 $f(x)$ 在 x_0 处的极限等于该点的函数值,即 $\lim\limits_{x\to x_0}f(x)=f(x_0)$.

如函数 $f(x)=\begin{cases}x\sin\dfrac{1}{x}, & x\neq 0\\ 0, & x=0\end{cases}$,因为 $\lim\limits_{x\to 0}f(x)=\lim\limits_{x\to 0}x\sin\dfrac{1}{x}=0=f(0)$,所以该函数在 $x=0$ 处连续.

【例 1.32】 判断函数 $f(x)=\begin{cases}2x, & 0\leqslant x<1\\ 3-x, & 1\leqslant x\leqslant 2\end{cases}$ 在 $x=1$ 处是否连续.

解 因为

$$\lim_{x\to 1^-}f(x)=\lim_{x\to 1^-}2x=2=f(1).$$

$$\lim_{x\to 1^+}f(x)=\lim_{x\to 1^+}(3-x)=f(1)=2.$$

所以,函数 $f(x)$ 在 $x=1$ 处既左连续又右连续,故函数 $f(x)$ 在 $x=1$ 处连续.

1.3.2 函数在区间上的连续性

如果函数 $f(x)$ 在开区间 (a,b) 内每一点都连续,则称 $f(x)$ 在区间 (a,b) 内连续,区间 (a,b) 称为 $f(x)$ 的连续区间.

如果函数 $f(x)$ 在闭区间 $[a,b]$ 上有定义,在开区间 (a,b) 内连续,且 $\lim\limits_{x\to a^+}f(x)=f(a)$(称函数在 $x=a$ 处右连续),$\lim\limits_{x\to b^-}f(x)=f(b)$(称函数在 $x=b$ 处左连续),则称 $f(x)$ 在闭区间 $[a,b]$ 上连续.

在几何上,连续函数的图像是一条连续不断的曲线.

1.3.3 函数的间断点及分类

定义 1.18 如果函数 $f(x)$ 有以下3种情形之一:

① 在点 $x=x_0$ 处没有定义;

② 虽然在点 $x=x_0$ 处有定义,但 $\lim\limits_{x\to x_0}f(x)$ 不存在;

③ 虽然在点 $x=x_0$ 处有定义,且 $\lim\limits_{x\to x_0}f(x)$ 存在,但 $\lim\limits_{x\to x_0}f(x)\neq f(x_0)$.

则称函数 $f(x)$ 在点 x_0 处不连续,也称间断。点 x_0 称为函数 $f(x)$ 的不连续点或间断点.

例如,对于函数 $f(x)=\frac{1}{x}$,由于 $x=0$ 时没有意义,所以函数 $f(x)=\frac{1}{x}$ 在 $x=0$ 处不连续.

定义 1.19　设 x_0 为 $f(x)$的一个间断点. ① 若 $\lim\limits_{x\to x_0^-} f(x)$ 和 $\lim\limits_{x\to x_0^+} f(x)$ 均存在,则称 x_0 为 $f(x)$ 的第一类间断点. 当 $\lim\limits_{x\to x_0^-} f(x)=\lim\limits_{x\to x_0^+} f(x)\neq f(x_0)$ 时,即 $\lim\limits_{x\to x_0} f(x)$ 存在,但不等于 $f(x_0)$ 时,称 x_0 为 $f(x)$ 的可去间断点;当 $\lim\limits_{x\to x_0^-} f(x)\neq \lim\limits_{x\to x_0^+} f(x)$ 时,称 x_0 为 $f(x)$ 的跳跃间断点.

② 若 $\lim\limits_{x\to x_0^-} f(x)$ 和 $\lim\limits_{x\to x_0^+} f(x)$ 中至少有一个不存在(即除第一类间断点以外的),则称 x_0 为 $f(x)$ 的第二类间断点,若 $\lim\limits_{x\to x_0} f(x)=\infty$,则称 x_0 为 $f(x)$ 的无穷间断点.

【例 1.33】　讨论函数 $f(x)=\begin{cases}1+x, & x<0\\ 1+x^2, & 0<x\leqslant 1\\ 5-x, & x>1\end{cases}$ 在 $x=0$ 和 $x=1$ 处的连续性,并判别间断点的类型.

解　在 $x=0$ 处,因为 $\lim\limits_{x\to 0^-}(1+x)=1$, $\lim\limits_{x\to 0^+}(1+x^2)=1$,所以 $\lim\limits_{x\to 0} f(x)=1$.

但函数 $f(x)$ 定义域中不含 $x=0$,在 $x=0$ 处无定义. 可采取补充定义的方式,令 $f(0)=1$,使函数在 $x=0$ 处连续,所以 $x=0$ 是函数 $f(x)$ 的可去间断点.

在 $x=1$ 处,因为 $\lim\limits_{x\to 1^-}(1+x^2)=2$, $\lim\limits_{x\to 1^+}(5-x)=4$,所以 $\lim\limits_{x\to 1} f(x)$ 不存在. 因此,函数 $f(x)$ 在 $x=1$ 处间断.

由于函数在 $x=1$ 的左极限和右极限不相等,所以 $x=1$ 是函数 $f(x)$ 的跳跃间断点.

【例 1.34】　设 $f(x)=\frac{(e^x-1)\sin x}{x^2(x-1)}$,求 $f(x)$ 的间断点并判别其类型.

解　根据 $f(x)$ 的定义域可知,函数 $f(x)$ 仅在 $x=0$ 和 $x=1$ 处无定义,所以 $x=0$ 和 $x=1$ 是函数 $f(x)$ 的间断点. 在 $x=0$ 处,有

$$\lim_{x\to 0} f(x)=\lim_{x\to 0}\frac{(e^x-1)\sin x}{x^2(x-1)}=\lim_{x\to 0}\frac{x\cdot x}{x^2(x-1)}=\lim_{x\to 0}\frac{1}{x-1}=-1.$$

所以,$x=0$ 是函数 $f(x)$ 的可去间断点. 在 $x=1$ 处,有

$$\lim_{x\to 1} f(x)=\lim_{x\to 1}\frac{(e^x-1)\sin x}{x^2(x-1)}=\infty.$$

所以,$x=1$ 是函数 $f(x)$ 的无穷间断点.

1.3.4　连续函数在其连续点上的性质

定理 1.6　① 连续函数的和、差、积、商(分母不为零处)是连续函数;

② 连续函数的复合函数是连续函数.

设函数 $u=\varphi(x)$ 在 x_0 处连续,而函数 $y=f(u)$ 在 $u_0=\varphi(x_0)$ 处也连续,则复合函数 $y=f[\varphi(x)]$ 在 $x=x_0$ 处连续,即有

$$\lim_{x\to x_0} f[\varphi(x)]=f[\lim_{x\to x_0}\varphi(x)]=f[\varphi(x_0)].$$

【例 1.35】　求 $\lim\limits_{x\to \frac{\pi}{2}} \sin^2 x$.

解
$$\lim_{x\to\frac{\pi}{2}} \sin^2 x = \lim_{u\to 1} u^2 = 1.$$

【例 1.36】 已知 $f(x)=\begin{cases}3x-1, & x<0\\ a, & x=0\\ \cos x+b, & x>0\end{cases}$ 在 $x=0$ 处连续,求 a,b.

解 因为 $\lim\limits_{x\to 0^-} f(x)=\lim\limits_{x\to 0^-}(3x-1)=-1$,而 $\lim\limits_{x\to 0^+} f(x)=\lim\limits_{x\to 0^+}(\cos x+b)=1+b$,由连续的充要条件可知:$-1=a=1+b$,得 $a=-1,b=-2$.

1.3.5 初等函数的连续性

定理 1.7 一切初等函数在其定义区间上都是连续的.

注意: ① 基本初等函数在其定义域内都是连续的.

② 一切初等函数在其定义域内都是连续的.

因此,初等函数的连续区间就是其定义域区间;分段函数除按上述结论考察每一段函数的连续性外,还必须讨论分段点处的连续性.

【例 1.37】 求函数 $f(x)=\begin{cases}e^x, & x\leqslant 0\\ x^2-1, & x>0\end{cases}$ 的连续区间.

解 由题意
$$\lim_{x\to 0^-} f(x)=\lim_{x\to 0^-} e^x=1=f(0), \quad \lim_{x\to 0^+} f(x)=\lim_{x\to 0^+}(x^2-1)=-1\neq f(0).$$
所以 $\lim\limits_{x\to 0} f(x)$ 不存在,函数 $f(x)$ 在 $x=0$ 处不连续,即连续区间为 $(-\infty,0)$,$(0,+\infty)$.

1.3.6 闭区间上连续函数的性质

定理 1.8(最值定理) 如果函数 $f(x)$ 在闭区间 $[a,b]$ 上连续,那么函数 $f(x)$ 在区间 $[a,b]$ 上一定存在最大值和最小值.

定理 1.9(介质定理) 若函数 $f(x)$ 在闭区间 $[a,b]$ 上连续,且 $f(a)\neq f(b)$,则对任何介于 $f(a)$ 与 $f(b)$ 之间的数 μ,至少存在一点 $\xi\in(a,b)$,使得 $f(\xi)=\mu$.

推论(零点定理) 设函数 $f(x)$ 在闭区间 $[a,b]$ 上连续,且 $f(a)\cdot f(b)<0$(即两端点处的函数值异号),则至少存在一点 $\xi\in(a,b)$ 使得 $f(\xi)=0$,即 ξ 是 $f(x)=0$ 的根(见图 1.8).

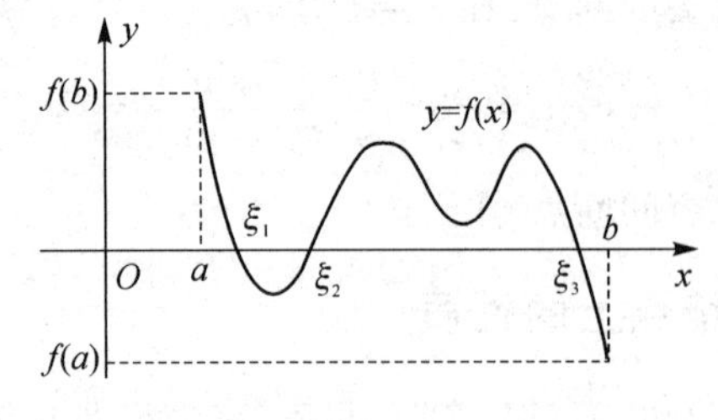

图 1.8

【例 1.38】 证明方程 $\sin x-x+1=0$ 在 0 与 π 之间有实根.

解 设 $f(x)=\sin x-x+1$,因为 $f(x)$ 在 $(-\infty,+\infty)$ 内连续,所以,$f(x)$ 在 $[0,\pi]$ 上也连续,而
$$f(0)=1>0, \quad f(\pi)=-\pi+1<0.$$

所以,根据零点定理可知,至少有一个 $\xi\in(0,\pi)$,使得 $f(\xi)=0$,即方程 $\sin x-x+1=0$

在 0 与 π 之间至少有一个实根.

习题 1.3

1. 设 $f(x)=\begin{cases}e^x, & x<0 \\ a+x, & x\geqslant 0\end{cases}$,问 a 为何值时函数 $f(x)$ 在 $x=0$ 处连续?

2. 确定常数 k 使函数 $f(x)=\begin{cases}\dfrac{\sin kx}{x}, & x<0 \\ kx+3, & x\geqslant 0\end{cases}$ 连续.

3. 求 $f(x)=\dfrac{1}{x-1}$ 的间断点.

4. 试确定参数 a,b,使 $\lim\limits_{x\to 1}\dfrac{x^2+bx+a}{1-x}=5$

5. 试证明方程 $6x^4-x^3-2x-1=0$ 在 $(0,1)$ 内至少有一个实根.

本章小结

1. 极限定义

设 $f(x)$ 在 x_0 的某一去心邻域 $N(\hat{x}_0,\delta)$ 内有定义,如果 x 在 $N(\hat{x}_0,\delta)$ 内无限接近于 x_0,即 $x\to x_0$(x 可以不等于 x_0)时,函数 $f(x)$ 的值无限接近于一个确定的常数 A,则称 A 为函数 $f(x)$ 当 $x\to x_0$ 时的极限,记为 $\lim\limits_{x\to x_0}f(x)=A$ 或当 $x\to x_0$ 时 $f(x)\to A$.

如果当 $x\to x_{0^-}$ 时,函数 $f(x)$ 无限接近于一个确定的常数 A,则称 A 为函数 $f(x)$ 当 $x\to x_0$ 时的左极限,记为 $\lim\limits_{x\to x_{0^-}}f(x)=A$ 或 $f(x_0^-)=A$.

如果当 $x\to x_{0^+}$ 时,函数 $f(x)$ 无限接近于一个确定的常数 A,则称 A 为函数 $f(x)$ 当 $x\to x_0$ 时的右极限,记为 $\lim\limits_{x\to x_{0^+}}f(x)=A$ 或 $f(x_0^+)=A$.

如果当 x 的绝对值无限增大,即 $x\to\infty$ 时,函数 $f(x)$ 无限接近于一个确定的常数 A,则称 A 为函数 $f(x)$ 当 $x\to\infty$ 时的极限,记为 $\lim\limits_{x\to\infty}f(x)=A$ 或当 $x\to\infty$ 时 $f(x)\to A$,同理也有其左右极限.

2. 极限的四则运算

设在 x 的同一变化过程中,$\lim f(x)=A$,$\lim g(x)=B$(A,B 为常数),则

① $\lim[f(x)\pm g(x)]=\lim f(x)\pm\lim g(x)=A\pm B$;

② $\lim[f(x)\cdot g(x)]=\lim f(x)\cdot\lim g(x)=A\cdot B$;

特别地有: $\lim[f(x)]^n=[\lim f(x)]^n=A^n$.

$\lim Cf(x)=C\lim f(x)=CA$(C 为常数).

③ $\lim\dfrac{f(x)}{g(x)}=\dfrac{\lim f(x)}{\lim g(x)}=\dfrac{A}{B}(B\neq 0)$.

3. 无穷小与无穷大

① 无穷小定义:在自变量的某一变化过程中,极限为零的变量称为无穷小量,简称为无

穷小,即$\lim\alpha(x)=0$,则称$\alpha(x)$为x在这一变化过程中的无穷小.

② 无穷大定义:在自变量x的某一变化过程中,若$f(x)$的绝对值无限增大,则称$f(x)$为x的这一变化过程中的无穷大量,简称为无穷大.

③ 无穷小的性质:

性质 1.5 有限个无穷小的和也是无穷小.

性质 1.6 有界函数与无穷小的乘积是无穷小.

性质 1.7 常数与无穷小的乘积是无穷小.

性质 1.8 有限个无穷小的乘积也是无穷小.

定理 1.4 在自变量的同一变化过程中,无穷大的倒数是无穷小;恒不为零的无穷小的倒数是无穷大.

④ 无穷小的阶:设α、β都是在同一自变量的变化过程中的无穷小,又$\lim\dfrac{\beta}{\alpha}$也是在这个变化过程中的极限.

若$\lim\dfrac{\beta}{\alpha}=0\left(\text{或}\lim\dfrac{\alpha}{\beta}=\infty\right)$,则称$\beta$是比$\alpha$高阶的无穷小,记为$\beta=o(\alpha)$.也称$\alpha$是比$\beta$低阶的无穷小.

若$\lim\dfrac{\beta}{\alpha}=C$($C$为常数),则称$\beta$与$\alpha$为同阶的无穷小.

特别地,当$C=1$时,称β与α为等价无穷小,记为$\alpha\sim\beta$.

4. 两个重要极限

① $\lim\limits_{x\to 0}\dfrac{\sin x}{x}=1$;　　② $\lim\limits_{x\to\infty}\left(1+\dfrac{1}{x}\right)^x=\mathrm{e}$.

5. 初等函数的连续性

① 函数的连续:设函数$y=f(x)$在x_0的某邻域内有定义,若$\lim\limits_{x\to x_0}f(x)=f(x_0)$,则称函数$y=f(x)$在点$x_0$处连续.

② 第一类间断点:若$\lim\limits_{x\to x_0^-}f(x)$和$\lim\limits_{x\to x_0^+}f(x)$均存在,则称$x_0$为$f(x)$的第一类间断点.当$\lim\limits_{x\to x_0^-}f(x)=\lim\limits_{x\to x_0^+}f(x)$时,即$\lim\limits_{x\to x_0}f(x)$存在,但不等于$f(x_0)$时,称$x_0$为$f(x)$的可去间断点;当$\lim\limits_{x\to x_0^-}f(x)\neq\lim\limits_{x\to x_0^+}f(x)$时,称$x_0$为$f(x)$的跳跃间断点.

③ 第二类间断点:若$\lim\limits_{x\to x_0^-}f(x)$和$\lim\limits_{x\to x_0^+}f(x)$中至少有一个不存在(即除第一类间断点以外的),则称x_0为$f(x)$的第二类间断点.若$\lim\limits_{x\to x_0}f(x)=\infty$,则称$x_0$为$f(x)$的无穷间断点.

④ 闭区间上的连续函数一定存在最大值和最小值.

⑤ 介质定理:若函数$f(x)$在闭区间$[a,b]$上连续,且$f(a)\neq f(b)$,则对任何介于$f(a)$与$f(b)$之间的数μ,至少存在一点$\xi\in(a,b)$,使得$f(\xi)=\mu$.

⑥ 零点定理:设函数$f(x)$在闭区间$[a,b]$上连续,且$f(a)\cdot f(b)<0$,则至少存在一点$\xi\in(a,b)$使得$f(\xi)=0$,即ξ是$f(x)=0$的根.

复习题 1

1. 求下列函数定义域

(1) $y=\dfrac{1}{1-x^2}+\sqrt{x+3}$；　　(2) $y=\arcsin x+\sqrt{1-2x}$.

2. 设 $f(x)=\begin{cases}1, & x>0\\ 0, & x=0\\ -1, & x<0\end{cases}$，(1) 作出 $f(x)$ 的图像；(2) 求 $f(-2)$，$f(0)$，$f(2)$；

(3) $x\to 0$ 时，$f(x)$ 的极限存在吗？

3. 分解下列复合函数

(1) $y=\sqrt{x^2+1}$；　　(2) $y=e^{\sin x}$；

(3) $y=\sin^2 x$；　　(4) $y=\cos^2(3x+1)$.

4. 求下列函数的极限

(1) $\lim\limits_{x\to\infty}\dfrac{3x^2+2}{x^3-x+5}$；　　(2) $\lim\limits_{x\to -2}\left(\dfrac{1}{x+2}-\dfrac{12}{x^3+8}\right)$；

(3) $\lim\limits_{x\to 4}\dfrac{x-4}{\sqrt{x-3}-1}$；　　(4) $\lim\limits_{x\to 0}\dfrac{x^2}{1-\sqrt{1+x^2}}$；

(5) $\lim\limits_{x\to 2}\dfrac{x^2-4x+4}{x^2-4}$；　　(6) $\lim\limits_{h\to 0}\dfrac{(x+h)^2-x^2}{h}$；

(7) $\lim\limits_{x\to 1}\dfrac{x^2+3}{x-2}$；　　(8) $\lim\limits_{x\to\infty}\dfrac{2x^3-3x^2+1}{5x^3+3x^2-2}$；

(9) $\lim\limits_{x\to\infty}\left(1-\dfrac{4}{5x}\right)^x$；　　(10) $\lim\limits_{x\to 0}\dfrac{1-\cos x}{x^2}$；

(11) $\lim\limits_{x\to 0}\dfrac{\sin 4x}{\tan 2x}$；　　(12) $\lim\limits_{x\to 0}\dfrac{\tan x-\sin x}{x^2\sin x}$；

(13) $\lim\limits_{x\to\infty}\dfrac{3x^3-5x^2+12}{5x^3+2x-4}$；　　(14) $\lim\limits_{x\to 0}\dfrac{e^{2x}-1}{x}$.

5. 证明：当 $x\to 0$ 时，$\tan 2x\sim 2x$，　$1-\cos x\sim\dfrac{1}{2}x^2$.

6. 讨论函数 $y=\begin{cases}x+2, & x\geqslant 0\\ x-2, & x<0\end{cases}$ 在 $x=0$ 的连续性.

7. 求下列函数的连续区间

(1) $f(x)=\sqrt{3+2x-x^2}+\ln(x-2)$；　　(2) $y=\dfrac{\ln(5-x)}{\sqrt{x-1}}$.

8. 已知 a,b 为常数，$\lim\limits_{x\to\infty}\dfrac{ax^2+bx+5}{2x+3}=5$，求 a,b 的值.

9. 已知 a,b 为常数，$\lim\limits_{x\to\infty}\dfrac{ax+b}{x-3}=2$，求 a,b 的值.

10. 讨论下列函数的连续性，如有间断点，指出其类型：

(1) $y=\dfrac{x^2-1}{x^2-3x+2}$;　　(2) $y=\dfrac{\tan 2x}{x}$;

(3) $y=\begin{cases} e^{\frac{1}{x}}, & x<0 \\ 1, & x=0 \\ x, & x>0 \end{cases}$;　　(4) $y=\dfrac{2^{\frac{1}{x}}-1}{2^{\frac{1}{x}}+1}$.

11. 设 $f(x)=\dfrac{|x|-x}{x}$,$\lim\limits_{x\to 0}f(x)$是否存在?

12. 设圆的半径为 R,求证:

(1) 圆内接正 n 边形的面积 $A_n=\dfrac{R^2}{2}n\sin\dfrac{2\pi}{n}$;

(2) 圆面积为 πR^2.

13. 证明方程 $x^5-x+1=0$ 至少有一个小于 1 的正根.

第2章　一元函数微分学及其应用

学习目标

- 理解导数与微分的概念及其几何意义，函数可导性与连续性之间的关系；
- 掌握导数的四则运算法则和基本初等函数的求导公式；
- 掌握复合函数、隐函数和参数方程的求导方法；
- 了解高阶导数的概念，会求二阶导数；
- 理解导数与微分的关系，掌握微分的计算方法；
- 理解罗尔中值定理、拉格朗日中值定理，了解它们的几何意义；
- 熟练掌握利用洛必达法则求极限；
- 掌握用导数判断函数的单调性、凹凸性、极值的方法；
- 掌握用导数和微分知识解决实际问题的方法.

数学与诺贝尔经济学奖

在第1章中我们学习了极限，本章将用极限的思想和方法来研究导数与微分. 导数与微分是微分学中两个重要概念. 导数反映了函数相对于自变量的变化速度，即函数的变化率，如电学中的电流强度，力学中物体运动的速度，经济学中的增长率、边际成本等. 这些问题的解决都归结为函数的变化率问题，即导数.

2.1　导数的概念

2.1.1　两个实例

引例1　变速直线运动的瞬时速度

当物体做直线运动时，求平均速度的问题很容易解决，就是所经过的路程与时间的比值：

$$速度=\frac{路程}{时间}.$$

而在很多实际问题中，常常需要知道物体在某个时刻的速度大小，即瞬时速度.

设 s 表示一物体从某个时刻开始到时刻 t 做直线运动所经过的路程，则 s 是时刻 t 的函数 $s=f(t)$，求物体在 $t=t_0$ 时的瞬时速度.

解　当时间由 t_0 改变到 $t_0+\Delta t$ 时，物体经过的距离为

$$\Delta s=f(t_0+\Delta t)-f(t_0).$$

当物体做匀速运动时，它的速度不随时间而改变，即

$$\frac{\Delta s}{\Delta t}=\frac{f(t_0+\Delta t)-f(t_0)}{\Delta t}.$$

此时 $\frac{\Delta s}{\Delta t}$ 表示时刻从 t_0 到 $t_0+\Delta t$ 这一段时间内的平均速度，记作 $\bar{v}$，即

$$\bar{v}=\frac{\Delta s}{\Delta t}=\frac{f(t_0+\Delta t)-f(t_0)}{\Delta t}.$$

当 Δt 很小时,物体在这段时间的速度变化也很小,物体在这一小段时间 Δt 内运动的平均速度与物体在 t_0 时刻的瞬时速度很接近,Δt 愈小,近似的程度就愈好.当 $\Delta t\to 0$ 时,如果极限 $\lim\limits_{\Delta t\to 0}\frac{\Delta s}{\Delta t}$ 存在,就称此极限为物体在时刻 t_0 的瞬时速度,即

$$v\Big|_{t=t_0}=\lim_{\Delta t\to 0}\frac{\Delta s}{\Delta t}=\lim_{\Delta t\to 0}\frac{f(t_0+\Delta t)-f(t_0)}{\Delta t}.$$

引例2 平面曲线的切线斜率

在平面几何里,圆的切线被定义为"与圆只相交于一点的直线",对于任意一般曲线的切线来说,用直线与曲线的交点个数来定义任意曲线的切线是不适合的。一般而言,曲线的切线定义为曲线的割线的极限位置.

图2.1所示为曲线 $y=f(x)$ 的图形,点 $A(x_0,y_0)$ 为曲线上一定点,在曲线上取一点 $B(x_0+\Delta x,y_0+\Delta y)$,点 B 的位置取决于 Δx,是曲线上一动点.作割线 AB,设其倾角(即与 x 轴的夹角)为 β,当 $\Delta x\to 0$ 时,动点 B 将沿曲线趋向于定点 A,从而割线 AB 也随之变动而趋向于极限位置——直线 AT,称此直线 AT 为曲线在定点 A 处的切线.

由图2.1易知此割线 AB 的斜率为

$$\tan\beta=\frac{\Delta y}{\Delta x}=\frac{f(x_0+\Delta x)-f(x_0)}{\Delta x}.$$

显然,此时倾角 β 趋向于切线 AT 的倾角 α,即切线 AT 的斜率为

$$\begin{aligned}\tan\alpha&=\lim_{\Delta x\to 0}\tan\beta\\&=\lim_{\Delta x\to 0}\frac{\Delta y}{\Delta x}=\lim_{\Delta x\to 0}\frac{f(x_0+\Delta x)-f(x_0)}{\Delta x}.\end{aligned}$$

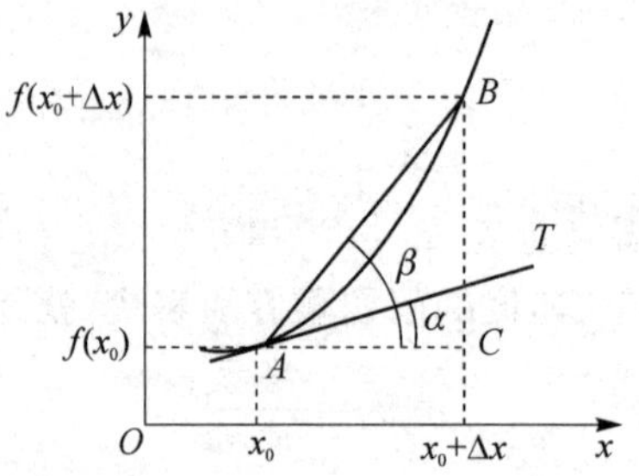

图2.1

上面两个实际引例的具体含义大不相同.但从抽象的数量关系来看,它们的实质是一样的,都归结为计算函数改变量与自变量改变量的比,当自变量改变量趋于0时的极限.这种特殊的极限叫作函数的导数(或函数的瞬时变化率).

定义2.1 设函数 $y=f(x)$ 在点 x_0 的某个领域内有定义,当自变量在点 x_0 处取得改变量 $\Delta x(\Delta x\neq 0)$ 时,函数 $f(x)$ 取得相应的改变量 $\Delta y=f(x_0+\Delta x)-f(x_0)$.

当 $\Delta x\to 0$ 时,$\frac{\Delta y}{\Delta x}$ 的极限存在,即

$$\lim_{\Delta x \to 0} \frac{\Delta y}{\Delta x} = \lim_{\Delta x \to 0} \frac{f(x_0+\Delta x)-f(x_0)}{\Delta x}.$$

存在，则称此极限值为函数 $f(x)$ 在点 x_0 处的导数（或微商），可记作 $f'(x_0)$，$y'\big|_{x=x_0}$，$\left.\frac{\mathrm{d}y}{\mathrm{d}x}\right|_{x=x_0}$ 或 $\left.\frac{\mathrm{d}f(x)}{\mathrm{d}x}\right|_{x=x_0}$ 即

$$f'(x_0) = \lim_{\Delta x \to 0} \frac{\Delta y}{\Delta x} = \lim_{\Delta x \to 0} \frac{f(x_0+\Delta x)-f(x_0)}{\Delta x}.$$

$\frac{\Delta y}{\Delta x} = \frac{f(x_0+\Delta x)-f(x_0)}{\Delta x}$ 反映的是自变量 x 从 x_0 改变到 $x_0+\Delta x$ 时，函数 $f(x)$ 的平均变化速度（称为函数的平均变化率）；而导数 $f'(x_0) = \lim\limits_{\Delta x \to 0} \frac{\Delta y}{\Delta x}$ 反映的是函数在点 x_0 处的变化速度（称为函数在点 x_0 处的变化率）.

【例 2.1】 用定义求函数 $y=x^3$ 在 $x=1$ 处的导数.

解 ① 求增量：$\Delta y = f(1+\Delta x)-f(1)=(1+\Delta x)^3-1^3=3\Delta x+3(\Delta x)^2+(\Delta x)^3$；

② 算比值：$\frac{\Delta y}{\Delta x}=3+3\Delta x+(\Delta x)^2$；

③ 求极限：$y'\big|_{x=1}=\lim\limits_{\Delta x \to 0}\frac{\Delta y}{\Delta x}=\lim\limits_{\Delta x \to 0}(3+3\Delta x+(\Delta x)^2)=3.$

定义 2.2 函数的左、右导数

类比左、右极限的概念，若 $\lim\limits_{\Delta x \to 0^-} \frac{\Delta y}{\Delta x}$ 存在，则该极限称为 $f(x)$ 在点 x_0 处的左导数，若 $\lim\limits_{\Delta x \to 0^+} \frac{\Delta y}{\Delta x}$ 存在，则该极限称为 $f(x)$ 在点 x_0 处的右导数，分别记为 $f'_-(x_0)$ 和 $f'_+(x_0)$，即

$$f'_-(x_0) = \lim_{\Delta x \to 0^-} \frac{\Delta y}{\Delta x} = \lim_{\Delta x \to 0^-} \frac{f(x_0+\Delta x)-f(x_0)}{\Delta x}.$$

$$f'_+(x_0) = \lim_{\Delta x \to 0^+} \frac{\Delta y}{\Delta x} = \lim_{\Delta x \to 0^+} \frac{f(x_0+\Delta x)-f(x_0)}{\Delta x}.$$

由函数 $y=f(x)$ 在 x_0 处的左、右极限与极限 $\lim\limits_{x \to x_0} f(x)$ 的关系，可得如下定理：

定理 2.1 函数 $y=f(x)$ 在 x_0 处的左、右导数存在且相等是 $f(x)$ 在点 x_0 处可导的充分必要条件.

【例 2.2】 已知函数 $f(x)=\begin{cases} x, & x<0 \\ \ln(1+x), & x \geqslant 0 \end{cases}$，求在 $x=0$ 处的导数.

解

$$f'_+(0) = \lim_{x \to 0^+} \frac{f(x)-f(0)}{x-0} = \lim_{x \to 0^+} \frac{\ln(1+x)-0}{x-0} = 1.$$

$$f'_-(0) = \lim_{x \to 0^-} \frac{f(x)-f(0)}{x-0} = \lim_{x \to 0^-} \frac{x-0}{x-0} = 1.$$

因为 $f'_+(0)=f'_-(0)$，所以 $f'(0)=f'_+(0)=f'_-(0)=1$.

如果函数 $f(x)$ 在点 x_0 处有导数，则称函数 $f(x)$ 在点 x_0 处可导. 如果函数 $f(x)$ 在某区间 (a,b) 内每一点处都可导，则称 $f(x)$ 在区间 (a,b) 内可导.

定义 2.3 设 $f(x)$ 在区间 (a,b) 内可导，此时对于区间 (a,b) 内每一点 x，都有一个导数

值与它对应,这就定义了一个新的函数,称为函数 $y=f(x)$在区间(a,b)内对 x 的导函数,简称为导数,记作 $f'(x)$,y',$\frac{\mathrm{d}y}{\mathrm{d}x}$或$\frac{\mathrm{d}f(x)}{\mathrm{d}x}$.

根据导数的定义,前面两个引例可以叙述如下:

① 瞬时速度是路程 s 对时间 t 的导数,即 $u=s'=\frac{\mathrm{d}s}{\mathrm{d}t}$.

② 曲线 $y=f(x)$在点 x 处的切线的斜率是曲线的纵坐标对横坐标 x 的导数,即

$$\tan\alpha=f'(x)=\frac{\mathrm{d}y}{\mathrm{d}x}.$$

由导数定义可将求导数的方法概括为以下几个步骤:

① 求增量: $\Delta y=f(x+\Delta x)-f(x)$;

② 求比值: $\frac{\Delta y}{\Delta x}=\frac{f(x+\Delta x)-f(x)}{\Delta x}$;

③ 取极限: $y'=f'(x)=\lim\limits_{\Delta x\to 0}\frac{f(x+\Delta x)-f(x)}{\Delta x}$.

注意: 导数值 $f'(x_0)$是函数 $f(x)$在点 x_0 处的导数,它是一个常数,是导函数 $f'(x)$在点 x_0 处的函数值;导函数 $f'(x)$是定义在区间上的一个函数;导数值和导函数一般都叫作导数.

【例 2.3】 设函数 $y=f(x)=C$(C 为常数),求 $f'(x)$.

解 ① 求增量: $\Delta y=f(x+\Delta x)-f(x)=C-C=0$;

② 算比值: $\frac{\Delta y}{\Delta x}=\frac{f(x+\Delta x)-f(x)}{\Delta x}=\frac{0}{\Delta x}=0$;

③ 求极限: $f'(x)=\lim\limits_{\Delta x\to 0}\frac{\Delta y}{\Delta x}=0$.

即$(C)'=0$(C 为常数).

【例 2.4】 设函数 $f(x)=x^2$,求 $f'(x)$,$f'(0)$,$f'(1)$.

解 ① 求增量: $\Delta y=(x+\Delta x)^2-x^2=2x\Delta x+(\Delta x)^2$;

② 算比值: $\frac{\Delta y}{\Delta x}=\frac{f(x+\Delta x)-f(x)}{\Delta x}=2x+\Delta x$;

③ 求极限: $f'(x)=\lim\limits_{\Delta x\to 0}\frac{\Delta y}{\Delta x}=\lim\limits_{\Delta x\to 0}(2x+\Delta x)=2x$.

由此可得 $f'(x)=2x$,$f'(0)=0$,$f'(1)=2$.

一般地,对幂函数 $f(x)=x^\mu$ 的导数,有如下公式:

$$(x^\mu)'=\mu x^{\mu-1}.$$

其中 μ 为任意常数.

例如① 函数 $y=\sqrt{x}$ 的导数为 $y'=(\sqrt{x})'=\left(x^{\frac{1}{2}}\right)'=\frac{1}{2}x^{\frac{1}{2}-1}=\frac{1}{2\sqrt{x}}$;

② 函数 $y=\frac{1}{x}=x^{-1}$ 的导数为 $y'=\left(\frac{1}{x}\right)'=(x^{-1})'=-1\cdot x^{-1-1}=-\frac{1}{x^2}$.

【例 2.5】 求正弦函数 $y=\sin x$ 的导数.

解 ① 求增量：$\Delta y=f(x+\Delta x)-f(x)=\sin(x+\Delta x)-\sin x$

$$=2\sin\frac{\Delta x}{2}\cos\left(x+\frac{\Delta x}{2}\right);$$

② 算比值：$\dfrac{\Delta y}{\Delta x}=\dfrac{2\sin\frac{\Delta x}{2}\cos\left(x+\frac{\Delta x}{2}\right)}{\Delta x}$；

③ 求极限：$f'(x)=\lim\limits_{\Delta x\to 0}\dfrac{\Delta y}{\Delta x}=\lim\limits_{\Delta x\to 0}\dfrac{2\sin\frac{\Delta x}{2}\cos\left(x+\frac{\Delta x}{2}\right)}{\Delta x}$

$$=\lim_{\Delta x\to 0}\frac{\sin\frac{\Delta x}{2}}{\frac{\Delta x}{2}}\cos\left(x+\frac{\Delta x}{2}\right)=\cos x.$$

即 $(\sin x)'=\cos x$.

用类似的方法，可得余弦函数的导数公式：$(\cos x)'=-\sin x$.

同理，按照求导的三个步骤，还可以求得如下公式：

$$(\log_a x)'=\frac{1}{x\ln a},\quad x>0.$$

当 $a=\mathrm{e}$ 时，$(\ln x)'=\dfrac{1}{x}$，$x>0$.

2.1.2　导数的几何意义

在前面的切线斜率问题中，已经给出函数 $y=f(x)$ 在点 x_0 的导数就是曲线 $y=f(x)$ 在点 (x_0,y_0) 处的切线的斜率，即

$$f'(x_0)=\lim_{\Delta x\to 0}\frac{\Delta y}{\Delta x}=\tan\alpha=k_{切},\quad \alpha\neq\frac{\pi}{2}.$$

如果 $y=f(x)$ 在点 x 处的导数为无穷大，这时曲线 $y=f(x)$ 在点 (x,y) 处的切线垂直于 x 轴.

由导数的几何意义可知，曲线在给定点 $P(x_0,y_0)$ 处的切线方程为

$$y-y_0=f'(x_0)(x-x_0).$$

若 $f(x)$ 在点 x_0 处导数为无穷大，此时切线方程为 $x=x_0$.

过切点且与切线垂直的直线称为曲线 $y=f(x)$ 在点 $P(x_0,y_0)$ 处的法线，如果 $f'(x_0)\neq 0$，则法线方程为

$$y-y_0=-\frac{1}{f'(x_0)}(x-x_0).$$

【例2.6】 求曲线 $y=2\sin x+x^2$，在 $x=0$ 处的切线方程与法线方程.

解 由题意有 $y'=2\cos x+2x$，所以在 $x=0$ 处切线的斜率 $k=y'\Big|_{x=0}=2\cos 0+2\cdot 0=2$. 又因为当 $x=0$ 时，$y=0$. 所以在 $x=0$ 处切线方程为 $y=2x$，法线方程为 $y=-\dfrac{1}{2}x$.

【例2.7】 曲线 $y=x^{\frac{3}{2}}$ 上哪一点的切线与直线 $3x-y+1=0$ 平行？

解 设曲线 $y=x^{\frac{3}{2}}$ 上点的 $P(x_0,y_0)$ 切线与直线 $3x-y+1=0$ 平行，由导数的几何意义，得 $k_{切}=y'\Big|_{x=x_0}=\left(x^{\frac{3}{2}}\right)'\Big|_{x=x_0}=\frac{3}{2}x_0^{\frac{1}{2}}$. 而直线 $3x-y+1=0$ 的斜率为 $k_{切}=3$，根据两直线平行的条件有 $\frac{3}{2}x_0^{\frac{1}{2}}=3$，解得 $x_0=4$.

把 $x_0=4$ 代入曲线方程 $y=x^{\frac{3}{2}}$，得 $y_0=8$，所以 $y=x^{\frac{3}{2}}$ 曲线上点 $P(4,8)$ 处的切线与直线 $3x-y+1=0$ 平行.

2.1.3 可导与连续的关系

定理 2.2 如果 $y=f(x)$ 函数在点 x_0 处可导，则它一定在点 x_0 处连续.

注意： 这个定理的逆命题不成立，即函数 $y=f(x)$ 在点 x_0 处连续，但它在点 x_0 处不一定可导.

比如函数 $y=|x|$ 在点 $x=0$ 处连续，但在该点不可导，这是因为在点 $x=0$ 处有

$$f'_+(0)=\lim_{\Delta x\to 0^+}\frac{\Delta y}{\Delta x}=\lim_{\Delta x\to 0^+}\frac{|\Delta x|}{\Delta x}=\lim_{\Delta x\to 0^+}\frac{\Delta x}{\Delta x}=1.$$

$$f'_-(0)\lim_{\Delta x\to 0^-}\frac{\Delta y}{\Delta x}=\lim_{\Delta x\to 0^-}\frac{|\Delta x|}{\Delta x}=\lim_{\Delta x\to 0^-}-\frac{\Delta x}{\Delta x}=-1.$$

因为 $f'_-(0)\neq f'_+(0)$，则 $f'(0)$ 不存在，所以函数 $y=|x|$ 在点 $x=0$ 处不可导，如图 2.2 所示.

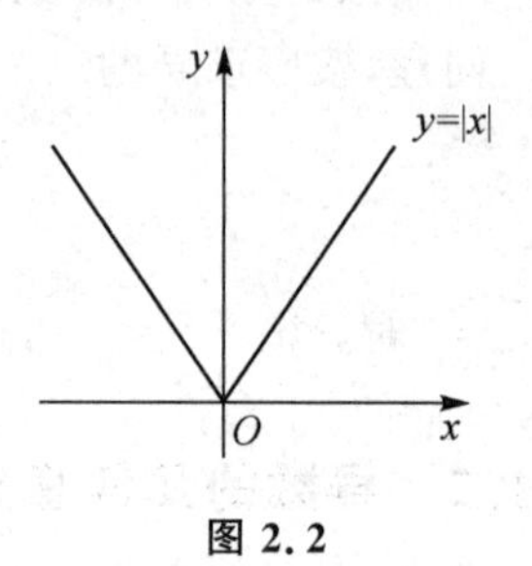

图 2.2

这个定理说明连续是可导的必要条件，但不是充分条件，即可导一定连续，但连续不一定可导.

习题 2.1

1. 利用导数的定义解答下列问题.

(1) $f(x)=\sqrt{x}$，求 $f'(1)$；

(2) $f(x)=\cos x$，求 $f'\left(\frac{\pi}{4}\right)$.

2. 求曲线 $y=x^2$ 在点 $(-1,1)$ 处的切线方程和法线方程.

3. 求下列函数的导数.

(1) $y=x^{100}$；　(2) $y=\frac{1}{\sqrt[3]{x}}$；　(3) $y=x^4\sqrt{x}$.

4. 试讨论函数 $y=\begin{cases}x^2\sin\frac{1}{x}, & x\neq 0\\ 0, & x=0\end{cases}$ 在 $x=0$ 处的连续性与可导性.

2.2 求导公式与求导法则

求导数是微分学中最基本的运算，2.1 节给出了按定义求导数的方法，但对于较复杂的函

数,用这种方法求导比较困难.本节由导数的四则运算和复合函数的求导法则,导出基本初等函数的求导公式,然后再建立起一些特殊的求导方法,如对数求导法、隐函数求导法等.

2.2.1　四则运算法则

定理 2.3　设函数 $u=u(x)$ 与 $v=v(x)$ 在点 x 处可导,则函数 $u(x)\pm v(x)$,$u(x)v(x)$,$\dfrac{u(x)}{v(x)}(v(x)\neq 0)$ 也在点 x 处可导,且有

① $[u(x)\pm v(x)]'=u'(x)\pm v'(x)$.

② $[u(x)v(x)]'=u'(x)v(x)+v'(x)u(x)$.

特别地,$[C\cdot u(x)]'=C\cdot u'(x)$ (C 为常数);

③ $\left[\dfrac{u(x)}{v(x)}\right]'=\dfrac{u'(x)v(x)-u(x)v'(x)}{v^2(x)}$ $(v(x)\neq 0)$.

特别地,当 $u(x)=C$(C 为常数)时,有

$$\left[\frac{C}{v(x)}\right]'=-\frac{C\cdot v'(x)}{v^2(x)}.$$

上述法则①可以推广到有限个可导函数代数和的情形,如

$$\left[\sum_{i=1}^{n}u_i(x)\right]'=\sum_{i=1}^{n}[u_i(x)]'.$$

【例 2.8】　求 $y=x^2+5\sqrt{x}$ 的导数.

解　$y'=(x^2+5\sqrt{x})'=(x^2)'+(5\sqrt{x})'=2x+\dfrac{5}{2\sqrt{x}}$.

【例 2.9】　已知 $y=\sqrt{x}\cos x+\dfrac{1}{x}+\sin \mathrm{e}$,求 y'.

解　
$$\begin{aligned}y'&=(\sqrt{x}\cos x)'+\left(\frac{1}{x}\right)'+(\sin \mathrm{e})'\\&=(\sqrt{x})'\cos x+\sqrt{x}(\cos x)'+\left(\frac{1}{x}\right)'\\&=\frac{\cos x}{2\sqrt{x}}-\sqrt{x}\sin x-\frac{1}{x^2}.\end{aligned}$$

【例 2.10】　求函数 $y=\tan x$ 的导数.

解　
$$\begin{aligned}y'&=(\tan x)'=\left(\frac{\sin x}{\cos x}\right)'=\frac{(\sin x)'\cos x-\sin x(\cos x)'}{\cos^2 x}\\&=\frac{\cos^2 x+\sin^2 x}{\cos^2 x}=\frac{1}{\cos^2 x}=\sec^2 x.\end{aligned}$$

即
$$(\tan x)'=\sec^2 x.$$

类似可得

$$(\cot x)'=-\csc^2 x.$$
$$(\sec x)'=\sec x\tan x.$$
$$(\csc x)'=-\csc x\cot x.$$

【例2.11】 已知函数 $y=\frac{\cos x}{1+\sin x}$,求导数.

解 $y'=\frac{(\cos x)'(1+\sin x)-\cos x(1+\sin x)'}{(1+\sin x)^2}$

$=\frac{-\sin x(1+\sin x)-\cos x\cos x}{(1+\sin x)^2}=\frac{-1}{1+\sin x}.$

2.2.2 反函数求导法

定理2.4 设 $y=f(x)$ 为 $x=\varphi(y)$ 的反函数,如果 $x=\varphi(y)$ 在某区间 I_y 内严格单调可导,且 $\varphi'(y)\neq 0$,则它的反函数 $y=f(x)$ 也在对应的区间 I_x 内可导,且 $f'(x)=\frac{1}{\varphi'(y)}$ 或 $\frac{\mathrm{d}y}{\mathrm{d}x}=\frac{1}{\frac{\mathrm{d}x}{\mathrm{d}y}}$.

证明 任取 $x\in I_x$ 及 $\Delta x\neq 0$,使 $x+\Delta x\in I_x$,由假设可知,$y=f(x)$ 在区间 I_x 内也严格单调,因此 $\Delta y=f(x+\Delta x)-f(x)\neq 0$.

又由假设可知 $f(x)$ 在 x 处连续,故当 $\Delta x\to 0$ 时 $\Delta y\to 0$,而 $x=\varphi(y)$ 可导且 $\varphi'(y)\neq 0$,所以 $f'(x)=\lim\limits_{\Delta x\to 0}\frac{\Delta y}{\Delta x}=\frac{1}{\lim\limits_{\Delta y\to 0}\frac{\Delta x}{\Delta y}}=\frac{1}{\varphi'(y)}$,即 $y=f(x)$ 在 x 处可导.

【例2.12】 求函数 $y=\arcsin x$ 的导数.

解 若函数在 $x\in(-1,1)$,$y\in\left(-\frac{\pi}{2},\frac{\pi}{2}\right)$ 单调,则其反函数为 $x=\sin y$,由反函数求导法有

$$(\arcsin x)'=\frac{\mathrm{d}y}{\mathrm{d}x}=\frac{1}{\frac{\mathrm{d}x}{\mathrm{d}y}}=\frac{1}{\cos y}=\frac{1}{\sqrt{1-\sin^2 y}}=\frac{1}{\sqrt{1-x^2}}.$$

即
$$(\arcsin x)'=\frac{1}{\sqrt{1-x^2}}.$$

同理有
$$(\arccos x)'=-\frac{1}{\sqrt{1-x^2}}.$$

$$(\arctan x)'=\frac{1}{1+x^2}.$$

$$(\operatorname{arccot} x)'=-\frac{1}{1+x^2}.$$

【例2.13】 求函数 $y=\left(\arcsin\frac{x}{2}\right)^2$ 的导数.

解 $y'=2\arcsin\frac{x}{2}\cdot\left(\arcsin\frac{x}{2}\right)'=2\arcsin\frac{x}{2}\cdot\frac{1}{\sqrt{1-(x/2)^2}}\cdot\left(\frac{x}{2}\right)'=\frac{2\arcsin\frac{x}{2}}{\sqrt{4-x^2}}.$

2.2.3 基本初等函数的求导公式

前面介绍了所有基本初等函数的导数公式,并给出了导数的运算法则以及复合函数的求

导法则. 为便于记忆与查阅，现将导数的基本公式和运算法则归纳如下，如表 2-1 所列.

表 2-1

$C'=0$（C 为常数）	$(x^{\mu})'=\mu x^{\mu-1}$（μ 为常数）
$(\log_a x)'=\dfrac{1}{x\ln a}$	$(\ln x)'=\dfrac{1}{x}$
$(a^x)'=a^x\ln a$	$(e^x)'=e^x$
$(\sin x)'=\cos x$	$(\cos x)'=-\sin x$
$(\tan x)'=\dfrac{1}{\cos^2 x}=\sec^2 x$	$(\cot x)'=-\dfrac{1}{\sin^2 x}=-\csc^2 x$
$(\sec x)'=\sec x\tan x$	$(\csc x)'=-\csc x\cot x$
$(\arcsin x)'=\dfrac{1}{\sqrt{1-x^2}}$	$(\arccos x)'=-\dfrac{1}{\sqrt{1-x^2}}$
$(\arctan x)'=\dfrac{1}{1+x^2}$	$(\text{arccot}\, x)'=-\dfrac{1}{1+x^2}$

2.2.4　复合函数的求导法则

定理 2.5　如果函数 $u=\varphi(x)$ 在点 x 处可导，而函数 $y=f(u)$ 在对应的点 u 处可导，那么复合函数 $y=f[\varphi(x)]$ 也在点 x 处可导，且有 $\dfrac{dy}{dx}=\dfrac{dy}{du}\cdot\dfrac{du}{dx}$ 或 $\{f[\varphi(x)]\}'=f'[\varphi(x)]\cdot\varphi'(x)$.

证明　设 x 的增量为 Δx，对应的函数 $u=\varphi(x)$ 与 $y=f(u)$ 的增量分别为 Δu 和 Δy，由于函数 $y=f(u)$ 可导，即 $\lim\limits_{\Delta u\to 0}\dfrac{\Delta y}{\Delta u}=\dfrac{dy}{du}$ 存在，于是由无穷小与函数极限的关系，有

$$\frac{\Delta y}{\Delta u}=\frac{dy}{du}+\alpha(\Delta u).$$

其中 $\alpha(\Delta u)$ 是 $\Delta u\to 0$ 时的无穷小，以 Δu 乘以上式等号两边得

$$\Delta y=\frac{dy}{du}\Delta u+\alpha(\Delta u)\Delta u.$$

于是

$$\frac{\Delta y}{\Delta x}=\frac{dy}{du}\frac{\Delta u}{\Delta x}+\alpha(\Delta u)\frac{\Delta u}{\Delta x}.$$

因为 $u=\varphi(x)$ 在点 x 处可导，又根据函数在某点可导必在该点连续可知 $u=\varphi(x)$ 在点 x 处也是连续的，故有

$$\lim_{\Delta x\to 0}\frac{\Delta u}{\Delta x}=\frac{du}{dx}.$$

且当 $\Delta x\to 0$ 时 $\Delta u\to 0$，从而 $\lim\limits_{\Delta x\to 0}\alpha(\Delta u)=\lim\limits_{\Delta u\to 0}\alpha(\Delta u)=0$，所以

$$\lim_{\Delta x\to 0}\frac{\Delta y}{\Delta x}=\lim_{\Delta x\to 0}\left[\frac{dy}{du}\frac{\Delta u}{\Delta x}+\alpha(\Delta u)\frac{\Delta u}{\Delta x}\right]$$

$$=\frac{\mathrm{d}y}{\mathrm{d}u}\lim_{\Delta x\to 0}\frac{\Delta u}{\Delta x}+\lim_{\Delta x\to 0}\alpha(\Delta u)\lim_{\Delta x\to 0}\frac{\Delta u}{\Delta x}=\frac{\mathrm{d}y}{\mathrm{d}u}\cdot\frac{\mathrm{d}u}{\mathrm{d}x}.$$

即
$$\frac{\mathrm{d}y}{\mathrm{d}x}=\frac{\mathrm{d}y}{\mathrm{d}u}\cdot\frac{\mathrm{d}u}{\mathrm{d}x}.$$

或记为
$$\{f[\varphi(x)]\}'=f'(u)\varphi'(x).$$

上式说明求复合函数 $y=f[\varphi(x)]$ 对 x 的导数时，可先求出 $y=f(u)$ 对 u 的导数和 $u=\varphi(x)$ 对 x 的导数，然后相乘即得.

注意： 符号 $\{f[\varphi(x)]\}'$ 表示复合函数 $f[\varphi(x)]$ 对自变量 x 求导数，而符号 $f'[\varphi(x)]$ 表示复合函数 $f[\varphi(x)]$ 对中间变量 $u=\varphi(x)$ 求导数.

【例 2.14】 求 $y=\sin 2x$ 的导数.

解 分解复合函数 $y=\sin u, u=2x$，因此

$$y'=(\sin u)'(2x)'=\cos u\cdot 2=2\cos 2x.$$

【例 2.15】 求 $y=\ln(\sec x+\tan x)$ 的导数.

解 分解复合函数 $y=\ln u, u=\sec x+\tan x$，因此

$$y'=\frac{1}{\sec x+\tan x}(\sec x+\tan x)'=\frac{1}{\sec x+\tan x}(\sec x\tan x+\sec^2 x)=\sec x.$$

求复合函数的导数，其关键是分析清楚复合函数的构造. 对于复合函数的分解比较熟悉后，就不必再写出中间变量，可以按照复合的前后次序，层层求导直接得出最后结果.

显然，以上法则可用于有限次复合的情形.

设 $y=f(u), u=\varphi(v), v=\psi(x)$ 都可导，则复合函数 $y=f\{\varphi[\psi(x)]\}$ 对 x 的导数为

$$\frac{\mathrm{d}y}{\mathrm{d}x}=\frac{\mathrm{d}y}{\mathrm{d}u}\cdot\frac{\mathrm{d}u}{\mathrm{d}v}\cdot\frac{\mathrm{d}v}{\mathrm{d}x}.$$

或记为

$$\{f[\varphi[\psi(x)]]\}'=f'(u)\varphi'(v)\psi'(x).$$

复合函数的求导法则也被形象地称为链式法则.

【例 2.16】 求函数 $y=\ln\tan\frac{x}{2}$ 的导数.

解 $y'=\left(\ln\tan\frac{x}{2}\right)'=\frac{1}{\tan\frac{x}{2}}\left(\tan\frac{x}{2}\right)'$

$$=\frac{1}{\tan\frac{x}{2}}\cdot\sec^2\frac{x}{2}\cdot\left(\frac{x}{2}\right)'=\frac{\cos\frac{x}{2}}{\sin\frac{x}{2}}\cdot\frac{1}{\cos^2\frac{x}{2}}\cdot\frac{1}{2}$$

$$=\frac{1}{\sin x}=\csc x.$$

【例 2.17】 求函数 $y=\mathrm{e}^{-\sin^2\frac{1}{x}}$ 的导数.

解 $y'=\mathrm{e}^{-\sin^2\frac{1}{x}}\left(-\sin^2\frac{1}{x}\right)'=\mathrm{e}^{-\sin^2\frac{1}{x}}\left(-2\sin\frac{1}{x}\right)\left(\sin\frac{1}{x}\right)'$

$$=\mathrm{e}^{-\sin^2\frac{1}{x}}\left(-2\sin\frac{1}{x}\right)\left(\cos\frac{1}{x}\right)\left(\frac{1}{x}\right)'$$

$$=\frac{1}{x^2}e^{-\sin^2\frac{1}{x}}\sin\frac{2}{x}.$$

【例 2.18】 设 $f'(x)$存在,求 $y=\ln|f(x)|$的导数($f(x)\neq 0$).

解　分两种情况来考虑:

① 当 $f(x)>0$ 时,$y=\ln f(x)$,$y'=[\ln f(x)]'=\frac{1}{f(x)}f'(x)=\frac{f'(x)}{f(x)}$.

② 当 $f(x)<0$ 时,$y=\ln(-f(x))$,$y'=\frac{1}{-f(x)}[-f(x)]'=\frac{f'(x)}{f(x)}$.

所以
$$[\ln|f(x)|]'=\frac{f'(x)}{f(x)}.$$

特别地
$$(\ln|x|)'=\frac{1}{x}.$$

从以上各例可见,复合函数求导法则是求导的灵魂.

【例 2.19】 求函数 $y=\ln\frac{1+\sqrt{x}}{1-\sqrt{x}}$的导数.

解
$$y'=\frac{1-\sqrt{x}}{1+\sqrt{x}}\cdot\left(\frac{1+\sqrt{x}}{1-\sqrt{x}}\right)'=\frac{1-\sqrt{x}}{1+\sqrt{x}}\cdot\frac{\frac{1}{2\sqrt{x}}\cdot(1-\sqrt{x})+\frac{1}{2\sqrt{x}}\cdot(1+\sqrt{x})}{(1-\sqrt{x})^2}$$
$$=\frac{1}{(1-x)\cdot\sqrt{x}}.$$

2.2.5　隐函数的导数

用解析法表示函数时,一般采用两种形式.一种是把因变量 y 表示成自变量 x 的表达式的形式,即 $y=f(x)$的形式,称为显函数.例如,$y=x^2+5\sqrt{x}$,$y=\arcsin x$ 等是显函数.另一种是函数 y 与自变量 x 的关系隐含在方程中,这种函数称为隐函数.例如,$x^2-2y=0$,$x^2+y^2=1$,$xy-e^x+e^y=0$ 等是隐函数.

对于隐函数,有的能化成显函数,例如函数 $x^2-2y=0$ 可化成 $y=\frac{1}{2}x^2$,而有的函数无法显化或显化很困难,例如 $x^2+y^2=1$ 就不能化为显函数,在实际问题中,有时需要求隐函数的导数.

前面所遇到的都是显函数 $y=f(x)$的求导.对于由方程 $F(x,y)=0$ 所确定的隐函数求导问题,如何从 $F(x,y)=0$ 直接把$\frac{dy}{dx}$求出来呢?

求隐函数的导数的方法是:方程两边同时对 x 求导,遇到含有 y 的项,把 y 看成是以 y 为中间变量的复合函数,然后从所得关系中解出 y'即可.

【例 2.20】 求由方程 $xy-e^x+e^y=0$ 所确定的隐函数的导数$\frac{dy}{dx}$.

解　把方程 $xy-e^x+e^y=0$ 的等号两端对 x 求导。但 y 是 x 的函数,所以得
$$y+xy'-e^x+e^yy'=0.$$

由上式解出 y',便得隐函数的导数为

$$y'=\frac{e^x-y}{x+e^y},\quad x+e^y\neq 0.$$

【例2.21】 求曲线 $x^2+xy+y^2=4$ 在点 $(2,-2)$ 处的切线方程.

解 方程等号两边对 x 求导,可得

$$2x+y+xy'+2yy'=0.$$

则有

$$y'=-\frac{2x+y}{x+2y},\quad y\neq 0.$$

所以

$$k=y'\Big|_{(2,-2)}=1.$$

因而所求切线方程为

$$y-(-2)=1\times(x-2).$$

即

$$x-y-4=0.$$

2.2.6 对数求导法

有些函数虽然是显函数,但直接求导比较麻烦,若利用取对数将其变为隐函数后,求导就简单了,这种方法通常称为对数求导法.

【例2.22】 设 $y=\dfrac{\sqrt{x+2}\cdot(3-x)^4}{(x+1)^5}$,求 y'.

解 先在等号两边取对数,得

$$\ln|y|=\frac{1}{2}\ln|x+2|+4\ln|3-x|-5\ln|x+1|.$$

等号两边对 x 求导,得

$$\frac{1}{y}y'=\frac{1}{2}\cdot\frac{1}{x+2}-\frac{4}{3-x}-\frac{5}{x+1}.$$

所以

$$y'=\frac{\sqrt{x+2}(3-x)^4}{(x+1)^5}\left[\frac{1}{2(x+2)}-\frac{4}{3-x}-\frac{5}{x+1}\right].$$

以后解题时,为了方便起见,取绝对值可以略去.

【例2.23】 求 $y=x^{\sin x}(x>0)$ 的导数.

解 对 $y=x^{\sin x}(x>0)$ 等号两边取对数,得

$$\ln y=\sin x\ln x.$$

两边求导,得

$$\frac{1}{y}y'=\frac{\sin x}{x}+\cos x\ln x.$$

所以

$$y'=y\left(\frac{\sin x}{x}+\cos x\ln x\right)=x^{\sin x}\left(\frac{\sin x}{x}+\cos x\ln x\right).$$

2.2.7 参数方程的导数

设参数方程 $\begin{cases}x=\varphi(t)\\ y=\varphi(t)\end{cases}$ 可确定 y 与 x 之间的一个函数关系,x 为自变量,y 为因变量,t 为

参数,则称此函数为由参数方程所确定的函数.

参数方程的求导法则为

$$\frac{\mathrm{d}y}{\mathrm{d}x}=\frac{\frac{\mathrm{d}y}{\mathrm{d}t}}{\frac{\mathrm{d}x}{\mathrm{d}t}}=\frac{\varphi'(t)}{\varphi'(t)}.$$

证明略.

【例 2.24】 已知函数 $y=f(x)$由参数方程$\begin{cases}x=\dfrac{t}{1+t}\\ y=t^3\end{cases}$所确定,求$\dfrac{\mathrm{d}y}{\mathrm{d}x}$.

解 $\dfrac{\mathrm{d}y}{\mathrm{d}x}=\dfrac{\frac{\mathrm{d}y}{\mathrm{d}t}}{\frac{\mathrm{d}x}{\mathrm{d}t}}=\dfrac{3t^2}{\frac{(1+t)-t}{(1+t)^2}}=3t^2(1+t)^2.$

2.2.8 高阶导数

从 2.1 节中可以知道,变速直线运动的瞬时速度 $v(t)$是位置函数 $s(t)$对时间 t 的导数,即

$$v=\frac{\mathrm{d}s}{\mathrm{d}t}\quad 或\quad v=s'.$$

而加速度 a 是速度 v 对时间 t 的变化率.也就是说,加速度 a 等于速度 v 对时间 t 的导数,即 $a=\dfrac{\mathrm{d}v}{\mathrm{d}t}$.

因为 $v=\dfrac{\mathrm{d}s}{\mathrm{d}t}$,所以 $a=\dfrac{\mathrm{d}v}{\mathrm{d}t}=\dfrac{\mathrm{d}}{\mathrm{d}t}\left(\dfrac{\mathrm{d}s}{\mathrm{d}t}\right)$或 $a=[s'(t)]'$.

这种导数的导数$\dfrac{\mathrm{d}}{\mathrm{d}t}\left(\dfrac{\mathrm{d}s}{\mathrm{d}t}\right)$或$[s'(t)]'$叫作 s 对 t 的二阶导数,记作$\dfrac{\mathrm{d}^2s}{\mathrm{d}t^2}$或 $s''(t)$,所以,物体运动的加速度就是位置函数 s 对时间 t 的二阶导数.

若函数 $y=f(x)$在 x 邻域内可导,其导数为 $y'=f'(x)$,且极限$\lim\limits_{\Delta x\to 0}\dfrac{f'(x+\Delta x)-f'(x)}{\Delta x}$存在,则称该极限值为函数 $f(x)$在点 x 处的二阶导数,记为 y'',$f''(x)$或$\dfrac{\mathrm{d}^2y}{\mathrm{d}x^2}$,即

$$y''=(y')'=f''(x)\quad 或\quad \frac{\mathrm{d}^2y}{\mathrm{d}x^2}=\frac{\mathrm{d}}{\mathrm{d}x}\left(\frac{\mathrm{d}y}{\mathrm{d}x}\right).$$

类似的,二阶导数的导数叫作三阶导数,三阶导数的导数叫作四阶导数,……,一般地,$f(x)$的 $n-1$ 阶导数的导数叫作 n 阶导数,分别记作

$$y''',y^{(4)},\cdots,y^{(n)};f'''(x),f^{(4)}(x),\cdots,f^{(n)}(x).$$

或

$$\frac{\mathrm{d}^3y}{\mathrm{d}x^3},\frac{\mathrm{d}^4y}{\mathrm{d}x^4},\cdots,\frac{\mathrm{d}^ny}{\mathrm{d}x^n}.$$

且有

$$y^{(n)}=[y^{(n-1)}]'\quad 或\quad \frac{\mathrm{d}^ny}{\mathrm{d}x^n}=\frac{\mathrm{d}}{\mathrm{d}x}\left(\frac{\mathrm{d}^{(n-1)}y}{\mathrm{d}x^{n-1}}\right).$$

二阶及二阶以上的导数统称为高阶导数.显然,求高阶导数并不需要另外的方法,只要逐阶求导,一直求到所要求的阶数即可.

【例 2.25】 求函数 $y=\arctan x$ 的二阶及三阶导数.

解
$$y'=\frac{1}{1+x^2}.$$
$$y''=(y')'=\left(\frac{1}{1+x^2}\right)'=-\frac{2x}{(1+x^2)^2}.$$
$$y'''=(y'')'=\left[\frac{-2x}{(1+x^2)^2}\right]'=\frac{-2(1+x^2)^2+2x\cdot 2(1+x^2)\cdot 2x}{(1+x^2)^4}=\frac{6x^2-2}{(1+x^2)^3}.$$

【例 2.26】 求 n 次多项式 $y=a_0x^n+a_1x^{n-1}+\cdots+a_n$ 的各阶导数.

解
$$y'=na_0x^{n-1}+(n-1)a_1x^{n-2}+\cdots+a_{n-1}.$$
$$y''=n(n-1)a_0x^{n-2}+(n-1)(n-2)a_1x^{n-3}+\cdots+2a_{n-2}.$$
可见每经过一次求导运算,多项式的次数就降低一次,继续求导得
$$y^{(n)}=n!\ a_0.$$
这是一个常数,因而
$$y^{(n+1)}=y^{(n+2)}=\cdots=0.$$
这就是说,n 次多项式的一切高于 n 阶的导数都为零.

习题 2.2

1. 用导数的四则运算求下列函数的导数.

(1) $y=5x^2-3^x+3e^x$;　　(2) $y=3^x+\log_2 x+\sin\frac{\pi}{4}$;

(3) $y=x^3\ln x$;　　(4) $y=\frac{\ln x}{x}$;

(5) $y=\frac{x-1}{x+1}$;　　(6) $y=\sqrt[3]{x}\sin x+a^x e^x$.

2. 求下列函数的导数.

(1) $y=\cos(4-3x)$;　　(2) $y=\ln^3 x$;

(3) $y=\arctan(e^x)$;　　(4) $y=\arcsin(1-2x)$;

(5) $y=(2+3x^2)\sqrt{1+5x^2}$;　　(6) $y=\ln\left(x+\sqrt{1+x^2}\right)$.

3. 求下列隐函数的导数.

(1) $x^3+y^3-3xy=0$;　　(2) $xy-\sin(\pi y^2)=0$;

(3) $\sqrt{x}+\sqrt{y}=\sqrt{a}$;　　(4) $\sin y=\ln(x+y)$.

4. 用对数求导法求下列函数的导数.

(1) $y=(1+x^2)^{\tan x}$;　　(2) $y=\frac{(x^2-2)\sqrt{1-2x}}{\sqrt[3]{3x-4}}$.

5. 求曲线 $\begin{cases}x=\ln(1+t^2)\\ y=\arctan t\end{cases}$ 在 $t=1$ 对应点处的切线方程和法线方程.

6. 求下列函数的导数.

(1) $y=xe^{x^2}$,求 y'';　　(2) $y=x\ln x$,求 $y^{(n)}$.

2.3 微　分

2.3.1 微分的定义

微分与导数有着密切的联系,下面由实际问题介绍微分的概念及应用.

先看一个具体的例子.

引例 3 一个边长为 x_0 的正方形金属薄片,当受冷热影响时,其边长由 x_0 变到 $x_0+\Delta x$(见图 2.3),问薄片的面积改变了多少?

$$\Delta S=(x_0+\Delta x)^2-x_0^2=2x_0\Delta x+(\Delta x)^2.$$

ΔS 包括两部分,第一部分 $2x_0\Delta x$ 是 ΔS 的主要部分,即图 2.3 中画斜线的那两个矩形面积之和;而第二部分$(\Delta x)^2$,当 $\Delta x\to 0$ 时,是比 Δx 高阶的无穷小量.因此,当 Δx 很小时,可以用第一部分 $2x_0\Delta x$ 近似地表示 ΔS,而把第二部分忽略掉,其差 $\Delta S-2x_0\Delta x$ 只是一个比 Δx 高阶的无穷小量.把 $2x_0\Delta x$ 叫作正方形面积 S 在 x_0 处的微分,记作

$$\mathrm{d}S=2x_0\Delta x.$$

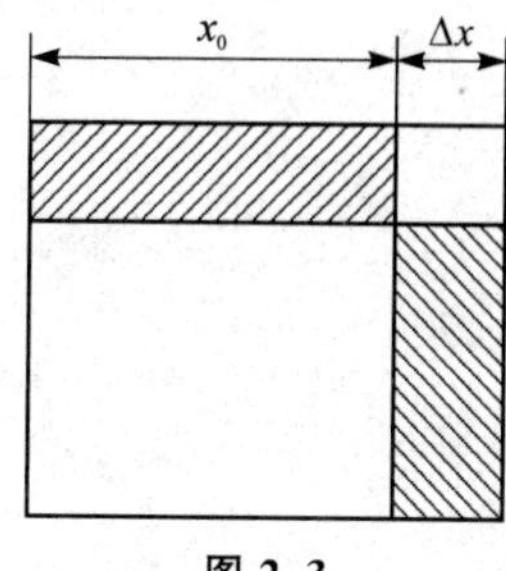

图 2.3

这个结论具有一般性.

定义 2.4 设函数 $y=f(x)$在 x_0 处有导数 $f'(x_0)$,则称 $f'(x_0)\Delta x$ 为 $y=f(x)$在 x_0 处的微分,记作 $\mathrm{d}y$,即

$$\mathrm{d}y=f'(x_0)\Delta x.$$

此时称函数 $y=f(x)$在 x_0 处是可微的.

【例 2.27】 已知 $y=x^3-1$,在点 $x=2$ 处计算当 Δx 分别为 1,0.1,0.01 时的 Δy 及 $\mathrm{d}y$ 的值.

解 $\Delta y=f(2+\Delta x)-f(2)=(2+\Delta x)^3-8$,　$\mathrm{d}y|_{x=2}=f'(2)\mathrm{d}x=12\mathrm{d}x$.

① 当 $\Delta x=1$ 时

$$\Delta y=3^3-8=19,\quad \mathrm{d}y=12\times 1=12.$$

② 当 $\Delta x=0.1$ 时

$$\Delta y=(2.1)^3-8=1.261,\quad \mathrm{d}y=12\times 0.1=1.2.$$

③ 当 $\Delta x=0.01$ 时

$$\Delta y=(2.01)^3-8=0.120\,601,\quad \mathrm{d}y=12\times 0.01=0.12.$$

函数 $y=f(x)$在任意点 x 处的微分叫作函数的微分,记作

$$\mathrm{d}y=f'(x)\Delta x.$$

如果将自变量 x 当作自己的函数 $y=x$,则得

$$\mathrm{d}x=\mathrm{d}y=x'\cdot\Delta x=\Delta x.$$

因此,可以说自变量的微分 $\mathrm{d}x$ 就等于它的改变量 Δx.于是,函数的微分可以写成

$$\mathrm{d}y=f'(x)\mathrm{d}x.$$

即函数的微分就是函数的导数与自变量的微分之乘积,由上式可得

$$\frac{\mathrm{d}y}{\mathrm{d}x}=f'(x).$$

也就是说,函数的微分与自变量微分之商等于该函数的导数,因此,导数也叫微商.

由于求微分的问题可归结为求导数的问题,因此求导数与求微分的方法叫作微分法.

【例 2.28】 求函数 $y=\ln x$ 的微分.

解 $\mathrm{d}y=(\ln x)'\mathrm{d}x=\frac{1}{x}\mathrm{d}x$.

2.3.2 微分的几何意义

在直角坐标系中作函数 $y=f(x)$ 的图形,如图 2.4 所示.在曲线上取一点 $M(x,y)$,过 M 点作曲线的切线,它与 x 轴的交角为 α,则此切线的斜率为

$$f'(x)=\tan\alpha.$$

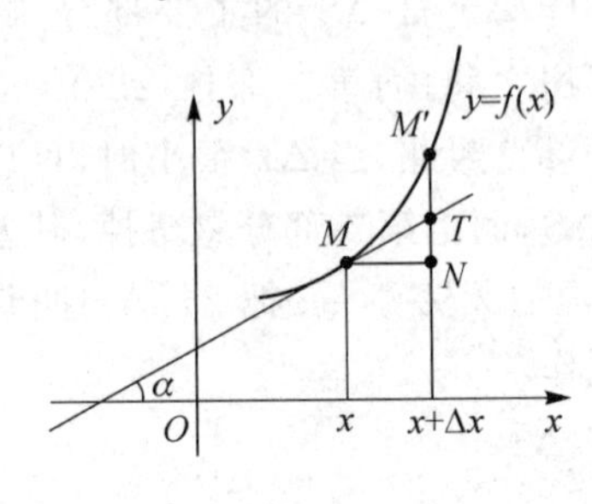

图 2.4

当自变量在点 x 处取得改变量 Δx 时,就得到曲线上另外一点 $M'(x+\Delta x,y+\Delta y)$.由图 2.4 易知

$$MN=\Delta x,\quad NM'=\Delta y.$$

且

$$NT=MN\cdot\tan\alpha=f'(x)\Delta x=\mathrm{d}y.$$

因此,函数 $y=f(x)$ 的微分 $\mathrm{d}y$ 的几何意义就是过点 $M(x,y)$ 的切线的纵坐标的改变量.

2.3.3 微分的运算

1. 微分基本公式

因为可导必然可微,所以由基本初等函数的求导公式可以得出基本初等函数的微分公式.

① $\mathrm{d}(C)=0$;　② $\mathrm{d}(x^{\mu})=\mu x^{\mu-1}\mathrm{d}x(\mu\in\mathbf{R})$;

③ $\mathrm{d}(a^x)=a^x\ln a\,\mathrm{d}x$;　④ $\mathrm{d}(\mathrm{e}^x)=\mathrm{e}^x\mathrm{d}x$;

⑤ $\mathrm{d}(\log_a x)=\frac{1}{x\ln a}\mathrm{d}x$;　⑥ $\mathrm{d}(\ln x)=\frac{1}{x}\mathrm{d}x$;

⑦ $\mathrm{d}(\sin x)=\cos x\,\mathrm{d}x$;　⑧ $\mathrm{d}(\cos x)=-\sin x\,\mathrm{d}x$;

⑨ $\mathrm{d}(\tan x)=\sec^2 x\,\mathrm{d}x$;　⑩ $\mathrm{d}(\cot x)=-\csc^2 x\,\mathrm{d}x$;

⑪ $\mathrm{d}(\sec x)=\sec x\tan x\,\mathrm{d}x$;　⑫ $\mathrm{d}(\csc x)=-\csc x\cot x\,\mathrm{d}x$;

⑬ $\mathrm{d}(\arcsin x)=\frac{1}{\sqrt{1-x^2}}\mathrm{d}x$;　⑭ $\mathrm{d}(\arccos x)=-\frac{1}{\sqrt{1-x^2}}\mathrm{d}x$;

⑮ $d(\arctan x)=\frac{1}{1+x^2}dx$；　　　⑯ $d(\text{arccot}\, x)=-\frac{1}{1+x^2}dx$.

2. 微分四则运算法则

设函数 $u=u(x),v=v(x)$均可微,则

① $d[u(x)\pm v(x)]=du(x)\pm dv(x)$.

② $d[u(x)v(x)]=v(x)du(x)+u(x)dv(x)$. 特别地 $d[Cu(x)]=Cdu(x)$.

③ $d\frac{u(x)}{v(x)}=\frac{v(x)du(x)-u(x)dv(x)}{v^2(x)}$.

因为可导必然可微,也可以利用公式 $dy=f'(x)dx$ 来求任意函数的微分.

【例 2.29】 求函数 $y=\ln x+2\sqrt{x}$的微分.

解　因为 $y'=\frac{1}{x}+\frac{1}{\sqrt{x}}$,则 $dy=\left(\frac{1}{x}+\frac{1}{\sqrt{x}}\right)dx$.

2.3.4　微分形式不变性

设函数 $y=f(u)$,根据微分的定义,当 u 是自变量时,函数 $y=f(u)$的微分是

$$dy=f'(u)du.$$

如果 u 不是自变量,而是 x 的可导函数 $u=\varphi(x)$,则复合函数 $y=f[\varphi(x)]$的导数为

$$y'=f'(u)\varphi'(x).$$

于是,复合函数 $y=f[\varphi(x)]$的微分为

$$dy=f'(u)\varphi'(x)dx.$$

由于

$$\varphi'(x)dx=du.$$

所以

$$dy=f'(u)du.$$

由此可见,不论 u 是自变量还是函数(中间变量),函数 $y=f(u)$的微分总保持统一形式 $dy=f'(u)du$,这一性质称为一阶微分形式不变性. 有时,利用一阶微分形式不变性求复合函数的微分比较方便.

【例 2.30】 设 $y=\cos\sqrt{x}$,求 dy.

解　① 由公式 $dy=f'(x)dx$,得

$$dy=(\cos\sqrt{x})'dx=-\frac{1}{2\sqrt{x}}\sin\sqrt{x}\,dx.$$

② 由一阶微分形式不变性,得

$$\begin{aligned}dy&=d(\cos\sqrt{x})=-\sin\sqrt{x}\,d\sqrt{x}\\&=-\sin\sqrt{x}\,\frac{1}{2\sqrt{x}}dx=-\frac{1}{2\sqrt{x}}\sin\sqrt{x}\,dx.\end{aligned}$$

【例 2.31】 设 $y=e^{\sin x}$,求 dy.

解　① 由公式 $dy=f'(x)dx$,得

$$dy=(e^{\sin x})'dx=e^{\sin x}\cos x\,dx.$$

② 由一阶微分形式不变性,得

$$dy=de^{\sin x}=e^{\sin x}d\sin x=e^{\sin x}\cos x\,dx.$$

2.3.5 微分在近似计算中的应用

在实际问题中,经常利用微分做近似计算.

当函数 $y=f(x)$ 在 x_0 处的导数 $f'(x_0)\neq 0$ 且 $|\Delta x|$ 很小时,有近似公式

$$\Delta y\approx \mathrm{d}y=f'(x_0)\Delta x.$$

$$\Delta y=f(x_0+\Delta x)-f(x_0)\approx f'(x_0)\Delta x. \tag{2.3.1}$$

或

$$f(x_0+\Delta x)\approx f(x_0)+f'(x_0)\Delta x. \tag{2.3.2}$$

这里,式(2.3.1)可以直接用于求函数增量的近似值,而式(2.3.2)可用来求函数在某点附近的函数值的近似值.

【例 2.32】 求 $\sqrt[100]{1.002}$.

解 令 $f(x)=\sqrt[100]{x}$,则 $f'(x)=\dfrac{1}{100}x^{-\frac{99}{100}}$. 取 $x_0=1,\Delta x=0.002$,得

$$\sqrt[100]{1.002}\approx f(1)+f'(1)\Delta x=1+\frac{1}{100}\times 0.002=1.000\,02.$$

【例 2.33】 水管壁的横截面是一个圆环,其内半径为 10 cm,环宽 0.1 cm. 求横截面的面积的精确值和近似值.

解 圆的面积为 $s=\pi r^2$,则横截面的面积的精确值为

$$\Delta s=[\pi(10+0.1)^2-\pi 10^2]\mathrm{cm}^2=2.01\pi\ \mathrm{cm}^2.$$

近似值为

$$\Delta s\approx \mathrm{d}s=s'\Delta r=2\pi r\cdot\Delta r=2\pi\cdot 10\cdot 0.1\mathrm{cm}^2=2\pi\ \mathrm{cm}^2.$$

习题 2.3

1. 求下列函数的微分.

(1) $y=\ln\sqrt{1-x^3}$;　　(2) $y=x^2\mathrm{e}^{2x}$;

(3) $y=\dfrac{1}{a}\arctan\dfrac{x}{a}$;　　(4) $y=\mathrm{e}^{-x}\cos x$.

2. 一个正立方体的水桶,棱长为 10 cm,如果棱长增加 0.1 cm,求水桶体积增加的精确值和近似值.

3. 计算下列各式的近似值.

(1) $\sqrt[6]{65}$;　　(2) $\ln 1.01$.

2.4 中值定理与洛必达法则

2.4.1 中值定理

定理 2.6 费马引理

① 设函数 $y=f(x)$ 在点 x_0 处的某邻域 $N(x_0,\delta)$ 内有定义,且在 x_0 点处可导;

② 对任意的 $x\in N(x_0,\delta)$,有 $f(x)\leqslant f(x_0)$(或 $f(x)\geqslant f(x_0)$).

则必有 $f'(x_0)=0$.

证明　不妨假设 $x\in N(x_0,\delta)$ 时，$f(x)\leqslant f(x_0)$，于是对于 $x_0+\Delta x\in N(x_0,\delta)$，有 $f(x_0+\Delta x)\leqslant f(x_0)$，则必有

$$f'_{-}(x_0)=\lim_{\Delta x\to 0^-}\frac{f(x_0+\Delta x)-f(x_0)}{\Delta x}\geqslant 0.$$

$$f'_{+}(x_0)=\lim_{\Delta x\to 0^+}\frac{f(x_0+\Delta x)-f(x_0)}{\Delta x}\leqslant 0.$$

由导数存在的充要条件可得 $f'(x_0)=0$.

定理 2.7　罗尔定理

若函数 $y=f(x)$ 满足：

① 在闭区间 $[a,b]$ 上连续；

② 在开区间 (a,b) 内可导；

③ 且有 $f(a)=f(b)$.

则在区间 (a,b) 内至少存在一点 ξ，使得函数 $y=f(x)$ 在该点处的导数为 0，即 $f'(\xi)=0$.

证明　因为 $f(x)$ 在 $[a,b]$ 上连续，所以必然存在最大值 M 和最小值 m.

分两种情况讨论：

① 当 $M=m$ 时，由题意可知，$f(x)$ 在 $[a,b]$ 上必取相同的数值，即 $f(x)=M=m$，而 m、M 为常数，由此 $f'(x)=0$，此时，任取 $\xi\in(a,b)$，均有 $f'(\xi)=0$.

② 当 $M>m$ 时，由题意可知 $f(a)=f(b)$，所以至少 m、M 有一个与端点值不相等，假设 $M\neq f(a)$，必有 $f(x)\leqslant M$，此点必然满足费马引理，即存在 $\xi\in(a,b)$ 使得 $f'(\xi)=0$.

几何意义：罗尔中值定理的条件①②说明函数是一条连续的曲线，当满足条件③时，在曲线上至少存在一点处的切线是水平的，如图 2.5 所示.

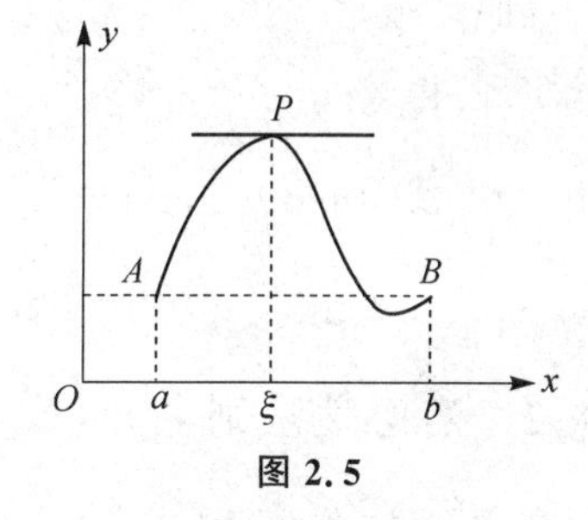

图 2.5

【例 2.34】　函数 $f(x)=2x^2-x-3$ 在给定区间 $[-1,1.5]$ 上是否满足罗尔定理的所有条件？如满足，请求出满足定理的数值 ξ.

解　由题意 $f(x)=2x^2-x-3$ 在 $[-1,1.5]$ 上连续，在 $(-1,1.5)$ 内可导，且 $f(-1)=f(1.5)=0$，可得 $f(x)=2x^2-x-3$ 在 $[-1,1.5]$ 上满足罗尔定理的条件.

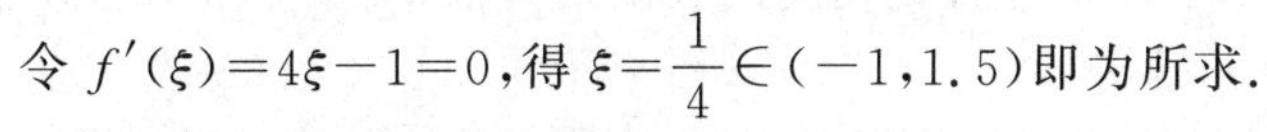

令 $f'(\xi)=4\xi-1=0$，得 $\xi=\dfrac{1}{4}\in(-1,1.5)$ 即为所求.

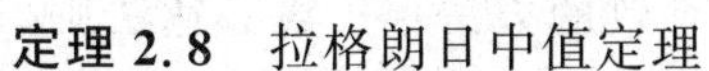

定理 2.8　拉格朗日中值定理

若函数 $y=f(x)$ 满足：

① 在闭区间 $[a,b]$ 上连续；

② 在开区间 (a,b) 内可导.

则在区间 (a,b) 内至少存在　点 ξ，使得

$$f'(\xi)=\frac{f(b)-f(a)}{b-a}.$$

证明　设辅助函数为 $F(x)=f(x)-\dfrac{f(b)-f(a)}{b-a}x$，由题意满足条件①②，且 $F(a)=$

$\frac{bf(a)-af(b)}{b-a}=F(b)$,所以$F(x)$满足罗尔定理,在区间$(a,b)$内至少存在一点$\xi$,使得

$$F'(\xi)=f'(\xi)-\frac{f(b)-f(a)}{b-a}=0.$$

即有

$$f'(\xi)=\frac{f(b)-f(a)}{b-a}.$$

几何意义:在曲线上至少存在一点ξ,使曲线在此点处平行于端点连线AB,如图2.6所示.

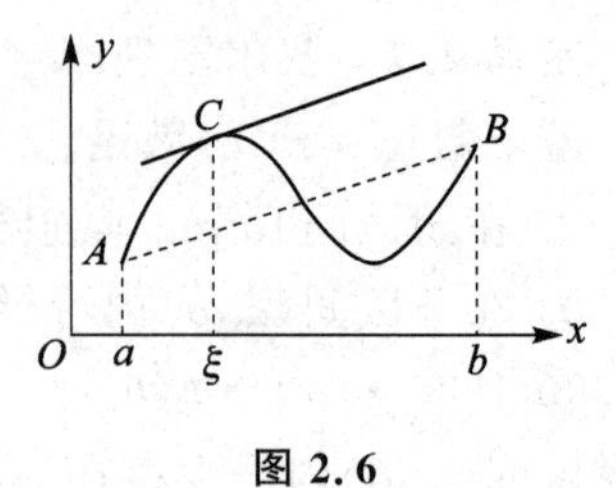

图2.6

推论2.1 若函数$f(x)$在闭区间$[a,b]$上连续,在开区间(a,b)内可导,且$f'(x)\equiv 0$,则有$f(x)\equiv C$.

推论2.2 若函数$f(x)$、$g(x)$在开区间(a,b)内恒有$f'(x)=g'(x)$,则有$f(x)-g(x)=C$.

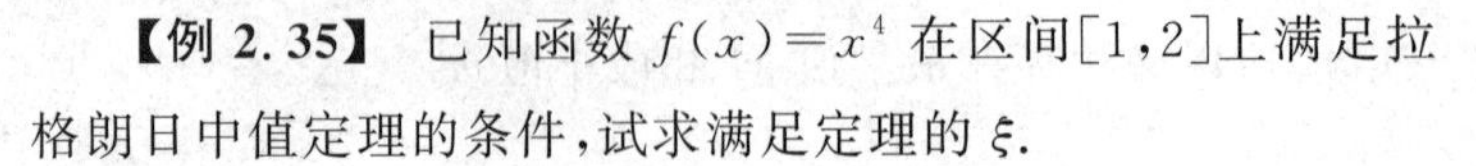

【例2.35】 已知函数$f(x)=x^4$在区间$[1,2]$上满足拉格朗日中值定理的条件,试求满足定理的ξ.

解 要使$f'(\xi)=\frac{f(2)-f(1)}{2-1}$,只要$4\xi^3=15\Rightarrow\xi=\sqrt[3]{\frac{15}{4}}$,从而$\xi=\sqrt[3]{\frac{15}{4}}\in(1,2)$即为满足定理的$\xi$.

【例2.36】 证明不等式$|\arctan b-\arctan a|\leqslant|b-a|$.

证明 令$f(x)=\arctan x$,因为$f(x)$在$[a,b]$上连续,在(a,b)内可导,所以由拉格朗日中值定理,得

$$|\arctan b-\arctan a|=|f'(\xi)(b-a)|=\left|\frac{1}{1+\xi^2}\right||b-a|\leqslant|b-a|.$$

即

$$|\arctan b-\arctan a|\leqslant|b-a|.$$

2.4.2 洛必达法则

在求函数的极限时,曾多次遇到求两个无穷小量之比或两个无穷大量之比$\left(\text{即}\frac{0}{0}\text{型或}\frac{\infty}{\infty}\text{型未定式}\right)$的极限问题,它不能直接使用商的极限运算法则.本小节将应用前面讲述的中值定理给出计算$\frac{0}{0}$型或$\frac{\infty}{\infty}$型未定式极限的简洁有效的方法——洛必达法则,进一步完善极限问题.

定理2.9 设函数$f(x)$与$g(x)$满足条件:

① $\lim\limits_{x\to x_0}f(x)=\lim\limits_{x\to x_0}g(x)=0$;

② 在点x_0的某邻域内(点x_0可除外)可导,且$g'(x)\neq 0$;

③ $\lim\limits_{x\to x_0}\frac{f'(x)}{g'(x)}=A$(或$\infty$).

则必有$\lim\limits_{x\to x_0}\frac{f'(x)}{g'(x)}=\lim\limits_{x\to x_0}\frac{f(x)}{g(x)}=A$(或$\infty$).

注意：上述定理对于 $x\to x_0$ 或 $x\to\infty$ 时的 $\frac{0}{0}$ 型未定式同样适用，对于 $x\to x_0$ 或 $x\to\infty$ 时的 $\frac{\infty}{\infty}$ 型未定式，也有相应的法则.

【例 2.37】 求 $\lim\limits_{x\to 0}\frac{e^x-1}{x^2-x}$.

解　这是 $\frac{0}{0}$ 型未定式，且满足定理 2.9 的条件，故有

$$\lim_{x\to 0}\frac{e^x-1}{x^2-x}=\lim_{x\to 0}\frac{(e^x-1)'}{(x^2-x)'}=\lim_{x\to 0}\frac{e^x}{2x-1}=\frac{1}{-1}=-1.$$

【例 2.38】 求 $\lim\limits_{x\to 0}\frac{(1+x)^\alpha-1}{x}$（$\alpha$ 为任意实数）.

解　这是 $\frac{0}{0}$ 型未定式，应用洛必达法则

$$\lim_{x\to 0}\frac{(1+x)^\alpha-1}{x}=\lim_{x\to 0}\frac{\alpha(1+x)^{\alpha-1}}{1}=\alpha.$$

【例 2.39】 求 $\lim\limits_{x\to+\infty}\frac{e^x}{x^2}$.

解　这是 $\frac{\infty}{\infty}$ 型未定式，应用洛必达法则

$$\lim_{x\to+\infty}\frac{e^x}{x^2}=\lim_{x\to+\infty}\frac{e^x}{2x}=\lim_{x\to+\infty}\frac{e^x}{2}=+\infty.$$

说明：如果 $\lim\limits_{x\to x_0}\frac{f'(x)}{g'(x)}$ 仍是 $\frac{0}{0}$ 或 $\frac{\infty}{\infty}$ 型未定式，则可以继续使用洛必达法则.

【例 2.40】 求 $\lim\limits_{x\to 1}\frac{x^3-3x+2}{x^3-x^2-x+1}$.

解　$\lim\limits_{x\to 1}\frac{x^3-3x+2}{x^3-x^2-x+1}=\lim\limits_{x\to 1}\frac{3x^2-3}{3x^2-2x-1}=\lim\limits_{x\to 1}\frac{6x}{6x-2}=\frac{6}{4}=\frac{3}{2}$.

【例 2.41】 求 $\lim\limits_{x\to\frac{\pi}{2}}\frac{\tan x}{\tan 3x}$.

解

$$\lim_{x\to\frac{\pi}{2}}\frac{\tan x}{\tan 3x}=\lim_{x\to\frac{\pi}{2}}\frac{\frac{1}{\cos^2 x}}{\frac{3}{\cos^2 3x}}=\frac{1}{3}\lim_{x\to\frac{\pi}{2}}\frac{\cos^2 3x}{\cos^2 x}$$

$$=\frac{1}{3}\lim_{x\to\frac{\pi}{2}}\frac{2\cos 3x\cdot(-3\sin 3x)}{2\cos x\cdot(-\sin x)}=\lim_{x\to\frac{\pi}{2}}\frac{\sin 6x}{\sin 2x}$$

$$=\lim_{x\to\frac{\pi}{2}}\frac{6\cos 6x}{2\cos 2x}=3.$$

洛必达法则不仅可以用来解决 $\frac{0}{0}$ 型或 $\frac{\infty}{\infty}$ 型未定式的极限问题，还可以用来解决 $0\cdot\infty$、$\infty-\infty$、1^∞、0^0、∞^0 等型的未定式的极限问题. 解决这些类型未定式极限问题的办法就是经过

适当的变换,将它们化为$\frac{0}{0}$型或$\frac{\infty}{\infty}$型未定式的极限.

【例 2.42】 求 $\lim\limits_{x\to+\infty}\left[x\left(\frac{\pi}{2}-\arctan x\right)\right]$($\infty\cdot 0$ 型).

解 $\lim\limits_{x\to+\infty}\left[x\left(\frac{\pi}{2}-\arctan x\right)\right]=\lim\limits_{x\to+\infty}\dfrac{\frac{\pi}{2}-\arctan x}{\frac{1}{x}}=\lim\limits_{x\to+\infty}\dfrac{-\frac{1}{1+x^2}}{-\frac{1}{x^2}}=\lim\limits_{x\to+\infty}\dfrac{x^2}{1+x^2}=1.$

【例 2.43】 求$\lim\limits_{x\to1}\left(\frac{x}{x-1}-\frac{1}{\ln x}\right)$($\infty-\infty$型).

解 $\lim\limits_{x\to1}\left(\frac{x}{x-1}-\frac{1}{\ln x}\right)=\lim\limits_{x\to1}\dfrac{x\ln x-x+1}{(x-1)\ln x}=\lim\limits_{x\to1}\dfrac{\ln x+1-1}{\frac{x-1}{x}+\ln x}$

$$=\lim_{x\to1}\frac{\ln x}{1-\frac{1}{x}+\ln x}=\lim_{x\to1}\frac{\frac{1}{x}}{\frac{1}{x^2}+\frac{1}{x}}=\frac{1}{2}.$$

【例 2.44】 求$\lim\limits_{x\to1}x^{\frac{1}{1-x}}$($1^\infty$型).

解 因为

$$\lim_{x\to1}x^{\frac{1}{1-x}}=\lim_{x\to1}\mathrm{e}^{\frac{\ln x}{1-x}}=\mathrm{e}^{\lim\limits_{x\to1}\frac{\ln x}{1-x}}.$$

而

$$\lim_{x\to1}\frac{\ln x}{1-x}=\lim_{x\to1}\frac{\frac{1}{x}}{-1}=-1.$$

所以

$$\lim_{x\to1}x^{\frac{1}{1-x}}=\mathrm{e}^{-1}.$$

【例 2.45】 求 $\lim\limits_{x\to0^+}x^x$(0^0 型).

解

$$\lim_{x\to0^+}x^x=\lim_{x\to0^+}\mathrm{e}^{x\ln x}=\mathrm{e}^{\lim\limits_{x\to0^+}x\ln x}.$$

而

$$\lim_{x\to0^+}x\ln x=\lim_{x\to0^+}\frac{\ln x}{\frac{1}{x}}=\lim_{x\to0^+}\frac{\frac{1}{x}}{-\frac{1}{x^2}}$$

$$=\lim_{x\to0^+}(-x)=0.$$

所以

$$\lim_{x\to0^+}x^x=\mathrm{e}^{\lim\limits_{x\to0^+}x\ln x}=\mathrm{e}^0=1.$$

【例 2.46】 求$\lim\limits_{x\to0}\dfrac{x^2\sin\frac{1}{x}}{\sin x}$.

解 这个问题属于$\frac{0}{0}$型未定式.但分子、分母分别求导数后,将化为$\lim\limits_{x\to0}\dfrac{2x\sin\frac{1}{x}-\cos\frac{1}{x}}{\cos x}$,此式振荡,无极限,故洛必达法则失效,不能使用.但原极限是存在的,可用下法求得:

$$\lim_{x\to 0}\frac{x^2\sin\frac{1}{x}}{\sin x}=\lim_{x\to 0}\left(\frac{x}{\sin x}\cdot x\sin\frac{1}{x}\right)=\frac{\lim\limits_{x\to 0}x\sin\frac{1}{x}}{\lim\limits_{x\to 0}\frac{\sin x}{x}}=\frac{0}{1}=0.$$

在使用洛必达法则时，应注意如下几点：

① 每次使用法则前，必须检验是否属于$\frac{0}{0}$或$\frac{\infty}{\infty}$未定型，若不是未定型，就不能使用该法则；

② 如果有可约因子或有非零极限值的乘积因子，则可先约去或提出，以简化演算步骤；

③ 当 $\lim\frac{f'(x)}{g'(x)}$不存在（不包括∞的情形）时，并不能断定 $\lim\frac{f(x)}{g(x)}$也不存在，此时应使用其他方法求极限.

习题 2.4

1. 用洛必达法则求极限时应注意什么？

2. 下列极限属于哪种类型的未定式？求出它们的极限值.

(1) $\lim\limits_{x\to 0}\frac{\sin(\sin x)}{x}$；　　(2) $\lim\limits_{x\to +\infty}\frac{\ln x}{x}$；

(3) $\lim\limits_{x\to 0}\frac{e^x-e^{-x}}{\sin x}$；　　(4) $\lim\limits_{x\to +\infty}\frac{\ln(e^x+1)}{e^x}$.

2.5　导数的应用

2.5.1　函数的单调性

在第 1 章已经给出了函数在某个区间内单调性的定义，但利用定义判别函数的单调性有时是不太容易的，下面利用函数的导数判定函数单调性.

先从几何直观分析一下，如果在区间(a,b)内曲线上每一点的切线斜率都为正值，即$\tan\alpha=f'(x)>0$，则曲线是上升的，即函数$f(x)$是单调递增的，如图 2.7 所示. 如果切线斜率都为负值，即$\tan\alpha=f'(x)<0$，则曲线是下降的，即函数$f(x)$是单调递减的，如图 2.8 所示.

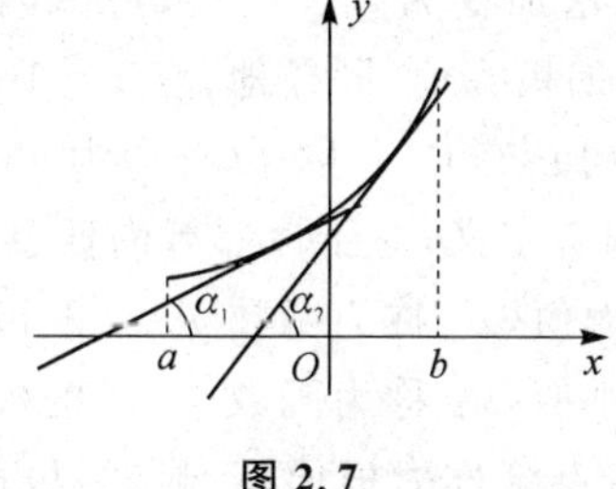

图 2.7

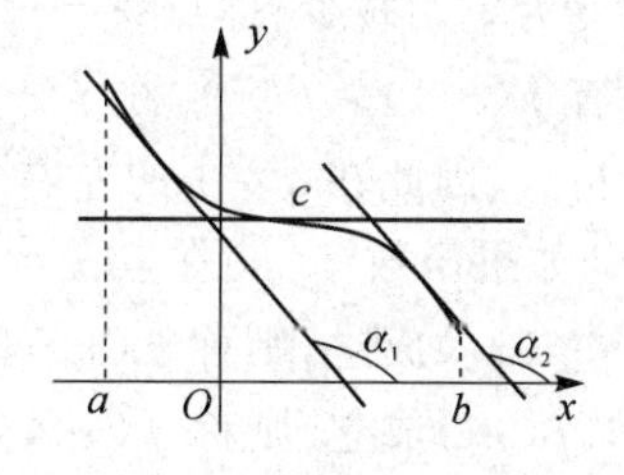

图 2.8

对于上升或下降的曲线,它的切线在个别点可能平行于 x 轴(即导数等于0),如图2.8中的点 c.

定理2.10 设 $f(x)$ 在区间 (a,b) 内可导,那么

① 如果 $x\in(a,b)$ 时恒有 $f'(x)>0$,则 $f(x)$ 在 (a,b) 区间单调增加;

② 如果 $x\in(a,b)$ 时恒有 $f'(x)<0$,则 $f(x)$ 在 (a,b) 区间单调减少.

定义2.5 使 $f'(x)=0$ 的点 x 称为 $f(x)$ 的驻点.

【例2.47】 确定函数 $f(x)=x^3-3x$ 的单调区间.

解 因为
$$f'(x)=3x^2-3=3(x+1)(x-1).$$

当 $x\in(-\infty,-1)$ 时,$f'(x)>0$,函数 $f(x)$ 在 $(-\infty,-1)$ 内单调增加;

而当 $x\in(-1,1)$ 时,$f'(x)<0$,函数 $f(x)$ 在 $(-1,1)$ 内单调减少;

当 $x\in(1,+\infty)$ 时,$f'(x)>0$,函数 $f(x)$ 在 $(1,+\infty)$ 内单调增加.

如图2.9所示.

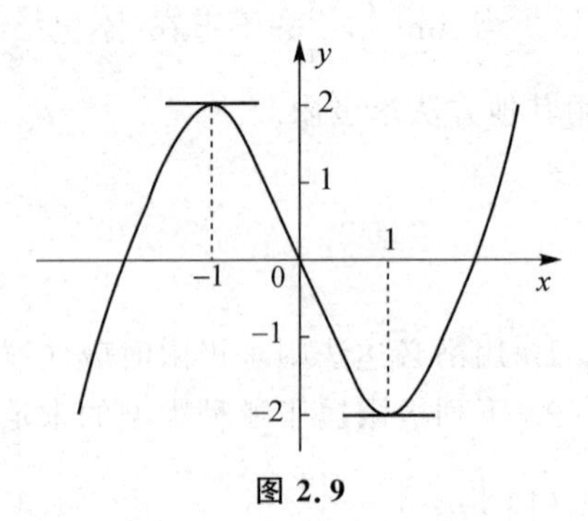

图2.9

【例2.48】 确定函数 $y=x-\ln(1+x^2)$ 的单调性.

解 因为 $y'=1-\dfrac{2x}{1+x^2}=\dfrac{(1-x)^2}{1+x^2}\geqslant0$ 且只有当 $x=1$ 时,$f'(0)=0$,所以 $y=x-\ln(1+x^2)$ 在 $(-\infty,+\infty)$ 内是单调增加的.

注意: 如果在区间 (a,b) 内 $f'(x)\geqslant0$(或 $f'(x)\leqslant0$),但等号只在个别点处成立,则函数 $f(x)$ 在 (a,b) 内仍是单调增加(或单调减少)的.

由以上例题可以看出,$f(x)$ 单调增减区间的分界点可能是驻点或导数不存在的点.这样就归纳出求 $f(x)$ 单调增减区间的步骤:

① 确定 $f(x)$ 的定义域;

② 对 $f(x)$ 求导后,找出 $f(x)$ 的驻点和导数不存在的点;

③ 用这些点 x_i 将 $f(x)$ 的定义域分成若干个子区间,判断每个子区间上 $f'(x)$ 的符号,列表出结果.

2.5.2 函数的极值

在例2.47中,当 x 从 $x=-1$ 的左边邻近变到右边邻近时,函数 $f(x)=x^3-3x$ 的函数值由单调增加变为单调减少,即点 $x=-1$ 是函数由增加变为减少的转折点,因此在 $x=-1$ 的左右邻近恒有 $f(-1)>f(x)$,称 $f(-1)$ 为 $f(x)$ 的极大值.同样地,点 $x=1$ 是函数由减少变为增加的转折点,因此在 $x=1$ 的左右邻近恒有 $f(1)<f(x)$,称 $f(-1)$ 为 $f(x)$ 的极小值.

定义2.5 如果函数 $f(x)$ 在点 $x=x_0$ 的邻域内有定义,对于该邻域内任意的 x,如果:

① $f(x)<f(x_0)$ 成立,则称 $f(x_0)$ 为函数的极大值,x_0 称为函数 $f(x)$ 的极大值点;

② $f(x)>f(x_0)$ 成立,则称 $f(x_0)$ 为函数的极小值,x_0 称为函数 $f(x)$ 的极小值点.

极大值与极小值统称为极值,极大值点与极小值点统称为极值点.显然,极值是一个局部性的概念,它只在与极值点附近的所有点的函数值相比较而言,并不意味着它在函数的整个定义区间内最大或最小.

如图 2.10 所示的函数 $f(x)$，它在点 x_1 和 x_3 处各有极大值 $f(x_1)$和 $f(x_3)$，在点 x_2 和 x_4 处各有极小值 $f(x_2)$和 $f(x_4)$，而极大值 $f(x_1)$还小于 $f(x_4)$. 由图易见，这些极大值都不是函数在定义区间上的最大值，极小值也都不是函数在定义区间上的最小值.

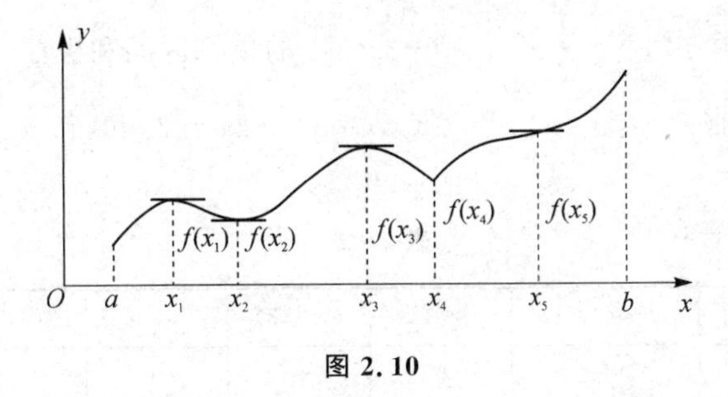

图 2.10

由图 2.10 可以看出，在极值点处如果曲线有切线存在，并且切线有确定的斜率，那么该切线必平行于 x 轴，但有水平切线的点不一定是极值点，如图 2.10 中的点 x_5 的切线平行于 x 轴，但点 x_5 并不是极值点.

在上述几何直观的基础上，给出函数极值的如下定理：

定理 2.11（极值存在的必要条件）　如果函数 $f(x)$在点 x_0 处有极值 $f(x_0)$，且有 $f'(x)$存在，则 $f'(x_0)=0$.

注意：① 定理 2.11 表明，$f'(x_0)=0$ 是点 x_0 为极值点的必要条件，但不是充分条件. 例如 $y=x^3$，$f'(x_0)=0$，但在 $x=0$ 处并没有极值.

使 $f'(x_0)=0$ 的点称为函数的驻点. 驻点可能是函数的极值点，也可能不是函数的极值点.

② 定理 2.11 是对函数在 x_0 处可导而言的. 在导数不存在的点函数也可能有极值. 例如 $y=x^{\frac{2}{3}}$，$y'=\dfrac{2}{3}x^{-\frac{1}{3}}$，$f'(0)$不存在，但在 $x=0$ 处函数却有极小值 $f(0)=0$，如图 2.11 所示.

在导数不存在的点，也可能没有极值，如 $y=x^{\frac{1}{3}}$，$y'=\dfrac{1}{3}x^{-\frac{2}{3}}$，$f'(0)$不存在，但在 $x=0$ 处函数没有极小值，如图 2.12 所示.

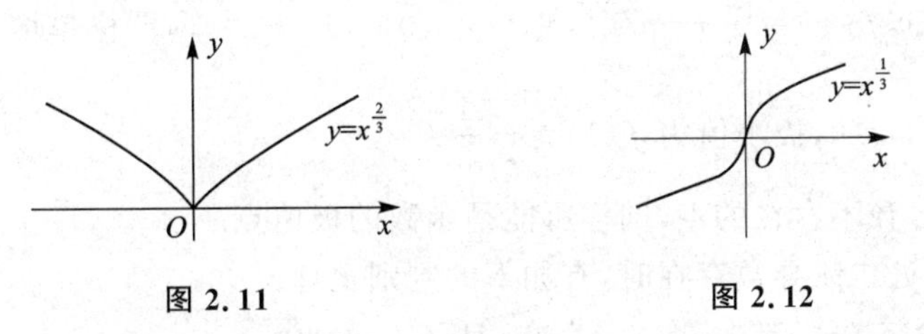

图 2.11　　　　图 2.12

由注意①和②可知，函数的极值点必是函数的驻点或导数不存在的点. 但是，驻点或导数不存在的点不一定就是函数的极值点. 下面介绍如何来判定这些点处函数是否取得极值，也就是给出判断极值的方法.

定理 2.12　设函数 $f(x)$在点 x_0 的某邻域内连续并且可导(但 $f'(x_0)$可以不存在). 当 x 从 x_0 的左边变化到右边时：

① 如果 $f'(x)$的符号由正变负，则点 x_0 是 $f(x)$的极大值点，$f(x_0)$是 $f(x)$的极大值；

② 如果 $f'(x)$的符号由负变正,则点 x_0 是 $f(x)$的极小值点,$f(x_0)$是 $f(x)$的极小值;

③ 如果 $f'(x)$不变号,则 $f(x)$在点 x_0 处无极值.

【例 2.49】 求函数 $f(x)=\frac{1}{3}x^3-x^2-3x+1$ 的单调区间和极值.

解 函数定义域为$(-\infty,+\infty)$,令 $f'(x)=x^2-2x-3=0$,得 $x_1=-1$,$x_2=3$,列表讨论如下(见表 2-2):

表 2-2

x	$(-\infty,-1)$	-1	$(-1,3)$	3	$(3,+\infty)$
$f'(x)$	+	0	−	0	+
$f(x)$	↗	极大值	↘	极小值	↗

由表 2-2 可知,$f(x)=\frac{1}{3}x^3-x^2-3x+1$ 在$(-\infty,-1)$、$(3,+\infty)$内严格单增,而在$(-1,3)$内严格单减,极大值为 $f(-1)=\frac{11}{3}$,极小值为 $f(3)=-8$.

【例 2.50】 求函数 $f(x)=\frac{2}{3}x-\sqrt[3]{x^2}$ 的单调区间和极值.

解 函数定义域为$(-\infty,+\infty)$,令 $f'(x)=\frac{2}{3}-\frac{2}{3}x^{-\frac{1}{3}}=\frac{2(\sqrt[3]{x}-1)}{3\sqrt[3]{x}}=0$,得 $x=1$;$x=0$ 为不可导点,列表讨论如下(见表 2-3):

表 2-3

x	$(-\infty,0)$	0	$(0,1)$	1	$(1,+\infty)$
$f'(x)$	+	0	−	0	+
$f(x)$	↗	极大值	↘	极小值	↗

由表 2-3 可知,$f(x)=\frac{2}{3}x-\sqrt[3]{x^2}$ 在$(-\infty,0)$、$(1,+\infty)$内严格单增,而在$(0,1)$内严格单减,极大值为 $f(0)=0$,极小值为 $f(1)=-\frac{1}{3}$.

此例题表明,导数不存在的点,同样可能是函数的极值点.

当函数在驻点处二阶导数存在时,有如下的判别定理:

定理 2.13 设 $f'(x_0)=0$,$f''(x_0)$存在,且 $f''(x)\neq 0$.

① 如果 $f''(x_0)>0$,则 $f(x_0)$为 $f(x)$的极小值;

② 如果 $f''(x_0)<0$,则 $f(x_0)$为 $f(x)$的极大值.

【例 2.51】 求函数 $f(x)=x^3-3x^2-9x$ 的极值.

解

$$f'(x)=3x^2-6x-9=3(x+1)(x-3).$$

$$f''(x)=6x-6.$$

令 $f'(x)=0$ 得 $x=-1$ 或 $x=3$,由于 $f''(-1)=-12<0$,所以 $f(-1)=5$ 为极大值.

$f''(3)=12>0$，所以 $f(3)=-27$ 为极小值.

注意：定理 2.12 和定理 2.13 虽然都是极值判定定理，但在应用时又有区别. 定理 2.12 对驻点和导数不存在的点均适用；而定理 2.13 用起来方便，但对导数不存在的点及 $f'(x_0)=f''(x_0)=0$ 的点不适用.

2.5.3　函数的最大值与最小值

函数的最大值、最小值与极大值、极小值，一般来说是不同的.

函数 $y=f(x)$ 在区间 $[a,b]$ 上连续，如果 $f(x_0)$ 是函数 $f(x)$ 在 (a,b) 内的极大值（或极小值），是指 $x_0\in(a,b)$，对 x_0 的一个包含在 (a,b) 内的 δ 邻域 $(x_0-\delta,x_0+\delta)$ 中的每一点 $x(x\neq x_0)$ 有 $f(x_0)>f(x)$（或 $f(x_0)<f(x)$）.

而如果 $f(x_0)$ 是函数 $f(x)$ 的最大值（或最小值），则是指 $x_0\in[a,b]$，对所有的 $x\in[a,b]$ 有 $f(x_0)\geqslant f(x)$（或 $f(x_0)\leqslant f(x)$）.

可见极值是局部性的概念，而最大值（或最小值）是全局性的概念，最大值（或最小值）是函数在所考察的区间上全部函数值中的最大者（或最小者），而极值只是函数在极值点的某邻域内的最大值或最小值.

一般来说，连续函数在 $[a,b]$ 上的最大值与最小值，可以由区间端点的函数值 $f(a)$、$f(b)$ 与区间内使 $f'(x)=0$ 及 $f'(x)$ 不存在的点的函数值相比较，其中最大的就是函数在 $[a,b]$ 上的最大值，最小的就是函数在 $[a,b]$ 上的最小值.

【例 2.52】　求函数 $f(x)=x^4-8x^2+2$ 在 $[-1,3]$ 上的最大值和最小值.

解　因为 $y=x^4-8x^2+2$ 在 $[-1,3]$ 上连续，所以在该区间上存在最大值和最小值，又因为 $f'(x)=4x^3-16x$，令 $f'(x)=0$，得驻点 $x_1=0$，$x_2=2$.

$f(-1)=-5$，$f(0)=2$，$f(2)=-14$，$f(3)=11$，比较各值，可得函数 $f(x)$ 最小值为 $f(2)=-14$，最大值为 $f(3)=11$.

注意：下面是两种特殊情况：

① 如果函数 $f(x)$ 在 $[a,b]$ 上是单调增加（减少）的，则最值在区间端点处取得，如图 2.13 和图 2.14 所示.

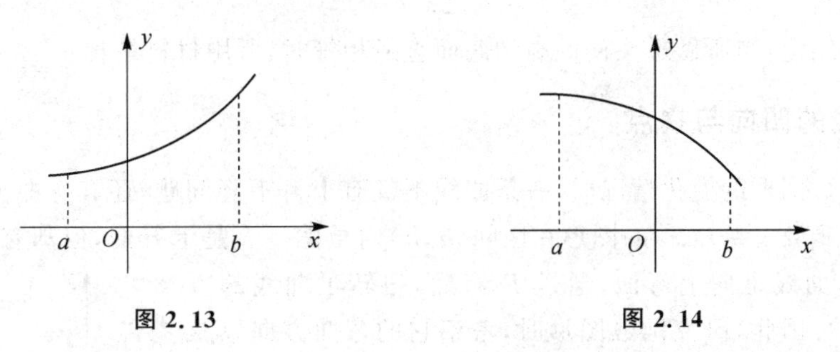

图 2.13　　　图 2.14

② 如果连续函数在区间 (a,b) 有且仅有一个极值，是极大（小）值时，它就是函数 $f(x)$ 在闭区间 $[a,b]$ 上的最大（小）值，如图 2.15 和图 2.16 所示.

很多求最大值或最小值的实际问题，都属于这两种类型. 对这种类型的问题，可以用求极值的方法来解决.

【例 2.53】　要做一个容积为 V 的圆柱形罐头筒，怎样设计才能使材料最省？

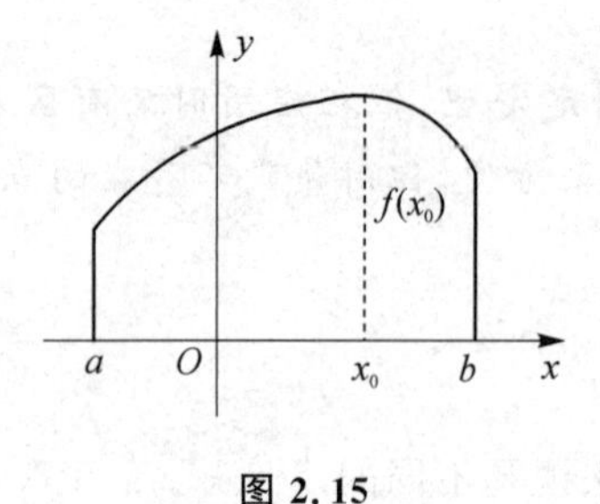

图 2.15

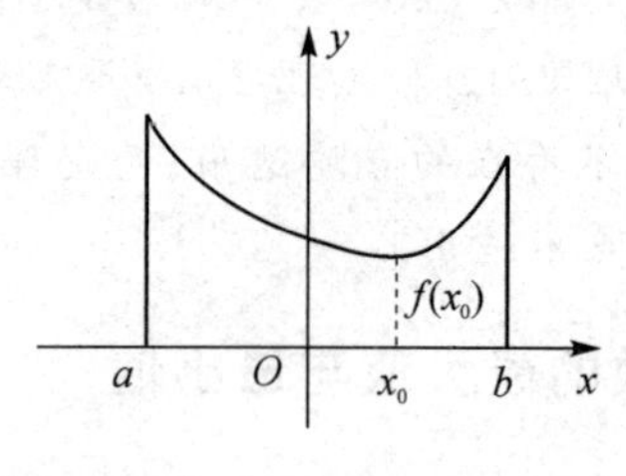

图 2.16

解 显然,要材料最省,就是要罐头筒的表面积最小.设罐头筒的底面半径为 r,高为 h,如图 2.17 所示,则它的侧面积为 $2\pi rh$,底面积为 πr^2,因此总面积为

$$S=2\pi r^2+2\pi rh.$$

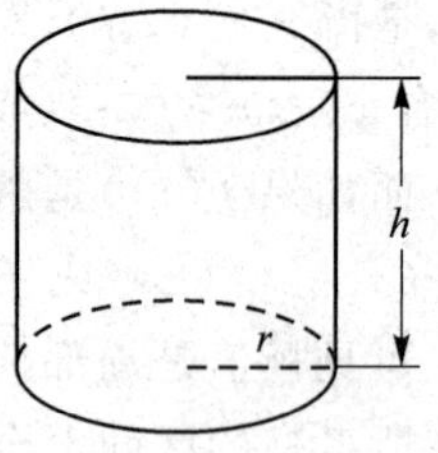

图 2.17

由体积公式 $V=\pi r^2 h$ 有

$$h=\frac{V}{\pi r^2}.$$

所以

$$S=2\pi r^2+\frac{2V}{r},\quad r\in(0,+\infty).$$

$$S'=4\pi r-\frac{2V}{r^2}=\frac{2(2\pi r^3-V)}{r^2}.$$

令 $S'=0$,得 $r=\sqrt[3]{\dfrac{V}{2\pi}}$,而 $S''=4\pi+\dfrac{4V}{r^3}$.

因为 π、V 都是正数,$r>0$,所以 $S''>0$.因此 S 在点 $r=\sqrt[3]{\dfrac{V}{2\pi}}$ 处为极小值,也就是最小值.这时相应的高为

$$h=\frac{V}{\pi r^2}=\frac{V}{\pi\left(\sqrt[3]{\dfrac{V}{2\pi}}\right)^2}=2\sqrt[3]{\frac{V}{2\pi}}=2r.$$

于是得出结论:当所做罐头筒的高和底面直径相等时,所用材料最省.

2.5.4 曲线的凹向与拐点

在研究函数图形的变化情况时,一条曲线不仅有上升下降问题,还有弯曲方向的问题.如图 2.18 所示,函数 $y=f(x)$的图形在区间(a,b)内虽然一直是上升的,但却有不同的弯曲状况.从左向右,曲线是向上弯曲,通过 P 点后,扭转了曲线的方向,而向下弯曲.因此,研究函数图形时,考察它的弯曲方向以及扭转弯曲方向的点是很必要的.

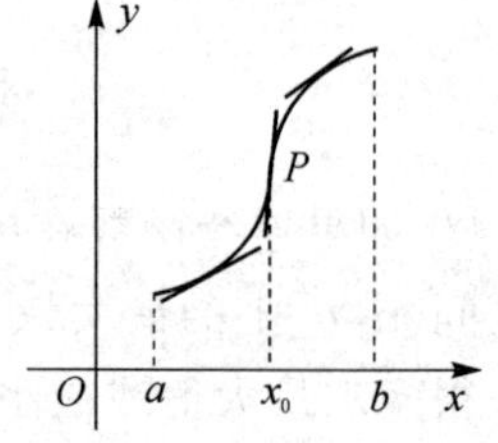

图 2.18

从图 2.18 明显看出,曲线向上弯曲的弧段位于这弧段上任意一点切线的上方,曲线向下弯曲的弧段位于这弧段上任意一点的切线的下方.据此,给出如下的定义:

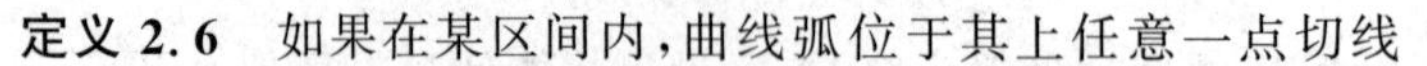

定义 2.6 如果在某区间内,曲线弧位于其上任意一点切线

的上方，则称曲线在这个区间内是上凹的，如图 2.19 所示；如果在某区间内，曲线弧位于其上任意一点切线的下方，则称曲线在这个区间内是下凹的，如图 2.20 所示.

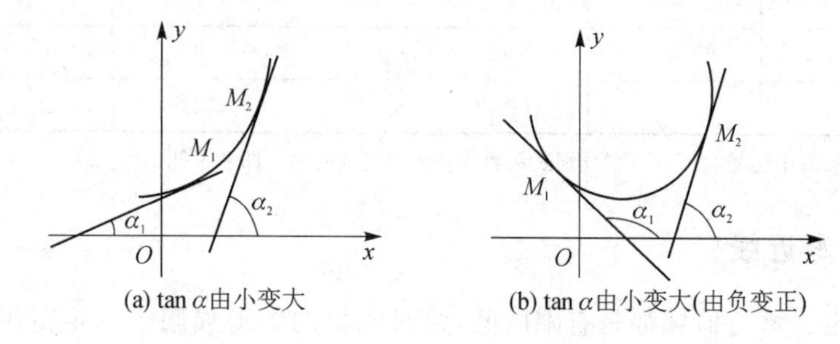

(a) $\tan\alpha$由小变大　　(b) $\tan\alpha$由小变大(由负变正)

图 2.19

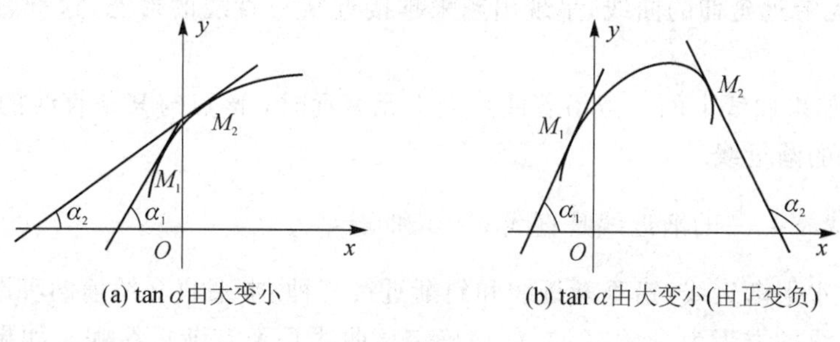

(a) $\tan\alpha$由大变小　　(b) $\tan\alpha$由大变小(由正变负)

图 2.20

观察图 2.19 不难发现，图中上凹曲线上各点处的切线斜率随着 x 的增大而增大，即 $f'(x)$单调增加；而图 2.20 中的下凹曲线上各点处的切线斜率随着 x 的增大而减少，即$f'(x)$单调减少. 而 $f'(x)$的单调性可由它的导数，即 $f''(x)$的符号来判定，这就启发我们通过二阶导数的符号来判定曲线的凹向.

定理 2.14　设函数 $f(x)$在区间(a,b)内具有二阶导数，那么

① 如果 $x\in(a,b)$时，恒有 $f''(x)>0$，则曲线 $y=f(x)$在(a,b)内上凹；

② 如果 $x\in(a,b)$时，恒有 $f''(x)<0$，则曲线 $y=f(x)$在(a,b)内下凹.

定义 2.7　曲线上凹与下凹的分界点称为曲线的拐点.

拐点既然是上凹与下凹的分界点，所以在拐点左右邻近 $f''(x)$必然异号，因而在拐点处 $f''(x)=0$ 或 $f''(x)$不存在.

与驻点的情形类似，使 $f''(x)=0$ 或 $f''(x)$不存在的点只是拐点的可疑点，究竟是否为拐点，还要根据 $f''(x)$在该点的左、右邻近是否异号来确定.

【例 2.54】　求曲线 $y=x^4-2x^3+1$ 的凹向与拐点.

解　因为 $y'=4x^3-6x^2$，$y'=12x^2-12x^2=12x(x-1)$. 令 $y'=0$，得 $x_1=0$，$x_2=1$.

下面列表说明函数的凹向、拐点，如表 2-4 所列. 可见曲线在区间$(-\infty,0)$，$(1,+\infty)$上凹；在区间$(0,1)$下凹；曲线的拐点是$(0,1)$和$(1,0)$.

表 2-4

x	$(-\infty,0)$	0	$(0,1)$	1	$(1,+\infty)$
y''	+	0	−	0	+
y	∪	1(拐点)	∩	0(拐点)	∪

注：表中记号“∪”和“∩”分别表示曲线在相应的区间内上凹和下凹.

2.5.5 曲线的渐近线

有些函数的定义域与值域都是有限区间，此时函数的图形局限于一定范围之内，如圆、椭圆等. 而有些函数的定义域或值域是无穷区间，此时函数的图形向无穷远处延伸，如双曲线、抛物线等. 有些向无穷远延伸的曲线，呈现出越来越接近某一直线的形态，这种直线就是曲线的渐近线.

定义 2.8 如果曲线上的一点沿着曲线趋于无穷远时，该点与某条直线的距离趋于 0，则称此直线为曲线的渐近线.

例如，双曲线 $y=\dfrac{1}{x}$ 的渐近线是直线 $y=0$ 和 $x=0$.

渐近线分为水平渐近线、铅垂渐近线和斜渐近线三种. 本书只介绍前两种渐近线的求法.

如果给定曲线的方程为 $y=f(x)$，如何确定该曲线是否有渐近线呢？如果有渐近线又怎样求出它呢？下面就三种情形讨论：

(1) 水平渐近线

如果曲线 $y=f(x)$ 的定义域是无限区间，且有 $\lim\limits_{x\to-\infty}f(x)=b$ 或 $\lim\limits_{x\to+\infty}f(x)=b$，则直线 $y=b$ 为曲线 $y=f(x)$ 的渐近线，称为水平渐近线，如图 2.21 和图 2.22 所示.

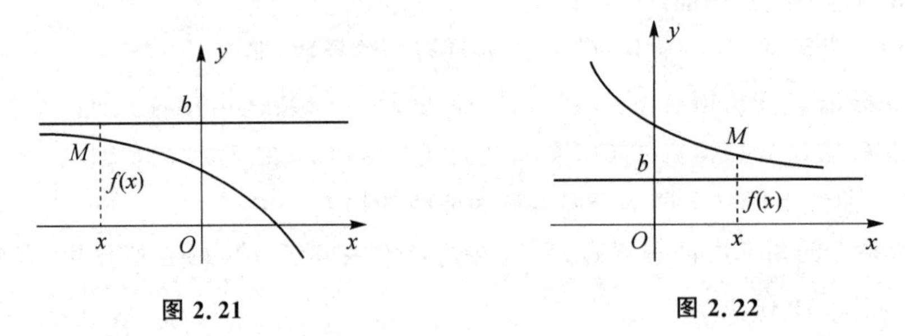

图 2.21　　图 2.22

(2) 铅垂渐近线

如果曲线 $y=f(x)$ 有 $\lim\limits_{x\to c^-}f(x)=\infty$ 或 $\lim\limits_{x\to c^+}f(x)=\infty$，则直线 $x=c$ 为曲线 $y=f(x)$ 的一条渐近线，称为铅垂渐近线(或垂直渐近线)，如图 2.23 和图 2.24 所示.

(3) 斜渐进线

如果曲线 $y=f(x)$ 有 $\lim\limits_{x\to\infty}[f(x)-kx-b]=0$，则直线 $y=kx+b$ 为曲线 $y=f(x)$ 的一条渐近线，称为斜渐近线，如图 2.25 所示.

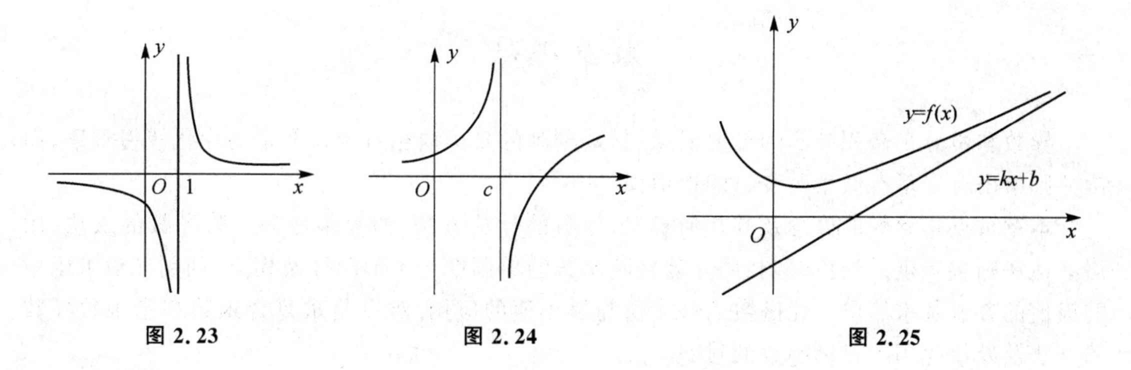

图 2.23　　图 2.24　　图 2.25

其中，$k=\lim\limits_{x\to\infty}\dfrac{f(x)}{x}$，$b=\lim\limits_{x\to\infty}[f(x)-kx]$.

【例 2.55】 求曲线 $y=\dfrac{e^x}{1+x}$ 的渐近线.

解 定义域为 $(-\infty,-1)\cup(-1,+\infty)$，$\lim\limits_{x\to-1}\dfrac{e^x}{1+x}=\infty$，$x=-1$ 为铅垂渐近线，$\lim\limits_{x\to-\infty}\dfrac{e^x}{1+x}=0$，$y=0$ 为水平渐近线.

由于当 $x\to-\infty$ 时有水平渐进线，则无斜渐进线. 现在讨论 $x\to+\infty$，因为 $k=\lim\limits_{x\to+\infty}\dfrac{f(x)}{x}=\lim\limits_{x\to+\infty}\dfrac{e^x}{(1+x)x}=+\infty$，斜率不存在，所以无斜渐进线.

习题 2.5

1. 求函数 $y=(1+\sqrt{x})x$ 的单调区间.

2. 讨论函数 $f(x)=e^{-x^2}$ 的单调性.

3. 求下列函数的极值.

(1) $y=x^3-3x^2-9x+1$；　　(2) $y=x-\ln x$；

(3) $y=\dfrac{1}{3}x^3-2x^2+3x+1$；　　(4) $y=x^2e^{-x^2}$.

4. 求函数 $f(x)=e^{x^3}$ 在 $[0,1]$ 上的最大值与最小值.

5. 欲设计一个容积为 300 m^3 的无盖圆柱形蓄水池，已知池底单位造价为周围单位造价的两倍，问蓄水池的尺寸应怎样设计才能使总造价最低？

6. 确定下列函数的凹向及拐点.

(1) $y=x^4-2x^3+1$；　　(2) $y=(x-1)^{\frac{5}{3}}$.

7. 求下列曲线的渐近线.

(1) $y=\dfrac{x+1}{x-2}$；　　(2) $y=e^x$.

本章小结

导数和微分是微积分学的重要概念.导数刻画的是函数相对于自变量的变化快慢程度,而微分则给出自变量有微小改变量的近似值.

本章重点是导数的概念及其几何意义,导数的计算方法,初等函数的二阶导数的求法,用洛必达法则求未定式的极限,利用导数判断函数的单调性与图形凹性及拐点,利用导数求函数的极值的方法及求简单一元函数的最大值与最小值的应用.难点是求复合函数和隐函数导数的方法及导数应用中目标函数的建立.

求导运算是学习高等数学的一项基本功,因此要求读者通过多做习题达到求导又正确又快速的目标.每时每刻都要牢记:导数是函数的一种特殊形式,即函数差商的极限,不能因为有了基本初等函数的导数公式与求导法则以后,就认为求导就是纯粹利用这些公式与法则的运算而忘记了导数的本质.

1. 导数的概念

① 定义:$f'(x)=\lim\limits_{\Delta x\to 0}\dfrac{\Delta y}{\Delta x}=\lim\limits_{\Delta x\to 0}\dfrac{f(x+\Delta x)-f(x)}{\Delta x}$.

② 几何意义:函数 $f(x)$在 x 处的导数为曲线 $f(x)$在点$(x,f(x))$处的切线方程.

③ 性质:函数在某点可导,则必有在该点连续;反之,函数在某点连续,则不一定在该点可导.

2. 求导法则

① 函数的和、差、积、商的求导法则:

$$[u(x)\pm v(x)]'=u'(x)\pm v'(x).$$

$$[u(x)v(x)]'=u'(x)v(x)+v'(x)u(x).$$

$$\left[\frac{u(x)}{v(x)}\right]'=\frac{u'(x)v(x)-u(x)v'(x)}{v^2(x)}\ (v(x)\neq 0).$$

② 复合函数的求导法则:$y=f(u)$,$u=\varphi(x)$,则复合函数 $y=f[\varphi(x)]$关于 x 的导数为 $\dfrac{\mathrm{d}y}{\mathrm{d}x}=\dfrac{\mathrm{d}y}{\mathrm{d}u}\dfrac{\mathrm{d}u}{\mathrm{d}x}$或$\{f[\varphi(x)]\}'=f'(u)\varphi'(x)$.

3. 函数的微分

$$\mathrm{d}y=\mathrm{d}[f(x)]=f'(x)\mathrm{d}x.$$

4. 罗尔中值定理、拉格朗日中值定理

5. 洛必达法则

设函数 $f(x)$与 $g(x)$满足条件:

① $\lim\limits_{x\to a}f(x)=\lim\limits_{x\to a}g(x)=0$(或$\infty$);

② 在点 a 的某邻域内(点 a 可除外)可导,且 $g'(x)\neq 0$;

③ $\lim\limits_{x\to a}\dfrac{f'(x)}{g'(x)}=A$(或$\infty$).

则必有$\lim\limits_{x\to a}\dfrac{f'(x)}{g'(x)}=\lim\limits_{x\to a}\dfrac{f(x)}{g(x)}=A$(或$\infty$).

6. 求闭区间上连续函数的最大值及最小值

可求出一切可能的极值点(包括驻点、导数不存在的点)和端点的函数值,然后进行比较,从而确定函数的最大值及最小值.

在实际问题中,如果函数在某区间内只有一个驻点 x_0,而根据实际问题本身又可以知道 $f(x)$在该区间内必有最大值或最小值,那么 $f(x_0)$就是所要求的最大值或最小值.

复习题 2

1. 单项选择题.

(1) 设 $y=\cos^2 x$,则$\frac{\mathrm{d}y}{\mathrm{d}x}=$(　　).

A. $2\cos 2x$　　B. $2\sin 2x$　　C. $-\cos 2x$　　D. $-\sin 2x$

(2) 设 $y=f(-x)$,则 $y'=$(　　).

A. $f'(x)$　　B. $-f'(x)$　　C. $f'(-x)$　　D. $-f'(-x)$

(3) 函数 $f(x)$满足 $f'(1)=3$,且极限$\lim\limits_{h\to 0}\frac{f(1-kh)-f(1)}{h}=1$,则 $k=$(　　).

A. $-\frac{1}{3}$　　B. -3　　C. $\frac{1}{3}$　　D. 3

(4) 下列导数正确的是(　　).

A. $(a^x)'=a^x$　　B. $(\tan x)'=\sec x^2$

C. $(\arcsin x)'=\frac{1}{1-x^2}$　　D. $(\ln x)'=\frac{1}{x}$

(5) $y=x^n+\mathrm{e}^{ax}$,则 $y^{(n)}=$(　　).

A. $a^n\mathrm{e}^{ax}$　　B. $n!$　　C. $n!+\mathrm{e}^{ax}$　　D. $n!+a^n\mathrm{e}^{ax}$

(6) 当$|\Delta x|$充分小,$f'(x)\neq 0$时,函数 $y=f(x)$的改变量 Δy 与微分 $\mathrm{d}y$ 的关系是(　　).

A. $\Delta y=\mathrm{d}y$　　B. $\Delta y<\mathrm{d}y$　　C. $\Delta y>\mathrm{d}y$　　D. $\Delta y\approx\mathrm{d}y$

2. 填空题

(1) 设函数 $f(x)=\sin x$,则 $f''(x)=$________.

(2) 设 $y=\mathrm{e}^{\cos x}$,则 $y''=$________.

(3) 已知由方程 $x^2+y^2-xy=1$ 确定隐函数 $y=y(x)$,则 $y'=$________.

(4) 设 $y=\arctan\sqrt{x}$,则 $y''=$________.

(5) 设 $y=\mathrm{e}^x\ln x$,则 $\mathrm{d}y=$________.

(6) 设 $y=x^3+\ln(1+x)$,则 $\mathrm{d}y=$________.

3. 计算解答题.

(1) 设 $f(x)$在 x_0 可导,求$\lim\limits_{h\to 0}\frac{f(x_0+h)-f(x_0-2h)}{h}$.

(2) 讨论 $f(x)=\begin{cases}\ln(1+x), & -1<x\leqslant 0\\ \sqrt{1+x}-\sqrt{1-x}, & 0<x<1\end{cases}$ 在点 $x=0$ 处的连续性与可导性.

(3) 试求曲线 $y=x^4+4x+5$ 平行于 x 轴的切线方程及平行于直线 $y=4x-1$ 的切线

方程.

4. 求下列函数的导数.

(1) $y=3x^2-x+5$;

(2) $y=x^{a+b}$(a、b 为常数);

(3) $y=\frac{x^2}{2}+\frac{2}{x^2}$;

(4) $y=(x+1)\sqrt{2x}$;

(5) $y=x\sin x+\cos x$;

(6) $y=\frac{x}{1-\cos x}$.

5. 求下列函数的导数(其中 a、n 为常数).

(1) $y=\sin nx$;

(2) $y=\log_a^{(1+x^2)}$;

(3) $y=(3x+5)^3(5x+4)^5$;

(4) $y=\frac{x}{\sqrt{1-x^2}}$;

(5) $y=\frac{(x+4)^2}{x+3}$;

(6) $y=\ln(a^2-x^2)$;

(7) $y=\ln\frac{1+\sqrt{x}}{1-\sqrt{x}}$;

(8) $y=\ln\sqrt{x}+\sqrt{\ln x}$.

6. 求下列函数的导数.

(1) $y=\arcsin 2x$;

(2) $y=\operatorname{arccot}\frac{1}{x}$;

(3) $y=\arctan\frac{2x}{1-x^2}$;

(4) $y=\frac{\arccos x}{\sqrt{1-x^2}}$;

(5) $y=\left(\arcsin\frac{x}{2}\right)^2$;

(6) $y=x\sqrt{1-x^2}+\arcsin x$;

(7) $y=\arcsin x+\arccos x$.

7. 求下列隐函数的导数(a、b 为常数).

(1) $x^3+y^3-\sin 3x+6y=0$;

(2) $y^x=x^y$.

8. 求下列函数的导数(a 为常数).

(1) $y=x^a+a^x+a^a$;

(2) $y=\mathrm{e}^{-\frac{1}{x}}$;

(3) $y=\mathrm{e}^{-x}\cos 3x$;

(4) $y=\sin\mathrm{e}^{x^2+x-2}$.

9. 利用对数求导法求下列函数的导数.

(1) $y=x\sqrt{\frac{1-x}{1+x}}$;

(2) $y=\frac{x}{1+x^2}\sqrt[3]{\frac{3-x}{3+x}}$;

(3) $y=(x-a_1)^{a_1}(x-a_2)^{a_2}\cdots(x-a_n)^{a_n}$;

(4) $y=(\ln x)^x$.

10. 求下列函数的高阶导数.

(1) $y=\ln(1+x^2)$,求 y'';

(2) $y=\mathrm{e}^{-2x}$, 求 y'''.

11. 求下列函数的微分.

(1) $y=3x^2$;

(2) $y=\sqrt{1-x^2}$;

(3) $y=\ln x^2$;

(4) $y=\frac{x}{1-x^2}$;

(5) $y=e^{-x}\cos x$；　(6) $y=\arcsin\sqrt{x}$.

12. 利用洛必达法则求下列极限.

(1) $\lim\limits_{x\to0}\dfrac{e^{x}+e^{-x}-2}{1-\cos x}$；　(2) $\lim\limits_{x\to+\infty}\dfrac{\ln x}{x^{2}}$；

(3) $\lim\limits_{x\to1}\dfrac{x^{3}-3x^{2}+2}{x^{3}-x^{2}-x+1}$；　(4) $\lim\limits_{x\to\frac{\pi}{2}^{+}}\dfrac{\ln\left(x-\frac{\pi}{2}\right)}{\tan x}$；

(5) $\lim\limits_{x\to+\infty}\dfrac{x^{n}}{e^{ax}}$ $a>0$，n 为常数；　(6) $\lim\limits_{x\to+\infty}\dfrac{\ln\left(1+\frac{1}{x}\right)}{\operatorname{arccot} x}$.

13. 求下列函数的单调区间.

(1) $y=x+\dfrac{4}{x}$；　(2) $y=x^{3}+x$.

14. 求下列函数的极值.

(1) $y=x^{3}-3x^{2}+7$；　(2) $y=\dfrac{2x}{1+x^{2}}$.

15. 利用二阶导数，判断下列函数的极值.

(1) $y=x^{3}-3x^{2}-9x-5$；　(2) $y=(x-3)^{2}(x-2)$.

16. 求下列函数在给定区间上的最大值与最小值.

(1) $y=x^{2}-4x+6$　$[-3,10]$；　(2) $y=\dfrac{x^{2}}{1+x}$　$\left[-\dfrac{1}{2},1\right]$；

(3) $y=\dfrac{x^{2}}{1+x}$　$\left[-\dfrac{1}{2},1\right]$；　(4) $y=x+\sqrt{x}$　$[0,4]$.

17. 求下列曲线的渐近线.

(1) $y=e^{-x^{2}}$；　(2) $y=\dfrac{x-1}{x^{2}-3x+2}$.

18. 求下列各式的近似值.

(1) $\arctan 1.02$；　(2) $e^{1.01}$.

19. 设 $x>0$，证明：$\ln(1+x)<x$.

20. 证明等式：$2\arctan x+\arcsin\dfrac{2x}{1+x^{2}}=\pi(x\geqslant1)$.

第3章　不定积分

学习目标

·理解原函数和不定积分的概念；

·熟练掌握不定积分的基本积分公式和性质；

·熟练掌握直接积分法和不定积分的第一类换元法(凑微分法)；

·熟练掌握第二类换元法(根式代换)和分部积分法；

·了解三角换元法.

本章主要介绍不定积分的定义及其性质、常用的积分方法。通过理解不定积分与导数的关系,掌握不定积分基本公式,学会常用的积分方法,如换元积分法和分部积分法等,为后续定积分的学习、微积分的应用等内容奠定基础.

在第2章中,我们讨论了如何求一个函数的导函数的问题,本章将讨论它的反问题,即要寻求一个可导函数,使它的导函数等于已知函数.这是积分学的基本问题之一.

3.1　不定积分的概念与性质

3.1.1　原函数

定义3.1　设函数$f(x)$在区间I上有定义,若对任意$x\in I$都有可导函数$F(x)$,使得$F'(x)=f(x)$,则称函数$F(x)$是$f(x)$在区间I上的一个原函数.

例如,因为$(x^2)'=2x$,故x^2是$2x$的一个原函数.又如,$(\sin x)'=\cos x$,所以$\sin x$是$\cos x$的一个原函数.

3.1.2　不定积分的概念

定义3.2　在区间I上,函数$f(x)$的全体原函数$F(x)+c$,称为$f(x)$在区间I上的不定积分,记作$\int f(x)\mathrm{d}x=F(x)+c$.

其中$\int$为积分号,$f(x)$为被积函数,x为积分变量,$f(x)\mathrm{d}x$为被积表达式,c称为积分常数。

【例3.1】　求下列不定积分.

①$\int\frac{1}{1+x^2}\mathrm{d}x$；　　②$\int\cos x\mathrm{d}x$.

解　①因为$(\arctan x)'=\frac{1}{1+x^2}$,所以$\int\frac{1}{1+x^2}\mathrm{d}x=\arctan x+c$.

②因为$(\sin x)'=\cos x$,所以$\int\cos x\mathrm{d}x=\sin x+c$.

如果 $F(x)$ 是函数 $f(x)$ 的一个原函数，在几何上，$y=F(x)$ 表示平面上的一条曲线，称为 $f(x)$ 的一条积分曲线，将这条积分曲线沿 y 轴方向上下任意平行移动，就得到 $f(x)$ 的积分曲线簇 $y=F(x)+c$，在每一条积分曲线上作横坐标相同的点处的切线，这些切线的斜率相等(见图 3.1)．因此，不定积分表示的是横坐标相同的点处的切线相互平行的一簇曲线，这就是不定积分的几何意义．

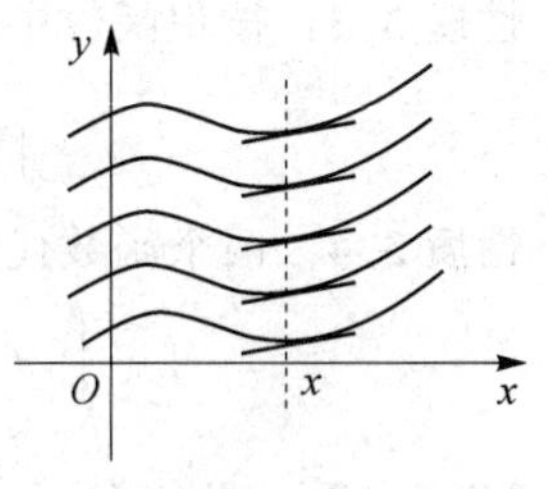

图 3.1

【例 3.2】　已知某曲线过点(1,2)，且该曲线任意一点的切线斜率等于该点横坐标的两倍，求此曲线方程．

解　设曲线方程为 $y=f(x)$，由题意可知，过曲线任意一点 (x,y) 的切线斜率为

$$k=\frac{\mathrm{d}y}{\mathrm{d}x}=2x.$$

所以，$f(x)$ 是 $2x$ 的一个原函数，即 $\int 2x\,\mathrm{d}x=x^2+C$，则 $f(x)=x^2+C$.

又因为曲线过点(1,2)，代入 $f(x)=x^2+C$ 有 $2=1^2+C$，即 $C=1$，则所求曲线方程为

$$y=x^2+1.$$

3.1.3　基本积分公式

基本积分公式如表 3-1 所列．

表 3-1

序　号	公　式	序　号	公　式
1	$\int k\,\mathrm{d}x=kx+c$	8	$\int \sec^2 x\,\mathrm{d}x=\tan x+c$
2	$\int x^a\,\mathrm{d}x=\frac{1}{a+1}x^{a+1}+c(a\neq-1)$	9	$\int \csc^2 x\,\mathrm{d}x=-\cot x+c$
3	$\int \frac{1}{x}\mathrm{d}x=\ln\|x\|+c(x\neq 0)$	10	$\int \sec x\tan x\,\mathrm{d}x=\sec x+c$
4	$\int a^x\,\mathrm{d}x=\frac{a^x}{\ln a}+c$	11	$\int \csc x\cot x\,\mathrm{d}x=-\csc x+c$
5	$\int \mathrm{e}^x\,\mathrm{d}x=\mathrm{e}^x+c$	12	$\int \frac{1}{1+x^2}\mathrm{d}x=\arctan x+c$
6	$\int \sin x\,\mathrm{d}x=-\cos x+c$	13	$\int \frac{1}{\sqrt{1-x^2}}\mathrm{d}x=\arcsin x+c$
7	$\int \cos x\,\mathrm{d}x=\sin x+c$		

3.1.4　不定积分的性质

性质 3.1　$\left[\int f(x)\mathrm{d}x\right]'=f(x)$ 或 $\mathrm{d}\left[\int f(x)\mathrm{d}x\right]=f(x)\mathrm{d}x$.

性质 3.2　$\int F'(x)\mathrm{d}x=F(x)+C$ 或 $\int \mathrm{d}F(x)=F(x)+C$.

性质 3.3 被积函数中的非零常数因子可以提到积分号外面，即

$$\int kf(x)\mathrm{d}x=k\int f(x)\mathrm{d}x\ (k\neq 0\text{ 是常数}).$$

性质 3.4 两个函数代数和的不定积分等于每个函数不定积分的代数和，即

$$\int[f(x)\pm g(x)]\mathrm{d}x=\int f(x)\mathrm{d}x\pm\int g(x)\mathrm{d}x.$$

【例 3.3】 求$\int(\mathrm{e}^x-\cos x)\mathrm{d}x$.

解 $\int(\mathrm{e}^x-\cos x)\mathrm{d}x=\int\mathrm{e}^x\mathrm{d}x-\int\cos x\mathrm{d}x=\mathrm{e}^x-\sin x+c$.

【例 3.4】 求$\int\left(\frac{2}{\sqrt{1-x^2}}-\frac{3}{1+x^2}\right)\mathrm{d}x$.

解 $\int\left(\frac{2}{\sqrt{1-x^2}}-\frac{3}{1+x^2}\right)\mathrm{d}x=2\int\frac{1}{\sqrt{1-x^2}}\mathrm{d}x-3\int\frac{1}{1+x^2}\mathrm{d}x=2\arcsin x-3\arctan x+c$.

【例 3.5】 求$\int\frac{x^2+\sqrt{x}-1}{x}\mathrm{d}x$.

解
$$\begin{aligned}\int\frac{x^2+\sqrt{x}-1}{x}\mathrm{d}x&=\int\left(x+\frac{1}{\sqrt{x}}-\frac{1}{x}\right)\mathrm{d}x\\&=\int x\mathrm{d}x+\int\frac{1}{\sqrt{x}}\mathrm{d}x-\int\frac{1}{x}\mathrm{d}x\\&=\frac{1}{2}x^2+2\sqrt{x}-\ln|x|+c.\end{aligned}$$

【例 3.6】 求$\int 2^x\mathrm{e}^x\mathrm{d}x$.

解 $\int 2^x\mathrm{e}^x\mathrm{d}x=\int(2\mathrm{e})^x\mathrm{d}x=\frac{(2\mathrm{e})^x}{\ln 2\mathrm{e}}+c$.

【例 3.7】 求$\int\frac{1+x+x^2}{x(1+x^2)}\mathrm{d}x$.

解
$$\begin{aligned}\int\frac{1+x+x^2}{x(1+x^2)}\mathrm{d}x&=\int\frac{x+(1+x^2)}{x(1+x^2)}\mathrm{d}x=\int\left(\frac{1}{1+x^2}+\frac{1}{x}\right)\mathrm{d}x\\&=\int\frac{1}{1+x^2}\mathrm{d}x+\int\frac{1}{x}\mathrm{d}x=\arctan x+\ln|x|+c.\end{aligned}$$

【例 3.8】 求$\int\frac{x^4}{1+x^2}\mathrm{d}x$.

解
$$\begin{aligned}\int\frac{x^4}{1+x^2}\mathrm{d}x&=\int\frac{(x^4-1)+1}{1+x^2}\mathrm{d}x\\&=\int\frac{(x^2+1)(x^2-1)+1}{1+x^2}\mathrm{d}x=\int\left(x^2-1+\frac{1}{1+x^2}\right)\mathrm{d}x\\&=\int x^2\mathrm{d}x-\int 1\mathrm{d}x+\int\frac{1}{1+x^2}\mathrm{d}x\end{aligned}$$

$$=\frac{x^3}{3}-x+\arctan x+c.$$

【例 3.9】　求$\int\sin^2\frac{x}{2}\mathrm{d}x$

解　$\int\sin^2\frac{x}{2}\mathrm{d}x=\int\frac{1-\cos x}{2}\mathrm{d}x=\frac{1}{2}\left(\int 1\mathrm{d}x-\int\cos x\mathrm{d}x\right)=\frac{1}{2}(x-\sin x)+c.$

【例 3.10】　求$\int\tan^2 x\mathrm{d}x$.

解　$\int\tan^2 x\mathrm{d}x=\int(\sec^2 x-1)\mathrm{d}x=\int\sec^2 x\mathrm{d}x-\int 1\mathrm{d}x=\tan x-x+c.$

直接运用不定积分的性质和基本积分公式,或先对被积函数进行恒等变形,然后再利用不定积分的性质和基本积分公式求不定积分的方法,称为直接积分法.

习题 3.1

1. 填空题.

(1) e^x 的一个原函数是________.

(2) x^2 的一个原函数是________.

(3) $\left(\int x^2\sin x\mathrm{d}x\right)'=$________.

(4) $\int\mathrm{d}(\tan x)=$________.

2. 求下列不定积分.

(1) $\int(\sqrt{x}-\sin x)\mathrm{d}x$;

(2) $\int\left(x^2-\frac{1}{x^2}+\frac{\sqrt{x}}{2}\right)\mathrm{d}x$;

(3) $\int(x^2+1)^2\mathrm{d}x$;

(4) $\int 2^x 3^x\mathrm{d}x$;

(5) $\int\sec x(\sec x-\tan x)\mathrm{d}x$;

(6) $\int\cos^2\frac{x}{2}\mathrm{d}x$;

(7) $\int\cot^2 x\mathrm{d}x$;

(8) $\int\frac{x^2}{1+x^2}\mathrm{d}x$;

(9) $\int\frac{\cos 2x}{\cos x-\sin x}\mathrm{d}x$;

(10) $\int\frac{\cos 2x}{\sin^2 x\cos^2 x}\mathrm{d}x$.

3.2　换元积分法

利用基本积分表与积分的性质所能计算的不定积分是非常有限的.因此,有必要进一步研究不定积分的求法.本节把复合函数的微分法反过来用于求不定积分,利用中间变量的代换,得到复合函数的积分法,称为换元积分法,简称换元法.换元法通常分成两类,即第一类换元积分法和第二类换元积分法.

3.2.1 第一类换元积分法

根据基本积分公式可以知道$\int \sin x\,dx = -\cos x + C$,那么对于积分$\int \sin 2x\,dx = -\cos 2x + C$是否成立呢?由于$(-\cos 2x + C)' = 2\sin 2x$,很显然上述积分表达式不成立,由于$\sin 2x$为复合函数,需要把$2x$看作整体,正确积分如下:

$$\int \sin 2x\,dx = \frac{1}{2}\int \sin 2x\,d(2x) = -\frac{1}{2}\cos 2x + C.$$

因此对于复合函数必须用相应积分方法来解决,首先我们引入凑微分法.

定理 3.1 若$\int f(u)du = F(u) + C$,且$u = \varphi(x)$为可导函数,则有换元公式

$$\int f[\varphi(x)]\varphi'(x)dx = \int f[\varphi(x)]d\varphi(x) = \int f(u)du = F(u) + C = F[\varphi(x)] + C.$$

第一换元法也称凑微分法,一般情况下为先凑微分然后再积分。为了更好地运用第一换元法,需要记住常用的凑微分公式,如表3-2所列.

表 3-2

序号	公式	序号	公式
(1)	$dx = d(x+C)$	(2)	$dx = \frac{1}{k}d(kx)(k \neq 0)$
(3)	$x^{n-1}dx = \frac{1}{n}d(x^n)(n \neq 0)$	(4)	$\frac{1}{2\sqrt{x}}dx = d(\sqrt{x})$
(5)	$\frac{1}{x}dx = d(\ln\|x\|)$	(6)	$e^x dx = de^x$
(7)	$\sin x\,dx = -d(\cos x)$	(8)	$\cos x\,dx = d(\sin x)$
(9)	$\sec^2 x\,dx = d(\tan x)$	(10)	$\csc^2 x\,dx = -d(\cot x)$
(11)	$\frac{1}{\sqrt{1-x^2}}dx = d(\arcsin x)$	(12)	$\frac{1}{1+x^2}dx = d(\arctan x)$

【例 3.11】 求$\int \cos 2x\,dx$.

解 $\int \cos 2x\,dx = \frac{1}{2}\int \cos 2x\,d(2x) = \frac{1}{2}\sin 2x + c$.

【例 3.12】 求$\int \frac{1}{4+3x}dx$.

解
$$\int \frac{1}{4+3x}dx = \frac{1}{3}\int \frac{1}{4+3x}\cdot 3dx$$
$$= \frac{1}{3}\int \frac{1}{4+3x}d(4+3x)$$
$$= \frac{1}{3}\ln|4+3x| + C.$$

【例 3.13】 求$\int \frac{1}{\sqrt{1-2x^2}}dx$.

解　$\int \frac{1}{\sqrt{1-2x^2}}\mathrm{d}x=\int \frac{1}{\sqrt{1-(\sqrt{2}x)^2}}\mathrm{d}x=\frac{1}{\sqrt{2}}\int \frac{1}{\sqrt{1-(\sqrt{2}x)^2}}\mathrm{d}(\sqrt{2}x)=\frac{\sqrt{2}}{2}\arcsin\sqrt{2}x+c.$

【例3.14】　求$\int \frac{1}{x^2+a^2}\mathrm{d}x$.

解
$$\int \frac{1}{x^2+a^2}\mathrm{d}x=\frac{1}{a^2}\int \frac{1}{1+\left(\frac{x}{a}\right)^2}\mathrm{d}x$$
$$=\frac{1}{a}\int \frac{1}{1+\left(\frac{x}{a}\right)^2}\mathrm{d}\left(\frac{x}{a}\right)$$
$$=\frac{1}{a}\arctan\frac{x}{a}+C.$$

【例3.15】　求$\int \tan x\,\mathrm{d}x$.

解　$\int \tan x\,\mathrm{d}x=\int \frac{\sin x}{\cos x}\mathrm{d}x=-\int \frac{1}{\cos x}\mathrm{d}(\cos x)=-\ln|\cos x|+c.$

【例3.16】　求$\int \frac{1}{x\ln x}\mathrm{d}x$.

解　$\int \frac{1}{x\ln x}\mathrm{d}x=\int \frac{1}{\ln x}\mathrm{d}(\ln x)=\ln|\ln x|+c.$

【例3.17】　求$\int \frac{1}{x^2+2x-3}\mathrm{d}x$.

解
$$\int \frac{1}{x^2+2x-3}\mathrm{d}x=\int \frac{1}{(x-1)(x+3)}\mathrm{d}x=\int \frac{1}{4}\left(\frac{1}{x-1}-\frac{1}{x+3}\right)\mathrm{d}x$$
$$=\frac{1}{4}\int \frac{1}{x-1}\mathrm{d}x-\frac{1}{4}\int \frac{1}{x+3}\mathrm{d}x$$
$$=\frac{1}{4}\ln|x-1|-\frac{1}{4}\ln|x+3|+C$$
$$=\frac{1}{4}\ln\left|\frac{x-1}{x+3}\right|+C.$$

【例3.18】　求$\int \cos^2 x\,\mathrm{d}x$.

解　$\int \cos^2 x\,\mathrm{d}x=\int \frac{1+\cos 2x}{2}\mathrm{d}x=\frac{1}{2}\left(\int 1\mathrm{d}x+\int \cos 2x\,\mathrm{d}x\right)=\frac{1}{2}\left(x+\frac{1}{2}\sin 2x\right)+c.$

【例3.19】　求$\int \sin^3 x\,\mathrm{d}x$.

解
$$\int \sin^3 x\,\mathrm{d}x=\int \sin^2 x\sin x\,\mathrm{d}x=\int (1-\cos^2 x)\sin x\,\mathrm{d}x$$
$$=-\int (1-\cos^2 x)\mathrm{d}(\cos x)=-\int 1\mathrm{d}(\cos x)+\int \cos^2 x\,\mathrm{d}(\cos x)$$
$$=-\cos x+\frac{1}{3}\cos^3 x+c.$$

【例 3.20】 求$\int \sin^3 x \cdot \cos^2 x \mathrm{d}x$.

解
$$\begin{aligned}\int \sin^3 x \cdot \cos^2 x \mathrm{d}x &= \int \sin^2 x \cdot \cos^2 x \cdot \sin x \mathrm{d}x \\ &= -\int (1-\cos^2 x)\cos^2 x \mathrm{d}(\cos x) \\ &= \int (\cos^4 x - \cos^2 x)\mathrm{d}(\cos x) \\ &= \frac{1}{5}\cos^5 x - \frac{1}{3}\cos^3 x + C.\end{aligned}$$

3.2.2 第二类换元积分法

定理 3.2 设 $x=\varphi(t)$ 是单调、可导函数，且有反函数 $t=\varphi^{-1}(x)$. 如果已知 $\int f[\varphi(t)]\varphi'(t)\mathrm{d}t = F(t)+C$,则有换元公式

$$\int f(x)\mathrm{d}x = \int f[\varphi(t)]\varphi'(t)\mathrm{d}t = F(t)+C = F[\varphi^{-1}(x)]+C.$$

这种求不定积分的方法称为第二类换元法.该方法主要用来求某些含根式的不定积分,通过变量替换去掉根式.

【例 3.21】 求不定积分$\int \frac{1}{1+\sqrt{x}}\mathrm{d}x$.

解 令$\sqrt{x}=t$,则 $x=t^2$,$\mathrm{d}x=2t\mathrm{d}t$, 于是

$$\begin{aligned}\int \frac{1}{1+\sqrt{x}}\mathrm{d}x &= \int \frac{1}{1+t}\cdot 2t\mathrm{d}t \\ &= 2\int \frac{(t+1)-1}{1+t}\mathrm{d}t \\ &= 2\int \left(1-\frac{1}{1+t}\right)\mathrm{d}t \\ &= 2(t-\ln|1+t|)+C \\ &= 2(\sqrt{x}-\ln|1+\sqrt{x}|)+C.\end{aligned}$$

【例 3.22】 求不定积分$\int \frac{\sqrt{x-1}}{x}\mathrm{d}x$.

解 设$\sqrt{x-1}=t$,则 $x=t^2+1$,$\mathrm{d}x=\mathrm{d}(t^2+1)$,于是

$$\begin{aligned}\int \frac{\sqrt{x-1}}{x}\mathrm{d}x &= \int \frac{t}{t^2+1}\mathrm{d}(t^2+1) = 2\int \frac{t^2}{t^2+1}\mathrm{d}t = 2\int \frac{(t^2+1)-1}{t^2+1}\mathrm{d}t \\ &= 2\int \left(1-\frac{1}{t^2+1}\right)\mathrm{d}t = 2(t-\arctan t)+c \\ &= 2(\sqrt{x-1}-\arctan\sqrt{x-1})+c.\end{aligned}$$

【例 3.23】 求$\int \frac{1}{\sqrt{x}+\sqrt[3]{x}}\mathrm{d}x$.

解 令 $x=t^6$,则 $\mathrm{d}x=6t^5\mathrm{d}t$,于是

$$\int \frac{1}{\sqrt{x}+\sqrt[3]{x}}\mathrm{d}x=\int \frac{1}{t^3+t^2}6t^5\,\mathrm{d}t=6\int \frac{t^3}{1+t}\mathrm{d}t$$

$$=6\int \frac{(t^3+1)-1}{1+t}\mathrm{d}t=6\int\left(t^2-t+1-\frac{1}{1+t}\right)\mathrm{d}t$$

$$=2t^3-3t^2+6t-6\ln|1+t|+C$$

$$=2\sqrt{x}-3\sqrt[3]{x}+6\sqrt[6]{x}-6\ln\left|1+\sqrt[6]{x}\right|+C.$$

一般地，① 被积函数含 $\sqrt{a^2-x^2}$ 时，令 $x=a\sin t$（或令 $x=a\cos t$）；② 被积函数含 $\sqrt{a^2+x^2}$ 时，令 $x=a\tan t$（或令 $x=a\cot t$）；③ 被积函数含 $\sqrt{x^2-a^2}$ 时，令 $x=a\sec t$（或令 $x=a\csc t$）.

【例 3.24】 求 $\int \sqrt{a^2-x^2}\,\mathrm{d}x\ (a>0)$.

解　令 $x=a\sin t, t\in(-\pi/2,\pi/2)$，则 $\mathrm{d}x=a\cos t\,\mathrm{d}t$，$\sqrt{a^2-x^2}=\sqrt{a^2-a^2\sin^2 t}=a\cos t$，于是

$$\int \sqrt{a^2-x^2}\,\mathrm{d}x=\int a\cos t\cdot a\cos t\,\mathrm{d}t=\frac{a^2}{2}\int(1+\cos 2t)\mathrm{d}t$$

$$=\frac{a^2}{2}\left(t+\frac{1}{2}\sin 2t\right)+C=\frac{a^2}{2}(t+\sin t\cos t)+C.$$

由于 $x=a\sin t$，得 $\sin t=\frac{x}{a}$，$t=\arcsin\frac{x}{a}$，$\cos t=\frac{\sqrt{a^2-x^2}}{a}$. 因此

$$\int \sqrt{a^2-x^2}\,\mathrm{d}x=\frac{a^2}{2}\arcsin\frac{x}{a}+\frac{x\sqrt{a^2-x^2}}{2}+C.$$

在变量换元时也可通过所谓的辅助直角三角形来实现. 由所设代换 $x=a\sin t$，即 $\sin t=\frac{x}{a}$ 作直角三角形，如图 3.2 所示.

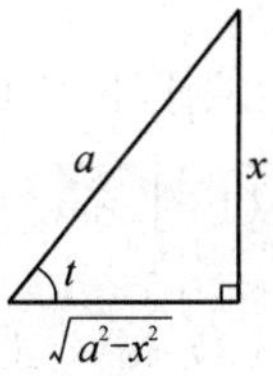

图 3.2

【例 3.25】 求 $\int \frac{1}{\sqrt{a^2+x^2}}\mathrm{d}x\ (a>0)$.

解　令 $x=a\tan t, t\in(-\pi/2,\pi/2)$，则 $\mathrm{d}x=a\sec^2 t\,\mathrm{d}t$，$\sqrt{a^2+x^2}=\sqrt{a^2+a^2\tan^2 t}=a\sec t$，于是

$$\int \frac{1}{\sqrt{a^2+x^2}}\mathrm{d}x=\int \frac{1}{\sqrt{a^2+a^2\tan^2 t}}a\sec^2 t\,\mathrm{d}t=\int \sec t\,\mathrm{d}t=\ln|\sec t+\tan t|+C.$$

由于 $x=a\tan t$，得 $\tan t=\frac{x}{a}$，$\sec t=\frac{\sqrt{a^2+x^2}}{a}$. 因此（见图 3.3）

$$\int \frac{1}{\sqrt{a^2+x^2}}\mathrm{d}x=\ln\left|\frac{x}{a}+\frac{\sqrt{a^2+x^2}}{a}\right|+C.$$

【例 3.26】 求 $\int \frac{1}{\sqrt{x^2-a^2}}\mathrm{d}x\ (a>0)$.

解　令 $x=a\sec t, t\in(0,\pi/2)$，则 $\mathrm{d}x=a\sec t\tan t\,\mathrm{d}t$，$\sqrt{x^2-a^2}=a\tan t$，于是

$$\int\frac{1}{\sqrt{x^2-a^2}}\mathrm{d}x=\int\frac{1}{a\tan t}a\sec t\tan t\,\mathrm{d}t=\int\sec t\,\mathrm{d}t=\ln|\sec t+\tan t|+C.$$

由 $x=a\sec t$,得 $\sec t=\dfrac{x}{a}$,$\tan t=\dfrac{\sqrt{x^2-a^2}}{a}$. 因此(见图 3.4)

$$\int\frac{1}{\sqrt{x^2-a^2}}\mathrm{d}x=\ln\left|\frac{x}{a}+\frac{\sqrt{x^2-a^2}}{a}\right|+C.$$

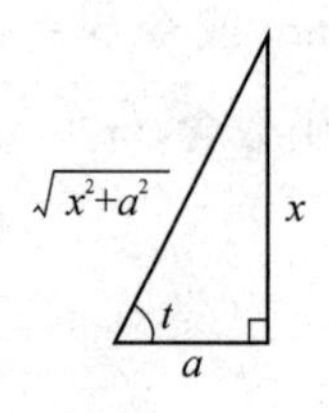

图 3.3

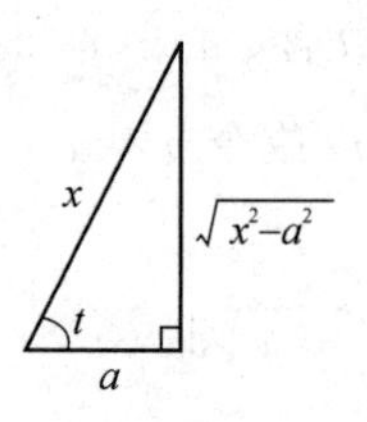

图 3.4

习题 3.2

1. 在下列各式的横线上填上适当的系数,使等式成立.

(1) $\mathrm{d}x=$____ $\mathrm{d}(3x+1)$;

(2) $x\,\mathrm{d}x=$____ $\mathrm{d}(3x^2-4)$;

(3) $\sin\dfrac{x}{2}\mathrm{d}x=$____ $\mathrm{d}\left(\cos\dfrac{x}{2}\right)$;

(4) $\dfrac{1}{9+x^2}\mathrm{d}x=$____ $\mathrm{d}\left(\arctan\dfrac{x}{3}\right)$;

(5) $\csc^2 4x\,\mathrm{d}x=$____ $\mathrm{d}(\cot 4x)$;

(6) $\dfrac{1}{\sqrt{1-3x^2}}\mathrm{d}x=$____ $\mathrm{d}(\arcsin\sqrt{3}x)$.

2. 求下列不定积分.

(1) $\int\cos(2x+1)\mathrm{d}x$;

(2) $\int(1-2x)^3\mathrm{d}x$;

(3) $\int\mathrm{e}^{3x+2}\mathrm{d}x$;

(4) $\int\cos x\sin x\,\mathrm{d}x$;

(5) $\int x\mathrm{e}^{-x^2}\mathrm{d}x$;

(6) $\int\dfrac{\ln^2 x}{x}\mathrm{d}x$;

(7) $\int\dfrac{\mathrm{d}x}{1+\sqrt[3]{x+2}}$;

(8) $\int\dfrac{\sqrt{x+1}}{x+2}\mathrm{d}x$;

(9) $\int\sqrt{1-x^2}\,\mathrm{d}x$;

(10) $\int\dfrac{\sqrt{x^2-9}}{x}\mathrm{d}x$.

3.3 分部积分法

3.2 节我们在复合函数求导法则的基础上,得到了换元积分法,现在我们利用两个函数乘积的微分法则来推得另一个求积分的基本方法——分部积分法.

设函数 $u=u(x)$,$v=v(x)$具有连续的导数,由乘积的求导法则,有$(u\cdot v)'=u'v+uv'$,

两边同时积分得

$$u \cdot v = \int u\mathrm{d}v + \int v\mathrm{d}u.$$

移项得 $\int u\mathrm{d}v = u \cdot v - \int v\mathrm{d}u$. 该式称为分部积分法公式.

【例 3.27】 求不定积分 $\int x\cos x\mathrm{d}x$.

解 令 $\cos x\mathrm{d}x = \mathrm{d}v, v = \sin x, u = x$，则

$$\int x\cos x\mathrm{d}x = \int x\mathrm{d}\sin x = x\sin x - \int \sin x\mathrm{d}x = x\sin x + \cos x + C.$$

在解题比较熟练以后，可不必再把 u 与 v 写出.

【例 3.28】 求不定积分 $\int x\mathrm{e}^x\mathrm{d}x$.

解 $\int x\mathrm{e}^x\mathrm{d}x = \int x\mathrm{d}\mathrm{e}^x = x\mathrm{e}^x - \int \mathrm{e}^x\mathrm{d}x = x\mathrm{e}^x - \mathrm{e}^x + c$.

【例 3.29】 求不定积分 $\int x\ln x\mathrm{d}x$.

解 $\int x\ln x\mathrm{d}x = \frac{1}{2}\int \ln x\mathrm{d}x^2 = \frac{1}{2}x^2\ln x - \frac{1}{2}\int x\mathrm{d}x = \frac{1}{2}x^2\ln x - \frac{1}{4}x^2 + C$.

【例 3.30】 求不定积分 $\int x^2\mathrm{e}^x\mathrm{d}x$.

解

$$\begin{aligned}\int x^2\mathrm{e}^x\mathrm{d}x &= \int x^2\mathrm{d}\mathrm{e}^x = x^2\mathrm{e}^x - \int \mathrm{e}^x\mathrm{d}x^2 = x^2\mathrm{e}^x - \int \mathrm{e}^x 2x\mathrm{d}x \\ &= x^2\mathrm{e}^x - 2\int x\mathrm{d}\mathrm{e}^x = x^2\mathrm{e}^x - 2(x\mathrm{e}^x - \int \mathrm{e}^x\mathrm{d}x) \\ &= x^2\mathrm{e}^x - 2x\mathrm{e}^x + 2\mathrm{e}^x + C.\end{aligned}$$

总结上面的例子可以知道，如果被积函数是幂函数和指数函数、幂函数和对数函数、幂函数和三角函数、幂函数和反三角函数的乘积，就可以考虑用分部积分法. 一般有这样的规律："反对幂三指"的顺序，前者为 u。

【例 3.31】 求不定积分 $\int \arccos x\mathrm{d}x$.

解

$$\begin{aligned}\int \arccos x\mathrm{d}x &= x\arccos x - \int x\mathrm{d}(\arccos x) \\ &= x\arccos x + \int \frac{x}{\sqrt{1-x^2}}\mathrm{d}x \\ &= x\arccos x - \frac{1}{2}\int \frac{1}{\sqrt{1-x^2}}\mathrm{d}(1-x^2) \\ &= x\arccos x - \sqrt{1-x^2} + C.\end{aligned}$$

【例 3.32】 求 $\int \mathrm{e}^x\cos x\mathrm{d}x$.

解 由题意令 $\mathrm{e}^x\mathrm{d}x = \mathrm{d}v, v = \mathrm{e}^x, u = \cos x$，则

$$\int \mathrm{e}^x\cos x\mathrm{d}x = \int \cos x\mathrm{d}\mathrm{e}^x = \mathrm{e}^x\cos x - \int \mathrm{e}^x\mathrm{d}(\cos x)$$

$$=e^x\cos x+\int e^x\sin x\mathrm{d}x=e^x\cos x+\int\sin x\mathrm{d}e^x$$

$$=e^x\cos x+\left[e^x\sin x-\int e^x\mathrm{d}(\sin x)\right]$$

$$=e^x\cos x+e^x\sin x-\int e^x\cos x\mathrm{d}x.$$

令 $I=\int e^x\cos x\mathrm{d}x$,从而上式解方程:

$$I=\int e^x\cos x\mathrm{d}x=\frac{e^x(\cos x+\sin x)}{2}+C(\text{注意要添加任意常数 }C).$$

习题3.3

1. 求下列不定积分.

(1) $\int\ln x\mathrm{d}x$;　　(2) $\int\arcsin x\mathrm{d}x$;

(3) $\int\arctan x\mathrm{d}x$;　　(4) $\int\sin\sqrt{x}\mathrm{d}x$;

(5) $\int x\sin 2x\mathrm{d}x$;　　(6) $\int x e^{-x}\mathrm{d}x$.

本章小结

本章是高等数学的重中之重,是高等数学的核心内容,主要包括以下内容:

1. 原函数及不定积分概念

若 $F'(x)=f(x)$,则称函数 $F(x)$ 是 $f(x)$ 在区间 I 上的一个原函数. 函数 $f(x)$ 的全体原函数 $F(x)+c$,称为 $f(x)$ 在区间 I 上的不定积分,记作 $\int f(x)\mathrm{d}x=F(x)+c$.

2. 不定积分性质

性质3.1　$\left[\int f(x)\mathrm{d}x\right]'=f(x)$ 或 $\mathrm{d}\left[\int f(x)\mathrm{d}x\right]=f(x)\mathrm{d}x$.

性质3.2　$\int F'(x)\mathrm{d}x=F(x)+C$ 或 $\int\mathrm{d}F(x)=F(x)+C$.

性质3.3　被积函数中的非零常数因子可以提到积分号外面,即

$$\int kf(x)\mathrm{d}x=k\int f(x)\mathrm{d}x\ (k\neq 0\text{ 是常数}).$$

性质3.4　两个函数代数和的不定积分等于每个函数不定积分的代数和,即

$$\int[f(x)\pm g(x)]\mathrm{d}x=\int f(x)\mathrm{d}x\pm\int g(x)\mathrm{d}x.$$

3. 不定积分基本公式

(略)

4. 不定积分方法

① 第一换元法:$\int f[\varphi(x)]\varphi'(x)\mathrm{d}x=\int f[\varphi(x)]\mathrm{d}\varphi(x)=F(u)+C=F[\varphi(x)]+C$;

第二换元法：$\int f(x)\mathrm{d}x=\int f[\varphi(t)]\varphi'(t)\mathrm{d}t=F(t)+C=F[\varphi^{-1}(x)]+C$.

② 分部积分法：$\int u\mathrm{d}v=u\cdot v-\int v\mathrm{d}u$.

复习题 3

1. 选择题.

(1) 函数 $f(x)$的(　　)原函数称为不定积分.

A. 某一个　　B. 唯一　　C. 所有　　D. 任意一个

(2) $\int\frac{1}{x^2}\mathrm{d}x=$(　　).

A. $\frac{1}{x}+C$　　B. $-\frac{1}{x}+C$　　C. $\frac{1}{x^3}+C$　　D. $-\frac{1}{x^3}+C$

(3) 若$\int f(x)\mathrm{d}x=x\sin x+C$,则 $f(x)=$(　　).

A. $x\sin x$　　B. $\sin x$　　C. $\sin x+x\cos x$　　D. $\sin x-x\cos x$

(4) 若$\int f(x)\mathrm{d}x=\frac{\ln x}{x}+c$,则 $f(x)=$(　　).

A. $\ln(\ln x)$　　B. $\frac{1-\ln x}{x^2}$　　C. $\frac{\ln x-1}{x^2}$　　D. $\frac{1}{2}(\ln x)^2$

(5) $\int\left(\frac{1}{\sqrt{1-x^2}}\right)'\mathrm{d}x=$(　　).

A. $\frac{1}{\sqrt{1-x^2}}+C$　　B. $\frac{1}{\sqrt{1-x^2}}$　　C. $\arcsin x+C$　　D. $\arcsin x$

(6) 若 $f'(x)=g'(x)$,则下列式子一定成立的有(　　).

A. $f(x)=g(x)$　　B. $\int\mathrm{d}f(x)=\int\mathrm{d}g(x)$

C. $\left[\int f(x)\mathrm{d}x\right]'=\left[\int g(x)\mathrm{d}x\right]'$　　D. $f(x)=g(x)+1$

(7) $\frac{\mathrm{d}}{\mathrm{d}x}\int\arctan x\mathrm{d}x=$(　　).

A. $\arctan x$　　B. $\frac{1}{1+x^2}$　　C. $\arctan x+c$　　D. 0

(8) $\int x\cdot\sqrt{x}\mathrm{d}x=$(　　).

A. $\frac{2}{5}x^{\frac{5}{2}}+C$　　B. $\frac{2}{3}x^{\frac{3}{2}}+C$　　C. $\frac{3}{4}x^{\frac{4}{3}}+C$　　D. $\frac{1}{3}x^{\frac{3}{2}}+C$

(9) 设 $F(x)$ 是 $f(x)$ 的一个原函数,则$\int\mathrm{e}^{-x}f(\mathrm{e}^{-x})\mathrm{d}x=$(　　).

A. $F(\mathrm{e}^{-x})+c$　　B. $-F(\mathrm{e}^{-x})+c$

C. $F(\mathrm{e}^{x})+c$　　D. $-F(\mathrm{e}^{x})+c$

(10) $\int x\cos x\,\mathrm{d}x=($　　$)$.

A. $x\sin x+C$　　　　B. $x\sin x+\cos x+C$

C. $x\sin x-\cos x+C$　　　　D. $x\cos x+\sin x+C$

2. 填空题.

(1) 若 $f(x)$ 的一个原函数为 x^2-2^x,则$\int f(x)\mathrm{d}x=$________.

(2) $\tan x$ 的一个原函数是________.

(3) $\int \mathrm{d}\ln(1+x^2)=$________.

(4) $\left(\int \arcsin x\,\mathrm{d}x\right)'=$________.

3. 计算题.

(1) $\int x(x+1)\mathrm{d}x$;　　　　(2) $\int\left(\frac{1}{x}-\frac{3}{\sqrt{1-x^2}}\right)\mathrm{d}x$;

(3) $\int(x+1)(\sqrt{x}-x^3)\mathrm{d}x$;　　　　(4) $\int\frac{1}{\mathrm{e}^x}\mathrm{d}x$;

(5) $\int\frac{1}{x(1+2\ln x)}\mathrm{d}x$;　　　　(6) $\int x\sqrt{1-x^2}\,\mathrm{d}x$;

(7) $\int\cos^3 x\sin x\,\mathrm{d}x$;　　　　(8) $\int\frac{1}{\sqrt{x}(1+\sqrt[3]{x})}\mathrm{d}x$

(9) $\int x^2\ln x\,\mathrm{d}x$;　　　　(10) $\int x\mathrm{e}^{x^2}\mathrm{d}x$.

4. 综合题.

已知 $f(x)$ 的一个原函数为 $x\mathrm{e}^{-x}$,求:

(1) $\int f(x)\mathrm{d}x$;　　　　(2) $\int xf'(x)\mathrm{d}x$;　　　　(3) $\int xf(x)\mathrm{d}x$.

第4章　定积分

学习目标

- 掌握定积分的概念、几何意义、性质；
- 熟练掌握微积分的基本公式，了解积分上限函数的概念；
- 熟练掌握定积分的换元积分法和分部积分法；
- 了解广义积分，会求无穷限的广义积分；
- 掌握定积分在几何上的应用.

微积分
创立的争论

本章主要介绍定积分及其相关应用问题，通过对定积分应用的学习，能初步领悟无限求和问题的本质，掌握一定的积分运算方法，学会定积分的重要思想方法——微元法在几何上的应用，为深刻理解高等数学从而解决实际问题打下坚实的基础.

4.1　定积分的概念与性质

4.1.1　问题引入

1. 曲边梯形求面积

在初等数学里面，我们可以求规则图形的面积，比如三角形、矩形、梯形等平面图形的面积，但是，对于不规则图形的面积该如何计算呢？

在直角坐标系中，由直线 $x=a$，$x=b$，x 轴及连续曲线 $y=f(x)$ 所围成的图形称为曲边梯形，其中 $a<b$，$f(x)\geqslant 0$，现求其面积.

在规则图形中，可以求矩形的面积，对于曲边梯形，采用分割原理取近似，利用极限思维求出曲边梯形面积，主要方法如下：

(1) 分　割

在区间 $[a,b]$ 中，任意插入 $n-1$ 个分点

$$a=x_0<x_1<x_2<\cdots<x_{i-1}<x_i<\cdots<x_n=b.$$

将区间 $[a,b]$ 分成 n 个小区间

$$[x_0,x_1]，[x_1,x_2]，[x_2,x_3]，\cdots，[x_{i-1},x_i]，\cdots，[x_{n-1},x_n].$$

每个小区间仍然为曲边梯形，一共有 n 个曲边梯形.

(2) 取近似

对第 i 个区间 $[x_{i-1},x_i]$，其区间长度为 $\Delta x_i=x_i-x_{i-1}$，任意取一点 $\xi_i\,(x_{i-1}\leqslant\xi_i\leqslant x_i)$，把该区间所围成的图形近似地看成矩形，得其面积的近似值为

$$\Delta A_i=f(\xi_i)\Delta x_i.$$

(3) 求　和

由于区间分成了 n 个小区间，将 n 个曲边梯形面积相加，可得原曲边梯形面积的近似

值,即

$$A=\sum_{i=1}^{n}\Delta A_i=\sum_{i=1}^{n}f(\xi_i)\Delta x_i.$$

(4) 取极限

为使得近似程度越高,所分区间长度越小越好,即

$$\lambda=\max\{\Delta x_1,\Delta x_2,\Delta x_3,\cdots,\Delta x_n\}.$$

当 $\lambda\to 0$ 时,若和式的极限存在,则定义此极限值为原曲边梯形的面积,即

$$S=\lim_{\lambda\to 0}\sum_{i=1}^{\infty}f(\xi_i)\Delta x_i.$$

2. 变速直线运动的路程

设一物体做变速直线运动,其速度是时间 t 的连续函数 $v=v(t)$,求物体在时间段 $[T_1,T_2]$ 内所经过的路程 s.

在物理学中,已知匀速直线运动的路程公式为 $s=vt$,现设物体运动的速度是随时间的变化而连续变化的,不能直接用此公式计算路程,由于速度函数是连续的,故同样采用分割、取近似、求和、取极限的方法来求其路程.

(1) 分 割

在时间段 $[T_1,T_2]$ 内任意插入 $n-1$ 个分点

$$T_1=t_0<t_1<t_2<\cdots<t_{n-1}<t_n=T_2.$$

将区间 $[T_1,T_2]$ 分成 n 个小区间

$$[t_0,t_1]\ ,[t_1,t_2],[t_2,t_3],\cdots,[t_{i-1},t_i],\cdots,[t_{n-1},t_n].$$

第 i 个小区间的长度为 $\Delta t_i=t_i-t_{i-1}(i=1,2,3,\cdots,n)$,第 i 个小时间段内对应的路程记作 Δs_i.

(2) 取近似

在小区间 $[t_{i-1},t_i]$ 内,近似地看成是匀速运动,任意取一点 $\tau_i(t_{i-1}\leqslant\tau_i\leqslant t_i)$,其速度 $v(\tau_i)$ 看成是平均速度,则小区间内的路程为 $\Delta s_i\approx v(\tau_i)\Delta t_i(i=1,2,\cdots,n)$.

(3) 求 和

将所有这些近似值求和,得到总路程的近似值 $s=\sum\limits_{i=1}^{n}\Delta s_i\approx\sum\limits_{i=1}^{n}v(\tau_i)\Delta t_i$.

(4) 取极限

记小区间长度的最大值为 $\lambda=\max\{\Delta t_1,\Delta t_2,\cdots,\Delta t_n\}$,当 $\lambda\to 0$ 时,和式 $\sum\limits_{i=1}^{n}v(\tau_i)\Delta t_i$ 的极限便是所求的路程 s,即

$$s=\lim_{\lambda\to 0}\sum_{i=1}^{n}v(\tau_i)\Delta t_i.$$

从上面两个例子可以看出,虽然二者的实际意义不同,但解决问题的方法却是相同的,都是采用“分割、取近似、求和、取极限”的方法,最后都归结为同一种结构的和式极限问题,以此推广即可得出定积分的概念.

4.1.2 定积分的概念

定义 4.1 设 $y=f(x)$ 在 $[a,b]$ 上有定义,任取一组分点

$$a=x_0<x_1<x_2<\cdots<x_{i-1}<x_i<\cdots<x_n=b.$$

将区间$[a,b]$分成 n 个小区间;每个小区间 $[x_{i-1},x_i]$ 的长度为 $\Delta x_i=x_i-x_{i-1}(i=1,2,\cdots,n)$,在每个小区间 $[x_{i-1},x_i]$ 任取一点 $\xi_i(x_{i-1}\leqslant\xi_i\leqslant x_i)$作乘积 $f(\xi_i)\Delta x_i$,并作和式

$$S=\sum_{i=1}^{n}f(\xi_i)\Delta x_i.$$

若 $S=\lim\limits_{\lambda\to 0}\sum\limits_{i=1}^{\infty}f(\xi_i)\Delta x_i$(记 $\lambda=\max\limits_{1\leqslant i\leqslant n}\{\Delta x\}$)存在,则将此极限值称为 $f(x)$在$[a,b]$上的定积分,记为

$$\int_a^b f(x)\mathrm{d}x=\lim_{\lambda\to 0}\sum_{i=1}^{n}f(\xi_i)\Delta x_i.$$

其中,$\int$ 为积分号,$[a,b]$为积分区间,a 为积分下限,b 为积分上限,$f(x)$为被积函数,x 为积分变量,$f(x)\mathrm{d}x$ 为被积表达式.

定理 4.1　设 $f(x)$在区间 $[a,b]$上连续,则 $f(x)$在 $[a,b]$上可积.

定理 4.2　设 $f(x)$在区间 $[a,b]$上有界,且只有有限个第一类间断点,则 $f(x)$在$[a,b]$上可积.

【例 4.1】　利用定积分的定义计算 $\int_0^1 x^2\mathrm{d}x$.

解　因为 $f(x)=x^2$ 在区间 $[0,1]$上连续,故它在区间 $[0,1]$上可积.

① 分割:为使得计算方便,将区间分成 n 等份,即 $\Delta x_i=\dfrac{1}{n}$,并取 $\xi_i=x_i=\dfrac{1}{n}i$;

② 取近似:第 i 部分为 $\Delta A_i=f(\xi_i)\Delta x_i=\left(\dfrac{i}{n}\right)^2\dfrac{1}{n}$,$\lambda=\max\{\Delta x_i\}=\dfrac{1}{n}$;

③ 求和:$\sum\limits_{i=1}^{n}f(\xi_i)\Delta x_i=\sum\limits_{i=1}^{n}\left(\dfrac{i}{n}\right)^2\dfrac{1}{n}=\sum\limits_{i=1}^{n}\dfrac{i^2}{n^3}=\dfrac{1^2+2^2+\cdots+n^2}{n^3}=\dfrac{\frac{1}{6}(n+1)(2n+1)}{n^2}$;

④ 取极限:$\int_0^1 x^2\mathrm{d}x=\lim\limits_{\frac{1}{n}\to 0}\dfrac{1}{6}\left(1+\dfrac{1}{n}\right)\left(2+\dfrac{1}{n}\right)=\dfrac{1}{3}$.

4.1.3　定积分的几何意义

由前面的讨论可知,可以得到图 4.1 所示的几何解释,即有

$$\int_a^b f(x)\mathrm{d}x=A_1-A_2+A_3.$$

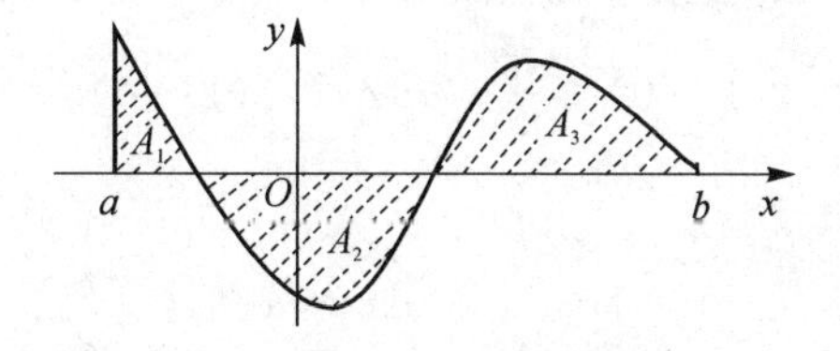

图 4.1

【例 4.2】 利用定积分几何意义计算$\int_0^2 2x\mathrm{d}x$.

解 $\int_0^2 2x\mathrm{d}x=\frac{1}{2}\times 2\times 4=4$.

【例 4.3】 利用定积分几何意义计算$\int_{-a}^{a}\sqrt{a^2-x^2}\mathrm{d}x(a>0)$.

解 $\int_{-a}^{a}\sqrt{a^2-x^2}\mathrm{d}x=\frac{1}{2}\times\pi\times a^2=\frac{1}{2}\pi a^2$.

4.1.4 定积分的性质

性质 4.1 代数和的积分等于积分的代数和,即

$$\int_a^b[f(x)\pm g(x)]\mathrm{d}x=\int_a^b f(x)\mathrm{d}x\pm\int_a^b g(x)\mathrm{d}x.$$

性质 4.2 $\int_a^b kf(x)\mathrm{d}x=k\int_a^b f(x)\mathrm{d}x$(任意 $k\in\mathbf{R}$).

性质 4.3 $\int_a^b f(x)\mathrm{d}x=-\int_b^a f(x)\mathrm{d}x$.

性质 4.4(定积分对积分区间的可加性)

$$\int_a^b f(x)\mathrm{d}x=\int_a^c f(x)\mathrm{d}x+\int_c^b f(x)\mathrm{d}x.$$

性质 4.5(保号性) 如果在区间 $[a,b]$ 上 $f(x)\geqslant 0$,则

$$\int_a^b f(x)\mathrm{d}x\geqslant 0.$$

推论 4.1(不等式性质) 若在区间$[a,b]$上总有 $f(x)\leqslant g(x)$,则

$$\int_a^b f(x)\mathrm{d}x\leqslant\int_a^b g(x)\mathrm{d}x,\quad a<b.$$

推论 4.2 $\left|\int_a^b f(x)\mathrm{d}x\right|\leqslant\int_a^b|f(x)|\mathrm{d}x$.

性质 4.6(定积分的估值定理) 设 M 与 m 分别是函数 $f(x)$ 在区间$[a,b]$的最大值与最小值,则

$$m(b-a)\leqslant\int_a^b f(x)\mathrm{d}x\leqslant M(b-a),\quad a<b.$$

【例 4.4】 估计定积分$\int_0^1 \mathrm{e}^{x^2}\mathrm{d}x$.

解 由于 e^{x^2} 在区间 $[0,1]$ 上单调递增,则有 $1\leqslant\mathrm{e}^{x^2}\leqslant\mathrm{e}$,由定积分估值定理有

$$1(1-0)\leqslant\int_0^1\mathrm{e}^{x^2}\mathrm{d}x\leqslant\mathrm{e}(1-0).$$

即有

$$1\leqslant\int_0^1\mathrm{e}^{x^2}\mathrm{d}x\leqslant\mathrm{e}.$$

【例 4.5】 不计算定积分,比较定积分$\int_0^{\frac{\pi}{2}}\sin^2 x\mathrm{d}x$ 与$\int_0^{\frac{\pi}{2}}\sin x\mathrm{d}x$ 的大小.

解 因为当 $x\in[0,\pi/2]$ 时,$0\leqslant\sin x\leqslant 1$,所以 $\sin^2 x\leqslant\sin x$,从而

$$\int_0^{\frac{\pi}{2}} \sin^2 x \, dx \leqslant \int_0^{\frac{\pi}{2}} \sin x \, dx.$$

性质 4.7(积分中值定理)　如果函数 $f(x)$ 在闭区间 $[a,b]$ 上连续，则至少存在一点 $\xi \in [a,b]$，使得

$$\int_a^b f(x) dx = f(\xi)(b-a), \quad a \leqslant \xi \leqslant b.$$

习题 4.1

1. 由定积分的几何意义求下列定积分.

(1) $\int_0^1 x \, dx$；　(2) $\int_0^2 \sqrt{4-x^2} \, dx$；

(3) $\int_0^1 (2x+3) dx$；　(4) $\int_{-R}^R \sqrt{R^2-x^2} \, dx$.

2. 比较下列积分的大小.

(1) $\int_0^1 x \, dx$ 与 $\int_0^1 \sqrt{x} \, dx$；　(2) $\int_1^2 \ln x \, dx$ 与 $\int_1^2 \ln^2 x \, dx$.

4.2　定积分基本原理与方法

4.2.1　定积分基本原理

定理 4.3　设函数 $f(x)$ 在区间 $[a,b]$ 上连续，$F(x)$ 是 $f(x)$ 在区间 $[a,b]$ 上的一个原函数，即 $F'(x)=f(x)$，则

$$\int_a^b f(x) dx = F(x) \Big|_a^b = F(b) - F(a).$$

上述公式称为牛顿–莱布尼兹(Newton - Leibniz)公式，亦称为微积分基本公式.求解定积分的问题转化为求原函数的问题，建立了积分和原函数之间的关系，使求定积分的问题变得相对简单.

数学家介绍

艾萨克·牛顿(1643 年 1 月 4 日—1727 年 3 月 31 日)，爵士，英国皇家学会会长，英国著名的物理学家、数学家。牛顿对万有引力和三大运动定律进行了描述，奠定了此后三个世纪里物理世界的科学观点，并成为了现代工程学的基础；在力学上，牛顿阐明了动量和角动量守恒的原理，提出了牛顿运动定律；在数学上，牛顿与戈特弗里德·威廉·莱布尼茨分享了发展出微积分学的荣誉，为高等数学快速发展奠定了基础.

【例 4.6】　求定积分 $\int_0^1 x^2 dx$.

解　$\int_0^1 x^2 dx = \frac{1}{3} x^3 \Big|_0^1 = \frac{1}{3}.$

【例 4.7】 求定积分$\int_0^2 \frac{\mathrm{d}x}{4+x^2}$.

解 $\int_0^2 \frac{\mathrm{d}x}{4+x^2}=\frac{1}{2}\int_0^2 \frac{\mathrm{d}\left(\frac{x}{2}\right)}{1+\left(\frac{x}{2}\right)^2}=\frac{1}{2}\arctan\frac{x}{2}\Big|_0^2=\frac{1}{2}(\arctan 1-\arctan 0)=\frac{\pi}{8}$.

【例 4.8】 已知函数$f(x)=\begin{cases} \mathrm{e}^x, & 0\leqslant x\leqslant 1, \\ x, & 1<x\leqslant 2. \end{cases}$,求积分$\int_0^2 f(x)\mathrm{d}x$.

解 $\int_0^2 f(x)\mathrm{d}x=\int_0^1 f(x)\mathrm{d}x+\int_1^2 f(x)\mathrm{d}x$

$=\int_0^1 \mathrm{e}^x\mathrm{d}x+\int_1^2 x\mathrm{d}x$

$=\mathrm{e}^x\Big|_0^1+\frac{1}{2}x^2\Big|_1^2=\mathrm{e}-1+\left(2-\frac{1}{2}\right)=\mathrm{e}-\frac{1}{2}$.

【例 4.9】 计算$\int_{-1}^3 |2-x|\mathrm{d}x$.

解 $\int_{-1}^3 |2-x|\mathrm{d}x=\int_{-1}^2 |2-x|\mathrm{d}x+\int_2^3 |2-x|\mathrm{d}x$

$=\int_{-1}^2 (2-x)\mathrm{d}x+\int_2^3 (x-2)\mathrm{d}x$

$=\left(2x-\frac{1}{2}x^2\right)\Big|_{-1}^2+\left(\frac{1}{2}x^2-2x\right)\Big|_2^3=\frac{9}{2}+\frac{1}{2}=5$.

4.2.2 积分上限函数及其导数

前面讨论了定积分的概念与性质等,要求函数的定积分,一般采用“分割、取近似、求和、取极限”的方法,但是某些函数分割比较困难,无法有效地求解定积分,为此我们引入变限积分的概念.

定义 4.2 设函数 $f(t)$ 在 $[a,b]$ 上连续且可积,x 为区间 $[a,b]$ 上任意一点,则称$\int_a^x f(t)\mathrm{d}t$ 为积分上限函数,记作

$$\Phi(x)=\int_a^x f(t)\mathrm{d}t,\quad x\in[a,b].$$

定理 4.4 设函数 $f(t)$ 在 $[a,b]$ 上连续,则积分上限函数 $\Phi(x)=\int_a^x f(t)\mathrm{d}t$ 在 $[a,b]$ 上可导,且它的导数是 $f(x)$,即

$$\Phi'(x)=\left(\int_a^x f(t)\mathrm{d}t\right)'=f(x).$$

即积分上限函数是被积函数的一个原函数.

推论 4.3 $\left(\int_a^{\varphi(x)} f(t)\mathrm{d}t\right)'=f[\varphi(x)]\varphi'(x)$.

推论 4.4 $\left(\int_{\psi(x)}^{\varphi(x)} f(t)\mathrm{d}t\right)'=f[\varphi(x)]\varphi'(x)-f[\psi(x)]\psi'(x)$.

【例 4.10】 计算$\frac{\mathrm{d}}{\mathrm{d}x}\int_2^x \frac{t}{\ln t}\mathrm{d}t$.

解　$\dfrac{d}{dx}\displaystyle\int_2^x \frac{t}{\ln t}dt = \left(\int_2^x \frac{t}{\ln t}dt\right)' = \frac{x}{\ln x}$.

【例 4.11】　计算$\dfrac{d}{dx}\displaystyle\int_0^{x^2} \sqrt{1+t^3}\,dt$.

解　$\dfrac{d}{dx}\displaystyle\int_0^{x^2} \sqrt{1+t^3}\,dt = \sqrt{1+(x^2)^3}\,\frac{d(x^2)}{dx} = 2x\sqrt{1+x^6}$.

【例 4.12】　计算$\dfrac{d}{dx}\displaystyle\int_{x^2}^{x^3} \frac{dt}{\sqrt{1+t^4}}$.

解

$$\frac{d}{dx}\int_{x^2}^{x^3} \frac{dt}{\sqrt{1+t^4}} = \frac{d}{dx}\left[\int_0^{x^3} \frac{dt}{\sqrt{1+t^4}} - \int_0^{x^2} \frac{dt}{\sqrt{1+t^4}}\right]$$

$$= \frac{1}{\sqrt{1+(x^3)^4}}\,\frac{d(x^3)}{dx} - \frac{1}{\sqrt{1+(x^2)^4}}\,\frac{d(x^2)}{dx}$$

$$= \frac{3x^2}{\sqrt{1+x^{12}}} - \frac{2x}{\sqrt{1+x^8}}.$$

【例 4.13】　求$\displaystyle\lim_{x\to 0}\frac{\int_0^x \sin^2 t\,dt}{x-\sin x}$.

解　由积分中值定理，容易看到当 $x\to 0$ 时，$\int_0^x \sin^2 t\,dt \to 0$，因此极限是$\dfrac{0}{0}$ 型未定式，从而由洛必达法则有

$$\lim_{x\to 0}\frac{\int_0^x \sin^2 t\,dt}{x-\sin x} = \lim_{x\to 0}\frac{\left(\int_0^x \sin^2 t\,dt\right)'}{(x-\sin x)'} = \lim_{x\to 0}\frac{\sin^2 x}{1-\cos x} = \lim_{x\to 0}\frac{x^2}{\frac{1}{2}x^2} = 2.$$

4.2.3　定积分的换元积分法

定理 4.5　已知函数 $f(x)$ 在 $[a,b]$ 上连续，做变换 $x=\varphi(t)$，它满足下列条件：

① $\varphi(\alpha)=a,\varphi(\beta)=b$；

② 当 t 从 α 变到 β 时，$x=\varphi(t)$ 单调且具有连续的导数 $\varphi'(t)$.

则有

$$\int_a^b f(x)dx = \int_\alpha^\beta f[\varphi(t)]\varphi'(t)dt.$$

重要结论：

设 $f(x)$ 在$[-a,a]$上连续，则$\displaystyle\int_{-a}^a f(x)dx = \int_0^a [f(x)+f(-x)]dx$

① 当 $f(x)$ 为偶函数时，$\displaystyle\int_{-a}^a f(x)dx = 2\int_0^a f(x)dx$；

② 当 $f(x)$ 为奇函数时，$\displaystyle\int_{-a}^a f(x)dx = 0$.

证明　因为　$\displaystyle\int_{-a}^a f(x)dx = \int_{-a}^0 f(x)dx + \int_0^a f(x)dx$.

又因为　$\displaystyle\int_{-a}^0 f(x)dx \xlongequal{x=-t} \int_a^0 f(-t)(-1)dt = \int_0^a f(-t)dt = \int_0^a f(-x)dx$.

即有 $$\int_{-a}^{a} f(x)\mathrm{d}x=\int_{-a}^{0} f(x)\mathrm{d}x+\int_{0}^{a} f(x)\mathrm{d}x=\int_{0}^{a}[f(x)+f(-x)]\mathrm{d}x.$$

① 当 $f(x)$ 为偶函数时,有 $f(x)=f(-x)$,$\int_{-a}^{a} f(x)\mathrm{d}x=2\int_{0}^{a} f(x)\mathrm{d}x$;

② 当 $f(x)$ 为奇函数时,有 $f(x)=-f(-x)$,$\int_{-a}^{a} f(x)\mathrm{d}x=0$.

即上述重要结论成立.

【例 4.14】 求$\int_{-\pi}^{\pi} \frac{\cos x \sin x}{1+x^{2\,000}}\mathrm{d}x$.

解 由于被积函数 $f(x)=\frac{\cos x \sin x}{1+x^{2\,000}}$ 在区间 $[-\pi,\pi]$ 为奇函数,由前面的重要结论可得$\int_{-\pi}^{\pi} \frac{\cos x \sin x}{1+x^{2\,000}}\mathrm{d}x=0$.

【例 4.15】 求$\int_{-1}^{1} \frac{x+|x|}{1+x^{2}}\mathrm{d}x$.

解 由于整体对函数 $f(x)=\frac{x+|x|}{1+x^{2}}$ 的奇偶性无法判断,因此分开讨论:

$$\int_{-1}^{1} \frac{x+|x|}{1+x^{2}}\mathrm{d}x=\int_{-1}^{1} \frac{x}{1+x^{2}}\mathrm{d}x+\int_{-1}^{1} \frac{|x|}{1+x^{2}}\mathrm{d}x$$
$$=2\int_{0}^{1} \frac{x}{1+x^{2}}\mathrm{d}x=\ln(1+x^{2})\Big|_{0}^{1}=\ln 2.$$

【例 4.16】 求$\int_{0}^{\sqrt{\ln 2}} x\mathrm{e}^{x^2}\mathrm{d}x$.

解 $$\int_{0}^{\sqrt{\ln 2}} x\mathrm{e}^{x^2}\mathrm{d}x=\frac{1}{2}\int_{0}^{\sqrt{\ln 2}} \mathrm{e}^{x^2}\mathrm{d}x^2$$
$$=\frac{1}{2}\mathrm{e}^{x^2}\Big|_{0}^{\sqrt{\ln 2}}=1-\frac{1}{2}=\frac{1}{2}.$$

【例 4.17】 求$\int_{0}^{3} \frac{1}{1+\sqrt{1+x}}\mathrm{d}x$.

解 令$\sqrt{1+x}=t$,则 $x=t^2-1$,$\mathrm{d}x=2t\mathrm{d}t$,当 $x=0$ 时,$t=1$,当 $x=3$ 时,$t=2$,于是

$$\int_{0}^{3} \frac{1}{1+\sqrt{1+x}}\mathrm{d}x=\int_{1}^{2} \frac{1}{1+t}2t\mathrm{d}t=2\int_{1}^{2} \frac{t+1-1}{t+1}\mathrm{d}t$$
$$=2\int_{1}^{2}\left(1-\frac{1}{1+t}\right)\mathrm{d}t=2(t-\ln(1+t))\Big|_{1}^{2}$$
$$=2(2-\ln 3)-2(1-\ln 2)=2-2\ln 3+2\ln 2.$$

【例 4.18】 计算$\int_{0}^{1} x^2\sqrt{1-x^2}\mathrm{d}x$.

解 令 $x=\sin t$,则 $\mathrm{d}x=\cos t\mathrm{d}t$,且 $x=0$ 时,$t=0$;$x=1$ 时,$t=\pi/2$. 于是

$$\int_{0}^{1} x^2\sqrt{1-x^2}\mathrm{d}x=\int_{0}^{\pi/2} \sin^2 t\sqrt{1-\sin^2 t}\cos t\mathrm{d}t$$
$$=\int_{0}^{\pi/2} \sin^2 t\cos^2 t\mathrm{d}t=\frac{1}{4}\int_{0}^{\pi/2} \sin^2 2t\mathrm{d}t$$

$$=\frac{1}{8}\int_0^{\pi/2}(1-\cos 4t)\mathrm{d}t=\frac{1}{8}\left(\frac{\pi}{2}-\frac{1}{4}\sin 4t\Big|_0^{\pi/2}\right)=\frac{\pi}{16}.$$

4.2.4　定积分的分部积分法

定理 4.6　设函数 $u(x)$ 和 $v(x)$ 在区间 $[a,b]$ 上有连续的导数，则有

$$\int_a^b u(x)v'(x)\mathrm{d}x=\int_a^b u(x)\mathrm{d}v(x)=u(x)v(x)\Big|_a^b-\int_a^b v(x)\mathrm{d}u(x).$$

【例 4.19】　求 $\int_0^{\pi}x\sin x\,\mathrm{d}x$.

解　$\int_0^{\pi}x\sin x\,\mathrm{d}x=\int_0^{\pi}x\,\mathrm{d}(-\cos x)=-x\cos x\Big|_0^{\pi}+\int_0^{\pi}\cos x\,\mathrm{d}x$

$$=\pi+\sin x\Big|_0^{\pi}=\pi.$$

【例 4.20】　求 $\int_1^{e}\ln x\,\mathrm{d}x$.

解　$\int_1^{e}\ln x\,\mathrm{d}x=x\ln x\Big|_1^{e}-\int_1^{e}x\cdot\frac{1}{x}\mathrm{d}x=e-x\Big|_1^{e}=e-(e-1)=1.$

4.2.5　无限区间上的广义积分

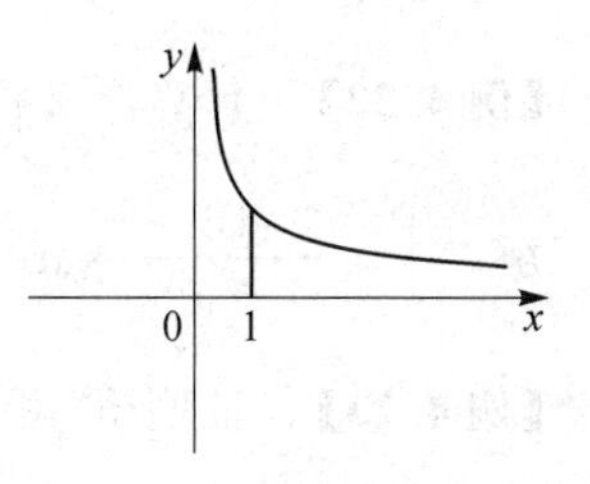

图 4.2

定积分 $\int_a^b f(x)\mathrm{d}x$ 中的积分区间是一个有限区间 $[a,b]$，在某些题型中可能会遇到无限区间上的定积分.

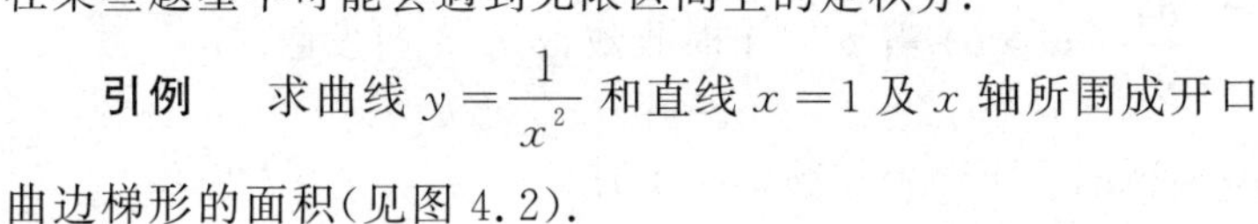

引例　求曲线 $y=\frac{1}{x^2}$ 和直线 $x=1$ 及 x 轴所围成开口曲边梯形的面积(见图 4.2).

解　由题意，曲边梯形面积可计为 $A=\int_1^{+\infty}\frac{1}{x^2}\mathrm{d}x$，其含义可理解为

$$A=\int_1^{+\infty}\frac{1}{x^2}\mathrm{d}x=\lim_{b\to+\infty}\int_1^b\frac{1}{x^2}\mathrm{d}x=\lim_{b\to+\infty}\left(-\frac{1}{x}\Big|_1^b\right)=\lim_{b\to+\infty}\left(1-\frac{1}{b}\right)=1.$$

定义 4.3　① 设函数 $f(x)$ 在区间 $[a,+\infty)$ 上连续，取 $b>a$，若极限 $\lim\limits_{b\to+\infty}\int_a^b f(x)\mathrm{d}x$ 存在，则称此极限为函数 $f(x)$ 在 $[a,+\infty)$ 上的广义积分，记作 $\int_a^{+\infty}f(x)\mathrm{d}x$，即

$$\int_a^{+\infty}f(x)\mathrm{d}x=\lim_{b\to+\infty}\int_a^b f(x)\mathrm{d}x.$$

若上述极限存在，则称广义积分收敛；如果不存在，就说发散.

② 设函数 $f(x)$ 在区间 $(-\infty,b]$ 上连续，取 $b>a$，若极限 $\lim\limits_{a\to-\infty}\int_a^b f(x)\mathrm{d}x$ 存在，则称此极限为函数 $f(x)$ 在 $(-\infty,b]$ 上的广义积分，记作 $\int_{-\infty}^{a}f(x)\mathrm{d}x$，即

$$\int_{-\infty}^{b}f(x)\mathrm{d}x=\lim_{a\to-\infty}\int_a^b f(x)\mathrm{d}x.$$

若上述极限存在，则称广义积分收敛；如果不存在，就说发散.

③ 设函数 $f(x)$ 在区间$(-\infty,+\infty)$上连续,若极限$\int_{-\infty}^{0} f(x)\mathrm{d}x$ 与$\int_{0}^{+\infty} f(x)\mathrm{d}x$ 都存在,就称$\int_{-\infty}^{+\infty} f(x)\mathrm{d}x$ 在区间$(-\infty,+\infty)$上收敛,并记为$\int_{-\infty}^{+\infty} f(x)\mathrm{d}x=\int_{-\infty}^{0} f(x)\mathrm{d}x+\int_{0}^{+\infty} f(x)\mathrm{d}x$;如果不存在,就说$\int_{-\infty}^{+\infty} f(x)\mathrm{d}x$ 发散.

当我们对此类广义积分熟悉以后,可以采用牛顿-莱布尼茨公式记法:

① $\int_{a}^{+\infty} f(x)\mathrm{d}x=F(x)\Big|_{a}^{+\infty}=\lim\limits_{x\to+\infty} F(x)-F(a)$;

② $\int_{-\infty}^{b} f(x)\mathrm{d}x=F(x)\Big|_{-\infty}^{b}=F(b)-\lim\limits_{x\to-\infty} F(a)$;

③ $\int_{-\infty}^{+\infty} f(x)\mathrm{d}x=F(x)\Big|_{-\infty}^{+\infty}=\lim\limits_{x\to+\infty} F(x)-\lim\limits_{x\to-\infty} F(x)\int_{-\infty}^{b} f(x)\mathrm{d}x=F(x)\Big|_{-\infty}^{b}=F(b)-\lim\limits_{x\to-\infty} F(x)$.

【例 4.21】 计算广义积分$\int_{-\infty}^{0} \mathrm{e}^{x}\mathrm{d}x$.

解 $\int_{-\infty}^{0} \mathrm{e}^{x}\mathrm{d}x=\mathrm{e}^{x}\Big|_{-\infty}^{0}=1$.

【例 4.22】 计算广义积分$\int_{-\infty}^{+\infty} \frac{\mathrm{d}x}{1+x^{2}}$.

解 $\int_{-\infty}^{+\infty} \frac{\mathrm{d}x}{1+x^{2}}=\arctan x\Big|_{-\infty}^{+\infty}=\lim\limits_{x\to+\infty}\arctan x-\lim\limits_{x\to-\infty}\arctan x=\frac{\pi}{2}-\left(-\frac{\pi}{2}\right)=\pi$.

【例 4.23】 证明 p-积分$\int_{a}^{+\infty} \frac{\mathrm{d}x}{x^{p}}(a>0)$ 当 $p>1$ 时收敛,$p\leqslant 1$ 时发散.

证明 当 $p=1$ 时,$\int_{a}^{+\infty} \frac{\mathrm{d}x}{x}=\ln x\Big|_{a}^{+\infty}=+\infty$. 当 $p\neq 1$ 时

$$\int_{a}^{+\infty} \frac{\mathrm{d}x}{x^{p}}=\frac{1}{1-p}x^{1-p}\Big|_{a}^{+\infty}=\frac{1}{1-p}\left(\lim_{x\to+\infty} x^{1-p}-a^{1-p}\right)=\begin{cases}\frac{1}{p-1}a^{1-p}, & p>1\\ +\infty, & p<1\end{cases}.$$

因此,p-积分$\int_{a}^{+\infty} \frac{\mathrm{d}x}{x^{p}}(a>0)$ 当 $p>1$ 时收敛,$p\leqslant 1$ 时发散.

习题 4.2

1. 求下列函数的导数.

(1) $\Phi(x)=\int_{1}^{x} \sqrt{1+t^{4}}\,\mathrm{d}t$;　　(2) $\Phi(x)=\int_{x}^{0} \cos t^{2}\,\mathrm{d}t$;

(3) $\Phi(x)=\int_{1}^{\sin x} \mathrm{e}^{t^{2}}\,\mathrm{d}t$;　　(4) $\Phi(x)=\int_{x}^{x^{2}} \frac{\ln t}{t}\mathrm{d}t$.

2. 求下列极限.

(1) $\lim\limits_{x\to 0}\frac{\int_{0}^{x}\ln(1+t)\mathrm{d}t}{x^{2}}$;　　(2) $\lim\limits_{x\to 0}\frac{(1-\cos x)^{2}}{\int_{x}^{0}\sin^{3}t\,\mathrm{d}t}$.

3. 计算定积分.

(1) $\int_1^4 \left(x^2+\frac{1}{x}\right)\mathrm{d}x$；　　(2) $\int_0^{\frac{\pi}{2}} (2x+\sin x)\mathrm{d}x$；

(3) $\int_0^{\frac{\pi}{2}} |\sin x-\cos x|\mathrm{d}x$；　　(4) $\int_{-2}^4 |x^2-2x-3|\mathrm{d}x$.

4. 用换元法或分部积分法计算定积分.

(1) $\int_1^e \frac{1+\ln x}{x}\mathrm{d}x$；　　(2) $\int_0^{\frac{\pi}{2}} \cos^5 x\sin 2x\mathrm{d}x$；

(3) $\int_0^{\ln 2} \frac{\mathrm{e}^x}{1+\mathrm{e}^x}\mathrm{d}x$；　　(4) $\int_0^4 \frac{1}{1+\sqrt{x}}\mathrm{d}x$；

(5) $\int_1^{\sqrt{3}} \frac{1}{x^2\sqrt{1+x^2}}\mathrm{d}x$；　　(6) $\int_0^1 x\arctan x\mathrm{d}x$.

5. 下列广义积分收敛的是(　　).

A. $\int_1^{+\infty} \frac{1}{\sqrt[3]{x}}\mathrm{d}x$　　B. $\int_2^{+\infty} \frac{1}{x\cdot\sqrt[5]{(\ln x)^3}}\mathrm{d}x$

C. $\int_1^{+\infty} \frac{1}{\sqrt{x^3}}\mathrm{d}x$　　D. $\int_2^{+\infty} \frac{1}{x\cdot\sqrt[3]{(\ln x)^5}}\mathrm{d}x$

6. 判断广义积分$\int_0^{+\infty} \frac{x}{1+x^2}\mathrm{d}x$ 收敛还是发散？

7. 计算下列广义积分.

(1) $\int_{-\infty}^0 \frac{1}{1-x}\mathrm{d}x$；　　(2) $\int_{-\infty}^{+\infty} \frac{1}{x^2+2x+2}\mathrm{d}x$.

4.3　定积分的应用

定积分在高等数学中有着广泛的应用，例如在几何上的应用，可以在直角坐标系下求平面图形面积、旋转体的体积、平面曲线的弧长等，也可以在极坐标下求面积等.

4.3.1　平面图形的面积

对于直角坐标系下不规则的图形，可以分为两种情况加以讨论：

(1) 选取 x 作为积分变量，计算平面图形的面积

① 由曲线 $y=f(x)$，直线 $x=a$，$x=b$ 及 x 轴围成的平面图形的面积(见图 4.3)：

$$S=\int_a^b |f(x)|\mathrm{d}x.$$

② 由曲线 $y=f(x)$，$y=g(x)$，直线 $x=a$，$x=b$ 围成的平面图形的面积(见图 4.4).

$$S=\int_a^b |f(x)-g(x)|\mathrm{d}x.$$

【例 4.24】　求由曲线 $y=\sqrt{x}$ 与直线 $y=x$ 所围图形的面积.

解　如图 4.5 所示，所围区域为 D，选 x 为积分变量，有$\begin{cases}0<x<1\\ x<y<\sqrt{x}\end{cases}$，则

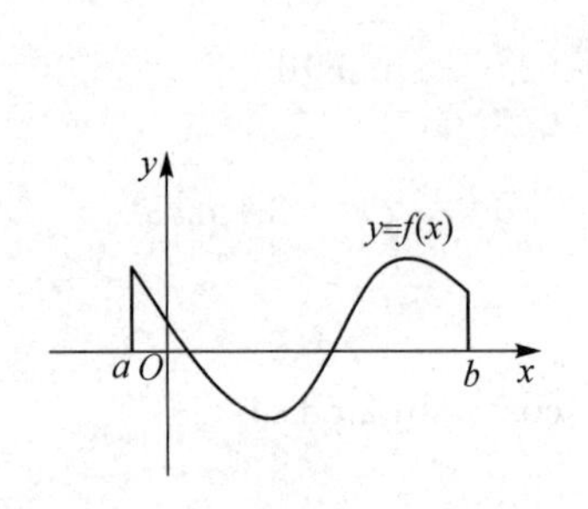

图 4.3

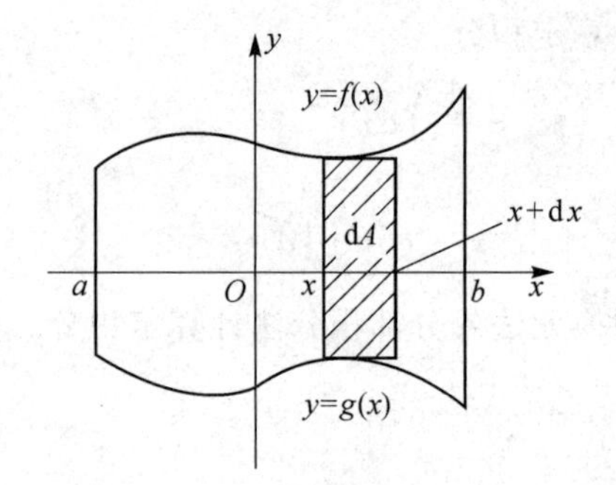

图 4.4

$$S_D=\int_0^1(\sqrt{x}-x)\mathrm{d}x=\left(\frac{2}{3}x^{\frac{3}{2}}-\frac{1}{2}x^2\right)\Big|_0^1=\frac{1}{6}.$$

【例 4.25】 求由曲线 $y=\dfrac{1}{x}$ 与直线 $y=x$ 及 $x=2$ 所围图形的面积.

解 如图 4.6 所示,选取 x 为积分变量,两条曲线 $y=\dfrac{1}{x}$ 和 $y=x$ 的交点为(1,1)、(−1,−1),这两条线和 $x=2$ 分别交于 $\left(2,\dfrac{1}{2}\right)$、(2,2),则

$$S_D=\int_1^2\left(x-\frac{1}{x}\right)\mathrm{d}x=\left(\frac{1}{2}x^2-\ln|x|\right)\Big|_1^2=\frac{3}{2}-\ln 2.$$

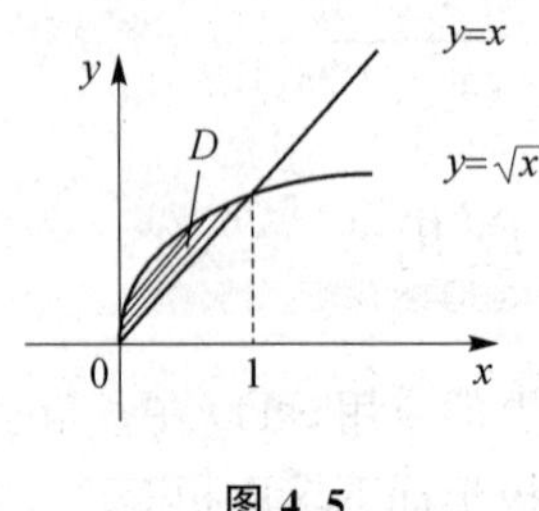

图 4.5

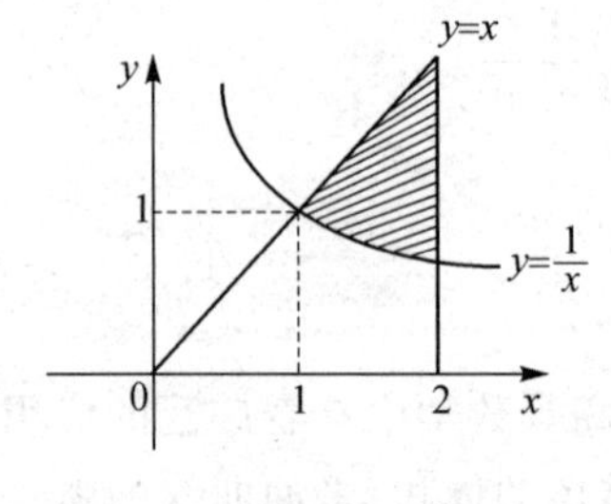

图 4.6

(2) 选取 y 作为积分变量,计算平面图形的面积

① 由曲线 $x=\varphi(y)$,直线 $y=c$,$y=d$ 及 y 轴围成的平面图形的面积(见图 4.7):

$$S=\int_c^d|\varphi(y)|\mathrm{d}y.$$

② 由曲线 $x=\varphi(y)$,$x=\varphi(y)$,直线 $y=c$,$y=d$ 围成的平面图形的面积(见图 4.8):

$$A=\int_c^d|\varphi(y)-\varphi(y)|\mathrm{d}y.$$

【例 4.26】 求由曲线 $y=\ln x$ 与直线 $y=\ln a$ 及 $y=\ln b$ 所围图形的面积($b>a>0$).

解 如图 4.9 所示,选 y 为积分变量,在 $\ln x$ 的定义域范围内所围区域 D:$\begin{cases}\ln a<y<\ln b\\ 0<x<\mathrm{e}^y\end{cases}$,则

$$S_D=\int_{\ln a}^{\ln b}\mathrm{e}^y\mathrm{d}y=\mathrm{e}^y\Big|_{\ln a}^{\ln b}=b-a.$$

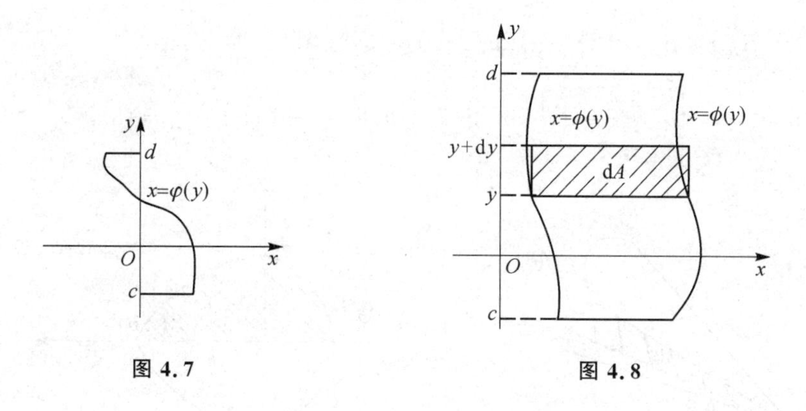

图 4.7　　　　图 4.8

【例 4.27】 求曲线 $y^2=2x$ 与直线 $y=x-4$ 所围成的平面图形的面积.

解 由 $y^2=2x$ 与 $y=x-4$ 联立可解得两曲线的交点为 $(2,-2)$ 和 $(8,4)$，如图 4.10 所示. 选取 y 为积分变量，则 $y\in[-2,4]$，且右边曲线是 $x=y+4$，左边曲线是 $x=\frac{1}{2}y^2$，所以平面图形的面积为

$$S=\int_{-2}^{4}\left[(y+4)-\frac{1}{2}y^2\right]\mathrm{d}y=\frac{1}{2}y^2\Big|_{-2}^{4}+24-\frac{1}{6}y^3\Big|_{-2}^{4}=18.$$

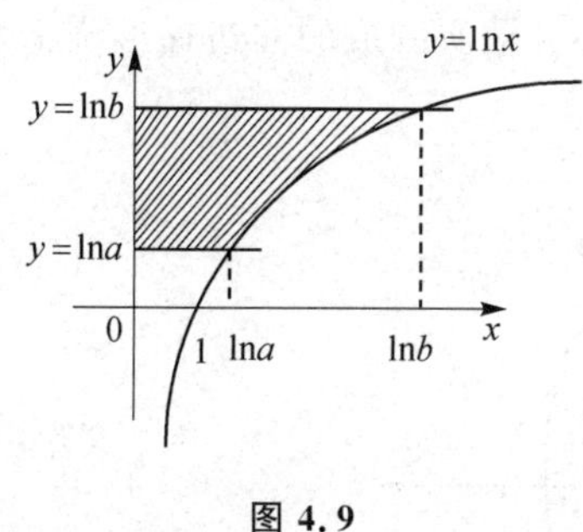

图 4.9

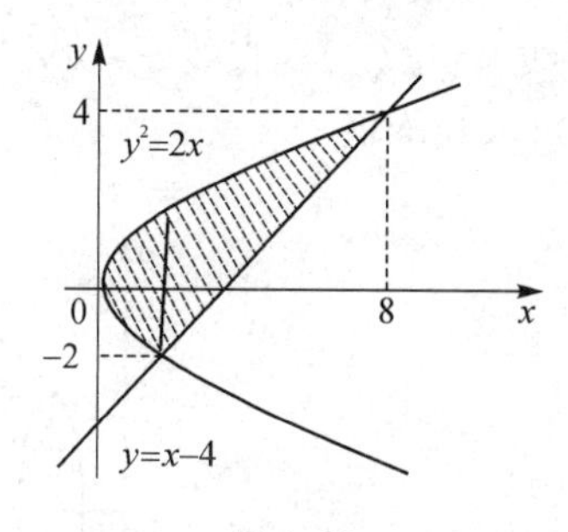

图 4.10

(3) 极坐标系的情形

有些平面图形的面积用极坐标计算相对比较简单.

设由平面曲线 $\rho=f(\theta)(f(\theta)\geqslant 0)$ 及两条射线 $\theta=\alpha,\theta=\beta(\beta>\alpha)$ 围成曲边扇形的面积如图 4.11 所示.

取 θ 为积分变量，其变化区间为 $[\alpha,\beta]$，在 $[\alpha,\beta]$ 上任取小区间 $[\theta,\theta+\mathrm{d}\theta]$，其面积微元为

$$\mathrm{d}S=\frac{1}{2}[f(\theta)]^2\mathrm{d}\theta.$$

再将 $\mathrm{d}S$ 在 $[\alpha,\beta]$ 上积分，则面积公式为

$$S=\frac{1}{2}\int_{\alpha}^{\beta}[f(\theta)]^2\mathrm{d}\theta.$$

【例 4.28】 求由曲线 $r=2a(2+\cos\theta)$ 所围图形的面积.

解 如图 4.12 所示，$D_1:\begin{cases}0<\theta<\pi\\0<r<2a(2+\cos\theta)\end{cases}$，则所围图形的面积为

$$S_D = 2S_{D_1} = 2\int_0^{\pi} \frac{1}{2}[2a(2+\cos 3\theta)]^2 d\theta$$
$$= 4a^2 \left[4\pi + \left(\frac{4}{3}\sin 3\theta + \frac{1}{2}\theta + \frac{1}{12}\sin 6\theta\right)\right]\Bigg|_0^{\pi} = 18\pi a^2.$$

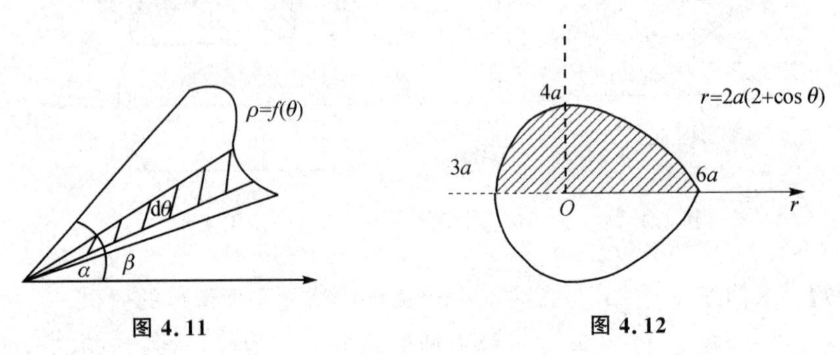

图 4.11　　图 4.12

4.3.2　旋转体的体积

旋转体是由平面内的一个图形绕该平面内的一条定直线旋转一周而成的立体图形,这条定直线称为该旋转体的轴.例如,圆柱、圆锥、圆台、球体等都可以看成是某平面旋转一周而成的立体,所以都是旋转体.

连续曲线 $y=f(x)$和直线 $x=a$,$x=b(a<b)$及 x 轴所围成的曲边梯形绕 x 轴旋转一周(见图 4.13),求其体积.

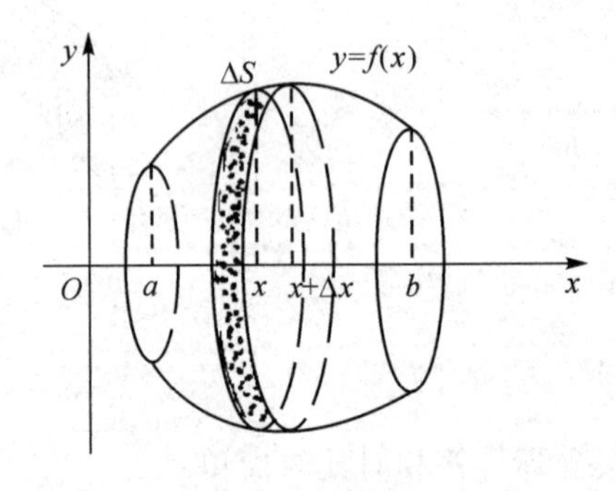

图 4.13

由题意,选取 x 为积分变量,在区间 $[a,b]$ 上任取一个小区间 $[x,x+\Delta x]$,将该区间上的旋转体近似看成一个以 $\pi[f(x)]^2$ 为底,高为 dx 的圆柱体,即得体积微元:

$$dV = \pi[f(x)]^2 dx.$$

在区间 $[a,b]$ 上积分,即得旋转体的体积为

$$V = \int_a^b \pi[f(x)]^2 dx = \pi\int_a^b [f(x)]^2 dx.$$

类似地,由连续曲线 $x=\varphi(y)$,直线 $y=c$,$y=d(c<d)$ 及 y 轴所围成的曲边梯形绕 y 轴旋转,所得旋转体体积为

$$V = \int_c^d \pi[\varphi(y)]^2 dy = \pi\int_c^d [\varphi(y)]^2 dy.$$

【例 4.29】 求曲线 $y=\sqrt{x}$ 与直线 $x=1$、$x=4$、$y=0$ 所围成的图形绕 x 轴旋转一周所形成的旋转体体积.

解 如图 4.14 所示，选取 x 为积分变量，取 $1\leqslant x\leqslant 4$，得

$$V=\int_1^4\pi(\sqrt{x})^2\mathrm{d}x=\frac{\pi}{2}x^2\Big|_1^4=\frac{15}{2}\pi.$$

【例 4.30】 求由曲线 $y=x^2$、$x=y^2$ 所围成的图形绕 y 轴旋转一周所产生的旋转体体积.

解 如图 4.15 所示，该平面图形绕 y 轴旋转而成的体积 V 可看作 $D_1\begin{cases}0\leqslant y\leqslant 1\\0\leqslant x\leqslant\sqrt{y}\end{cases}$ 绕 y 轴旋转而成的体积 V_1 减去 $D_2\begin{cases}0\leqslant y\leqslant 1\\0\leqslant x\leqslant y^2\end{cases}$ 绕 y 轴旋转而成的体积 V_2 所得，即

$$V=V_1-V_2=\int_0^1\pi(\sqrt{y})^2\mathrm{d}y-\int_0^1\pi(y^2)^2\mathrm{d}y=\pi\left(\frac{1}{2}y^2-\frac{1}{5}y^5\right)\Big|_0^1=\frac{3}{10}\pi.$$

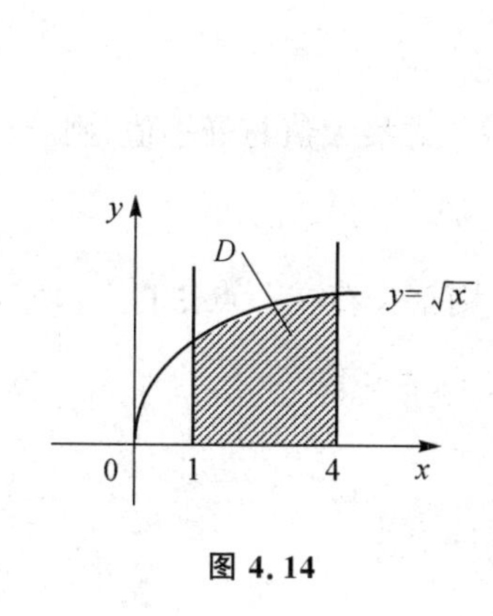

图 4.14

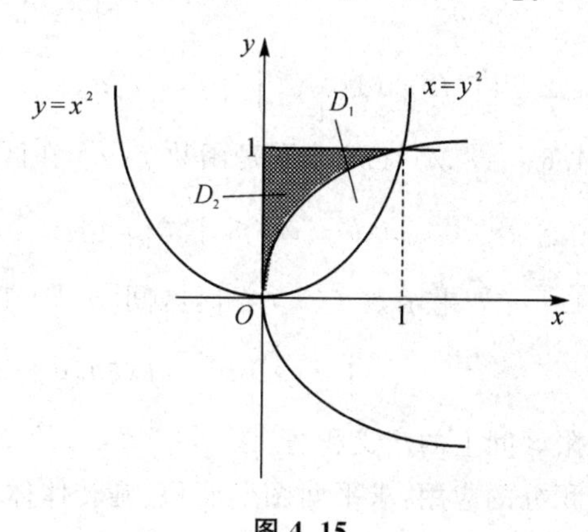

图 4.15

习题 4.3

1. 求下列各题中曲线所围成的平面图形的面积.

(1) $xy=1$，$y=x$，$x=2$；　　(2) $y=x^2-1$，$y=x+1$.

2. 求由直线 $y=x$ 及抛物线 $y=x^2-2x$ 所围成的平面图形绕 x 轴旋转一周的旋转体体积.

3. 求由直线 $y=4x$ 及曲线 $y=x^3$ 所围成的平面图形绕 y 轴旋转一周的旋转体体积.

本章小结

本章是高等数学中的重中之重，是高等数学的核心内容，主要有以下内容：

1. 定积分概念

$$\int_a^b f(x)\mathrm{d}x=\lim_{\lambda\to 0}\sum_{i=1}^n f(\xi_i)\Delta x_i.$$

2. 微积分的基本原理 —— 牛顿-莱布尼茨公式

$$\int_a^b f(x)\mathrm{d}x=F(x)\Big|_a^b=F(b)-F(a).$$

3. 定积分的性质

性质 4.1 $\int_a^b [f(x) \pm g(x)]\mathrm{d}x = \int_a^b f(x)\mathrm{d}x \pm \int_a^b g(x)\mathrm{d}x$.

性质 4.2 $\int_a^b kf(x)\mathrm{d}x = k\int_a^b f(x)\mathrm{d}x$(任意 $k \in \mathbf{R}$).

性质 4.3 $\int_a^b f(x)\mathrm{d}x = -\int_b^a f(x)\mathrm{d}x$.

性质 4.4 $\int_a^b f(x)\mathrm{d}x = \int_a^c f(x)\mathrm{d}x + \int_c^b f(x)\mathrm{d}x$.

性质 4.5　如果在区间 $[a,b]$ 上 $f(x) \geqslant 0$,则 $\int_a^b f(x)\mathrm{d}x \geqslant 0$.

推论 4.1　若在区间 $[a,b]$ 上总有 $f(x) \leqslant g(x)$,则

$$\int_a^b f(x)\mathrm{d}x \leqslant \int_a^b g(x)\mathrm{d}x, \quad a < b.$$

推论 4.2 $\left|\int_a^b f(x)\mathrm{d}x\right| \leqslant \int_a^b |f(x)|\mathrm{d}x$.

性质 4.6　设 M 与 m 分别是函数 $f(x)$ 在区间 $[a,b]$ 的最大值与最小值,则

$$m(b-a) \leqslant \int_a^b f(x)\mathrm{d}x \leqslant M(b-a), \quad a < b.$$

性质 4.7　如果函数 $f(x)$ 在闭区间 $[a,b]$ 上连续,则至少存在一点 $\xi \in [a,b]$,使得

$$\int_a^b f(x)\mathrm{d}x = f(\xi)(b-a), \quad a \leqslant \xi \leqslant b.$$

4. 无限区间上的广义积分.

5. 定积分的应用:求平面图形面积、旋转体体积.

复习题 4

1. 选择题.

(1) 设 $\int_0^x f(t)\mathrm{d}t = \arctan \mathrm{e}^x$,则 $f(x) = ($　　$)$.

A. $\arctan \mathrm{e}^x$　　B. $\dfrac{1}{1+\mathrm{e}^x}$　　C. $\dfrac{1}{1+\mathrm{e}^{2x}}$　　D. $\dfrac{\mathrm{e}^x}{1+\mathrm{e}^{2x}}$

(2) 广义积分 $\int_0^{+\infty} \mathrm{e}^x \mathrm{d}x = ($　　$)$.

A. 1　　B. 2　　C. 发散　　D. 0

(3) 极限 $\lim\limits_{x \to 0} \dfrac{\int_0^x \ln(1+t)\mathrm{d}t}{1-\cos x} = ($　　$)$.

A. 0　　B. $\dfrac{1}{2}$　　C. 1　　D. 2

(4) 下列式子中不成立的是(　　).

A. $\int_0^1 x\mathrm{d}x < \int_0^1 \mathrm{e}^x \mathrm{d}x$　　B. $\int_0^1 x^2 \mathrm{d}x < \int_0^1 x\mathrm{d}x$

C. $\int_0^1 \sqrt{x}\,dx < \int_0^1 x\,dx$　　　　D. $\int_1^2 x\,dx < \int_1^2 x^3\,dx$

2. 填空题.

(1) 利用几何意义求$\int_{-5}^{5} \sqrt{25-x^2} =$________.

(2) $\int_{-\frac{\pi}{2}}^{\frac{\pi}{2}} (x^3+1)\cos x\,dx =$________.

(3) $\frac{d}{dx}\int_0^{x^2} e^{t+1}\,dt =$________.

(4) $\int_0^4 |x-3|\,dx =$________.

3. 计算定积分.

(1) $\int_1^e \frac{\cos(\ln x)}{x}dx$；　　(2) $\int_1^4 \frac{1}{x+\sqrt{x}}dx$；

(3) $\int_1^4 \frac{1}{\sqrt{x-1}+1}dx$；　　(4) $\int_1^2 \frac{\sqrt{x^2-1}}{x^4}dx$；

(5) $\int_0^{\frac{\pi}{2}} x^2\sin x\,dx$；　　(6) $\int_1^3 x\ln x\,dx$；

(7) $\int_{-\frac{\pi}{2}}^{\frac{\pi}{2}} \sqrt{\cos x-\cos^3 x}\,dx$；　　(8) $\int_0^1 \arctan x\,dx$；

(9) $\int_{-\infty}^{+\infty} \frac{1}{x^2+2x+5}dx$；　　(10) $\int_{\frac{2}{\pi}}^{+\infty} \frac{1}{x^2}\sin\frac{1}{x}dx$.

4. 综合题.

(1) 若连续函数 $f(x)$ 满足 $f(x)=\sqrt{1-x^2}+\frac{1}{1+x^2}\int_0^1 f(t)dt$，求 $f(x)$.

(2) 已知$\lim\limits_{x\to\infty}\left(\frac{x-a}{x+a}\right)^x=\int_1^{+\infty} e^{-x}dx$，求常数 a.

(3) 求曲线 $xy=1$ 与直线 $y=x$ 及 $y=4$ 所围成图形的面积.

(4) 求由曲线 $y=e^x$，直线 $x=1$ 及 $x=4$ 围成的区域分别绕 x 轴、y 轴旋转所得的旋转体体积.

5. 证明题.

(1) 若 $f(x)$ 在 $[0,1]$ 上连续，求证：$\int_0^{\frac{\pi}{2}} f(\sin x)dx=\int_0^{\frac{\pi}{2}} f(\cos x)dx$.

(2) 已知$\int_0^x (x-t)f(t)dt=1-\cos x$，证明：$\int_0^{\frac{\pi}{2}} f(x)dx=1$.

第 5 章　常微分方程

学习目标

- 了解微分方程及微分方程的阶、解等概念；
- 掌握可分离变量的微分方程和一阶线性微分方程的解法；
- 会解齐次方程，并从中领会用变量代换求解方程的思想；
- 了解二阶线性齐次微分方程和二阶线性非齐次微分方程解的结构；
- 掌握二阶常系数线性齐次微分方程的解法；
- 会求自由项为常见形式的二阶常系数线性非齐次微分方程的特解；
- 会用微分方程解决一些简单的实际问题.

华裔数学家丘成桐

微分方程是人们解决科学问题必须精通的一种工具. 许多自然科学的定律只能通过微分方程才能得到比较精确的表达. 微分方程是高等数学重要的分支之一，它在力学、天文学、物理学、生物学及其他科学领域中具有广泛的应用，是数学科学理论联系实际的一条重要途径. 本章主要介绍微分方程的一些基本概念和若干类常用的微分方程的解法.

5.1　微分方程的基本概念

5.1.1　问题引入

为了说明微分方程的基本概念，下面先看两个简单的例子.

【例 5.1】 设做直线运动的物体的速度是 $V(t)=\cos t$(m/s)，当 $t=\frac{\pi}{2}$(s)时，物体经过的路程为 $S=10$ m. 求物体的运动规律.

解 设物体的运动方程为 $S=S(t)$，由导数的物理意义有

$$\frac{\mathrm{d}s}{\mathrm{d}t}=\cos t. \tag{5.1.1}$$

根据题意，函数 $S(t)$ 还应满足条件

$$S\left(\frac{\pi}{2}\right)=10. \tag{5.1.2}$$

对方程(5.1.1)等号两端积分得

$$S=\sin t+C. \tag{5.1.3}$$

其中 C 是任意常数，把条件式(5.1.2)代入式(5.1.3)得

$$10=\sin\frac{\pi}{2}+C.$$

即 $C=9$,于是所求物体的运动方程为

$$S=\sin t+9. \tag{5.1.4}$$

【例 5.2】 设一曲线通过点$(-1,2)$,并且在曲线上每一点(x,y)处的切线的斜率都等于$2x$,求此曲线的方程.

解 设所求的曲线方程为 $y=y(x)$,由导数的几何意义可知

$$\frac{\mathrm{d}y}{\mathrm{d}x}=2x. \tag{5.1.5}$$

根据题意,函数 $y(x)$还应满足条件:

$$y(-1)=2. \tag{5.1.6}$$

对方程(5.1.5)等号两端积分得

$$y=x^2+C. \tag{5.1.7}$$

其中 C 是任意常数,把条件式(5.1.6)代入式(5.1.7)得

$$2=(-1)^2+C$$

即 $C=1$,于是所求的曲线方程为

$$y=x^2+1. \tag{5.1.8}$$

从以上两个例子不难发现,所建立的方程(5.1.1)与式(5.1.5)都是含有未知函数及其导数的(包括一阶导数和高阶导数),这正是微分方程的本质特征.

5.1.2 微分方程的概念

定义 5.1 含有自变量、未知函数以及未知函数的导数(或微分)的方程称为微分方程.方程(5.1.1)与式(5.1.5)就是微分方程,又如 $y'=xy$,$x\mathrm{d}y=y\mathrm{d}x$ 等都是微分方程.

特别地,未知函数是一元函数的微分方程称为常微分方程,未知函数是多元函数的微分方程称为偏微分方程.本书仅讨论常微分方程,以后简称微分方程.

必须指出,在微分方程中,自变量、未知函数可以不出现,但未知函数的导数或微分必须出现,如 $y'=0$ 也是微分方程.

微分方程中未知函数的最高阶导数的阶数称为微分方程的阶数,例如$\frac{\mathrm{d}y}{\mathrm{d}x}=2x$ 为一阶方程,而$\frac{\mathrm{d}^2 s}{\mathrm{d}t^2}=g$ 为二阶方程,如果方程中的未知函数及其各阶导数就总体而言都是一次幂的,那么称之为线性方程,否则称为非线性的.例如 $y''+y'+y=\sin x$ 是一个二阶线性微分方程,$y'''+y=0$ 是三阶线性微分方程,而 $y'=x^2+y^2$ 和 $y'\cdot y=4$ 都是一阶非线性微分方程.

如果把某一个函数代入一个微分方程以后,使得该方程成为恒等式,那么这个函数称为此方程的一个解.例如,函数(5.1.3)和函数(5.1.4)都是方程(5.1.1)的解;函数(5.1.7)和函数(5.1.8)都是方程(5.1.5)的解.求微分方程解的过程称为解微分方程.不含有任意常数的解称为特解.含有任意常数的个数与方程的阶数相同的解称为通解.由方程的通解确定特解的条件称为初始条件.一般,如果微分方程是一阶的,则初始条件为当 $x=x_0$ 时,$y=y_0$,或写成$y|_{x=x_0}=y_0$,其中 x_0,y_0 都是给定的值.如果微分方程是二阶的,则初始条件为当 $x=x_0$ 时,$y=y_0$,$y'(x_0)=y'_0$,或写成 $y|_{x=x_0}=y_0$,$y'|_{x=x_0}=y'_0$,其中 x_0,y_0及 y'_0都是给定的值.

一般来说,微分方程的一个解对应于平面上的一条曲线,称其为该方程的积分曲线;通解

对应于平面上的无穷多条积分曲线,称其为该方程的积分曲线族.

【例 5.3】 验证函数 $y=C_1e^x+C_2e^{-x}$ 是二阶微分方程 $y''-y=0$ 的通解.

解 求出所给函数的一阶及二阶导数:

$$y'=C_1e^x-C_2e^{-x}.$$

$$y''=C_1e^x+C_2e^{-x}.$$

将 y' 与 y'' 代入原方程,得

$$(C_1e^x+C_2e^{-x})-(C_1e^x+C_2e^{-x})=0.$$

这就说明函数 $y=C_1e^x+C_2e^{-x}$ 是该微分方程的解. 又因为这个解中含有两个任意常数,且等于微分方程的阶数,所以 $y=C_1e^x+C_2e^{-x}$ 是该微分方程的通解.

在物理学、力学、经济管理科学等领域可以看到许多表述自然定律和运行机理的微分方程的例子.

【例 5.4】 设一物体的温度为 100 ℃,将其放置在空气温度为 20 ℃的环境中冷却. 根据冷却定律:物体温度的变化率与物体和当时空气温度之差成正比,设物体的温度 T 与时间 t 的函数关系为 $T=T(t)$,则可建立起函数 $T(t)$满足的微分方程

$$\frac{dT}{dt}=-k(T-20) \tag{5.1.9}$$

其中 $k(k>0)$为比例常数. 这就是物体冷却的数学模型.

根据题意,$T=T(t)$还需满足条件:$T|_{t=0}=100$.

【例 5.5】 设一质量为 m 的物体只受重力的作用由静止开始自由垂直降落,根据牛顿第二定律:物体所受的力 F 等于物体的质量 m 与物体运动的加速度 a 的乘积,即 $F=ma$,若取物体降落的铅垂线为 x 轴,其正向朝下,物体下落的起点为原点,并设开始下落的时间 $t=0$,物体下落的距离 x 与时间 t 的函数关系为 $x=x(t)$,则可建立起函数 $x(t)$满足的微分方程

$$\frac{d^2x}{dt^2}=g \tag{5.1.10}$$

其中 g 为重力加速度常数. 这就是自由落体运动的数学模型.

根据题意,$x=x(t)$还需满足条件:$x(0)=0,\left.\frac{dx}{dt}\right|_{t=0}=0$.

5.1.3 微分方程的建模问题

在数学建模的活动中,微分方程也是一个常用的而且必须掌握的工具. 从 20 世纪 80 年代的数模活动以来,已有不少的问题通过使用微分方程而得以解决. 这里,我们来简单谈谈微分方程的建模问题.

建立微分方程模型,这应该是两个问题:一是什么时候需要建立微分方程的模型? 二是怎样建立微分方程的模型? 很明显,第一个问题是最关键的. 那么,什么时候需要建立微分方程的模型呢? 这要从我们的问题入手,在实际问题中,有许多表示“导数”的词,如“速率”“增长”(在生物学及人口问题中)、“衰变”(在放射性问题中)、“边际”(经济问题中)等。“改变”“变化”“增加”“减少”这些词就是信号,要注意什么在变化,导数也许可以用上.

另外,有些问题中没有明显地出现这些词,但在讨论中可能出现一些变量,关于这些变量的讨论就可能要用到微分方程.

怎样建立微分方程的模型呢？

首先，想一想，问题是不是遵循什么原则或物理定律？是用已知的定律呢？还是要去推导问题的合适结果？如果是你不熟悉的领域，就要去找资料，或者请教专家.

许多问题都遵循下面的模式：

变化＝输入－输出，如果这个模式出现时你能理解它，可能微分方程就近在眼前了.

其次，要注意：微分方程是一个在任何时候都正确的瞬时表达式. 这是问题的核心. 如果你找到了表示导数的关键词，就要想去找 y'、y 及 t 之间的关系。这个关系往往就是你要找的微分方程.

建立微分方程，还有几个问题要注意：一是单位，要保持单位的一致；二是给定的条件，就是关于系统在某一特定时刻的信息. 它们独立于微分方程而存在，可以用它们来确定有关的参数.

【例 5.6】 若某人的食量是 M cal①/日，他每天的自动消耗为 A cal/日，他健身的消耗大约是 B cal/kg/日，假设以脂肪形式存在的热量 100%有效，而 1 kg 脂肪含热量 10 000 cal. 求这个人的体重随时间变化的情况.

解　设这个人 t 时刻的体重为 $w(t)$ kg，显然，体重每天的变化＝吸收量/天－消耗量/天，取 $dt=1$ 天，消耗量/天＝$A+w(t)\times B$，于是得到微分方程(注意单位)：

$$\frac{dw(t)}{dt}\times 10\,000=M-(A+w(t)\times B).$$

其解为

$$w(t)=\frac{M-A}{B}-\frac{C}{B}e^{-\frac{Bt}{10\,000}}.$$

其中 C 为参数，将初始值 $w(0)=w_0$ 代入，得 $C=M-A-Bw_0$.

若 $M=2\,500$，$A=1\,200$，$B=16$，$w_0=100$，则 $C=-300$，即

$$w(t)=81.25+18.75e^{-0.001\,6t}.$$

考虑 $t\to\infty$，$w(t)\to\dfrac{M-A}{B}$. 可见，确实可以通过减少摄入量或增加消耗量的方式减肥.

【例 5.7】 1968 年的墨西哥奥运会上，Bob Beamon 创造了一个跳远记录：8.90 m，这个成绩远超以前的成绩 55 cm，有人认为这是由于墨西哥城空气稀薄造成的(墨西哥城海拔 2 600 m)，稀薄的空气意味跳远者比较小的阻力，真是如此吗？

下面我们来分析一下.

由物理定律：

$$m\frac{d^2x}{dt^2}=-D.$$

这里 $-D$ 代表空气阻力，有以下公式：

$$D=kA\rho\left(\frac{dx}{dt}\right)^2.$$

其中 k 代表阻力系数，k 通常取 0.375；A 代表跳远者和空气接触的面积；ρ 是空气密度.

$$A=0.75\ m^2.$$

---

① 1 cal≈4.186 J.

$$\rho=\begin{cases}\rho_{\text{sea}}=1.225\\ \rho_{\text{mex}}=0.984\end{cases}.$$

单位 kg/m^3. 于是

$$m\frac{d^2x}{dt^2}=-kA\rho\left(\frac{dx}{dt}\right)^2,\ x(0)=0, x'(0)=v_0.$$

令 $\frac{dx}{dt}=v$,可以用降阶法解此方程:

$$m\frac{dv}{dt}=-kA\rho v^2.$$

代入初始条件,得

$$\frac{1}{v}=\frac{kA\rho}{m}t+\frac{1}{v_0}.$$

即

$$\frac{dx}{dt}=\frac{v_0 m}{m+kA\rho v_0 t}.$$

设跳远者跳过距离 R 所用时间为 T,则(注意 $x(0)=0$)

$$\int_0^R\frac{dx}{dt}=\int_0^T\frac{v_0 m}{m+kA\rho v_0 t}dt.$$

从而

$$R=\frac{m}{kA\rho}\ln\left(\frac{kA\rho v_0 T}{m}+1\right).$$

为了计算 R,需要 Bob Beamo 的参数,$m=80$ kg,$T=1$ s,$v_0=10$ m/s,则 $\frac{kA\rho v_0 T}{m}=0.043$. 因为其值很小,所以

$$R\approx v_0 T-\frac{kA\rho {v_0}^2 T^2}{2m}.$$

我们关心的是差,即

$$R_{\text{mex}}-R_{\text{sea}}\approx-\frac{kAv_0^2T^2}{2m}(\rho_{\text{mex}}-\rho_{\text{sea}})\approx 0.042\ \text{m}.$$

因为 4.2 cm 远小于 55 cm,所以 Bob Beamon 的世界记录主要是个人能力获得.

习题 5.1

1. 指出下列微分方程的阶数.

(1) $(x^2-y^2)dx+(x^2+y^2)dy=0$;　　(2) $x^2y''-xy'+y=0$;

(3) $(7x-6y)dx+(x+y)dy=0$;　　(4) $L\frac{d^2Q}{dt^2}+R\frac{dQ}{dt}+\frac{1}{c}Q=0$.

2. 指出下列各题中的函数是否为所给微分方程的解.

(1) $xy'=2y, y=5x^2$;　　(2) $y''+y=0$, $y=3\sin x-4\cos x$;

(3) $y''-2y'+y=0$, $y=x^2e^x$;　　(4) $y''+y=0$, $y=\sin x+\cos x$.

5.2 一阶线性微分方程

“求解”是微分方程的一个中心问题.微分方程的类型是多种多样的,它们的解法也各不相同.从本节开始,将根据微分方程的不同类型,给出相应的解法.

5.2.1 可分离变量的微分方程

形如

$$\frac{\mathrm{d}y}{\mathrm{d}x}=f(x)g(y). \tag{5.2.1}$$

的一阶微分方程称为可分离变量的微分方程.其解法是将变量分离,使自变量 x 及其微分 $\mathrm{d}x$ 与未知函数 y 及其微分 $\mathrm{d}y$ 分到等号的两边,即

若 $g(y)\neq 0$,则方程(5.2.1)可化成下面的形式:

$$\frac{\mathrm{d}y}{g(y)}=f(x)\mathrm{d}x.$$

等号两端积分

$$\int\frac{\mathrm{d}y}{g(y)}=\int f(x)\mathrm{d}x.$$

得方程(5.2.1)的通解 $G(y)=F(x)+C$,其中,$G(y)$,$F(x)$分别是$\frac{1}{g(y)}\cdot f(x)$的原函数.

若 $g(y)=0$,即$\frac{\mathrm{d}y}{\mathrm{d}x}=0$,则 $y=y_0$ 为方程(5.2.1)的一个特解.

【例 5.8】 求微分方程$\frac{\mathrm{d}y}{\mathrm{d}x}=3x^2y$ 的通解.

解 方程可分离变量为$\frac{\mathrm{d}y}{y}=3x^2\mathrm{d}x$,等号两边积分得到$\int\frac{\mathrm{d}y}{y}=\int 3x^2\mathrm{d}x$,$\ln|y|=x^3+C_1$,从而$|y|=\mathrm{e}^{x^3+c_1}=\mathrm{e}^{c^1}\mathrm{e}^{x^3}$,即 $y=\pm\mathrm{e}^{c^1}\mathrm{e}^{x^3}$.令 $c=\pm\mathrm{e}^{c_1}$,则原方程的通解为 $y=c\mathrm{e}^{x^3}$.

以后为了运算方便起见,可把 $\ln|y|$写成 $\ln y$.

【例 5.9】 求微分方程 $y\cdot y'+x=0$,满足$y|_{x=3}=4$ 的特解.

解 方程可分离变量为 $x\mathrm{d}x=-y\mathrm{d}y$,等号两边积分得到

$$\frac{1}{2}x^2=-\frac{1}{2}y^2+C_1.$$

令 $C=2C_1$,则原方程的通解为 $x^2+y^2=C$.

将初始条件$y|_{x=3}=4$ 代入 $x^2+y^2=C$ 中,得到 $C=25$,所以原方程的特解为 $x^2+y^2=25$.

在例 5.7 中,由关系式 $x^2+y^2=25$ 所确定的隐函数是方程 $y'\cdot y+x=0$ 的解.一般情况下,把这种确定方程解的关系式 $\Phi(x,y)=0$ 称为方程的隐式解.为了方便起见,在以后的讨论中,不把解和隐式解加以区别,而把它们统称为方程的解.

【例 5.10】 设一物体的温度为 100 ℃,将其放置在空气温度为 20 ℃的环境中冷却,试求物体温度随时间 t 的变化规律.

解 设物体的温度 T 与时间 t 的函数关系为 $T=T(t)$,在例 5.4 中我们已经建立了该问

题的数学模型：

$$\frac{dT}{dt}=-k(T-20). \tag{5.2.2}$$

$$T|_{t=0}=100. \tag{5.2.3}$$

其中 $k(k>0)$ 为比例常数,下面来求上述初值问题的解.

将方程(5.2.2)分离变量,得

$$\frac{dT}{T-20}=-k\,dt.$$

等号两边积分

$$\int\frac{1}{T-20}dT=\int -k\,dt.$$

得 $\ln|T-20|=-kt+C_1$,其中 C_1 为任意常数,即

$$T-20=\pm e^{-kt+C_1}=\pm e^{C_1}e^{-kt}=Ce^{-kt}.$$

其中 $C=\pm e^{C_1}$,从而 $T=20+ce^{-kt}$.

再将条件(5.2.3)代入,得 $c=100-20=80$. 于是,所求规律为 $T=20+80e^{-kt}$.

注意：物体冷却的数学模型在多个领域有着广泛的应用. 例如,警方破案时,法医在根据尸体当时的温度推断这个人的死亡时间时,就可以利用这个模型来计算解决.

5.2.2 一阶线性非齐次微分方程的解法

形如

$$\frac{dy}{dx}+p(x)y=Q(x) \tag{5.2.4}$$

的微分方程,称为一阶线性微分方程. 线性是指方程关于未知函数 y 及其导数 $\frac{dy}{dx}$ 都是一次的,称 $Q(x)$ 为非齐次项或右端项.

若 $Q(x)=0$,式(5.2.4)变为

$$\frac{dy}{dx}+p(x)y=0.$$

称为与微分方程(5.2.4)对应的一阶线性齐次微分方程.

若 $Q(x)\neq 0$,则式(5.2.4)称为一阶线性非齐次微分方程.

例如方程

$$\frac{dy}{dx}+3x^2y=3x^2y\sin x^3.$$

就是一阶线性非齐次微分方程,与它对应的一阶线性齐次微分方程为

$$\frac{dy}{dx}+3x^2y=0.$$

一阶线性齐次微分方程

$$\frac{dy}{dx}+p(x)y=0 \tag{5.2.5}$$

显然是可分离变量微分方程,分离变量得

$$\frac{\mathrm{d}y}{y}=-p(x)\mathrm{d}x.$$

等号两边积分得

$$\ln y=-\int p(x)\mathrm{d}x+\ln C.$$

化简得

$$y=C\mathrm{e}^{-\int p(x)\mathrm{d}x}. \tag{5.2.6}$$

式(5.2.6)即为一阶线性齐次微分方程(5.2.5)的通解公式.

【例 5.11】 求方程$\frac{\mathrm{d}y}{\mathrm{d}x}+3x^2y=0$的通解.

解 所给方程为一阶线性齐次微分方程,且 $p(x)=3x^2$,根据通解公式得 $y=C\mathrm{e}^{-\int 3x^2\mathrm{d}x}=C\mathrm{e}^{-x^3}$,即为所求方程的通解.

下面我们来求一阶非齐次微分方程.首先分析式(5.2.4)的解具有什么形式.

设 $y=y(x)$是式(5.2.4)的解,则

$$\frac{\mathrm{d}y}{y}=-p(x)\mathrm{d}x+\frac{Q(x)}{y}\mathrm{d}x.$$

由于 y 是 x 的函数,$\frac{Q(x)}{y}$也是 x 的函数,等号两端积分,得

$$\int\frac{\mathrm{d}y}{y}=-\int p(x)\mathrm{d}x+\int\frac{Q(x)}{y}\mathrm{d}x.$$

于是

$$\ln y=-\int p(x)\mathrm{d}x+\int\frac{Q(x)}{y}\mathrm{d}x.$$

即

$$y=\mathrm{e}^{\int\frac{Q(x)}{y}\mathrm{d}x}\cdot\mathrm{e}^{-\int p(x)\mathrm{d}x}.$$

由于 $\mathrm{e}^{\int\frac{Q(x)}{y}\mathrm{d}x}$ 也是 x 的函数,因此就用 $C(x)$来表示,这样

$$y=C(x)\mathrm{e}^{-\int p(x)\mathrm{d}x}. \tag{5.2.7}$$

由此启发我们猜想,微分方程(5.2.4)的解应具有式(5.2.7)的形式,其中 $C(x)$是待定函数(可以看出式(5.2.7)与齐次线性方程(5.2.5)的通解非常类似,仅仅是将方程(5.2.5)通解中的任意常数 c 换成了 x 的函数 $C(x)$.这个猜想正确与否,只要能够确定出 $C(x)$即可.为此把式(5.2.7)代入方程(5.2.4),使式(5.2.4)成为恒等式,从而求出 $C(x)$.

将 $y=C(x)\mathrm{e}^{-\int p(x)\mathrm{d}x}$ 代入式(5.2.4)中,得

$$C'(x)\mathrm{e}^{-\int p(x)\mathrm{d}x}-p(x)C(x)\mathrm{e}^{-\int p(x)\mathrm{d}x}+p(x)C(x)\mathrm{c}^{-\int p(x)\mathrm{d}x}-Q(x).$$

即 $C'(x)\mathrm{e}^{-\int p(x)\mathrm{d}x}=Q(x)$,等号两边积分,得 $C(x)=\int Q(x)\mathrm{e}^{\int p(x)\mathrm{d}x}\mathrm{d}x+C$(其中 C 为任意常数).

由于上述推导过程是可逆的,故一阶线性非齐次微分方程(5.2.4)的通解是

$$y=\mathrm{e}^{-\int p(x)\mathrm{d}x}\left[\int Q(x)\mathrm{e}^{\int p(x)\mathrm{d}x}\mathrm{d}x+C\right]. \tag{5.2.8}$$

综合以上讨论,求解一阶线性非齐次微分方程(5.2.4)的通解的步骤为:

① 先求出对应的一阶线性齐次微分方程(5.2.5)的通解 $y=Ce^{-\int p(x)\mathrm{d}x}$;

② 把①中求得的通解中的 C 换为 x 的待定函数 $C(x)$,代入方程(5.2.4)中,确定出 $C(x)$,即得式(5.2.4)的通解.

这种将常数变为待定函数的方法,通常称之为常数变易法.

仔细观察一下式(5.2.8)的结构,式(5.2.8)可改写成两项之和

$$y=Ce^{-\int p(x)\mathrm{d}x}+e^{-\int p(x)\mathrm{d}x}\int Q(x)e^{\int p(x)\mathrm{d}x}\mathrm{d}x.$$

上式等号右端第一项是对应的一阶线性微分方程(5.2.5)的通解,第二项是一阶线性非齐次微分方程(5.2.4)的一个特解.由此可知,一阶线性非齐次微分方程的通解等于对应一阶线性齐次微分方程的通解与一阶线性非齐次微分方程本身的一个特解之和.

【例5.12】 求方程 $\frac{\mathrm{d}y}{\mathrm{d}x}-\frac{2y}{x+1}=(x+1)^{\frac{5}{2}}$ 的通解.

解 这是一个一阶线性非齐次微分方程,先求对应的一阶线性齐次微分方程的通解

$$\frac{\mathrm{d}y}{\mathrm{d}x}-\frac{2y}{x+1}=0.$$

$$\frac{\mathrm{d}y}{y}=\frac{2\mathrm{d}x}{x+1}.$$

$$\ln y=2\ln(x+1)+\ln C.$$

$$y=C(x+1)^2.$$

用常数变易法,把 C 换成 $C(x)$,即令

$$y=C(x)(x+1)^2. \tag{5.2.9}$$

代入原方程,得 $C'(x)=(x+1)^{\frac{1}{2}}$,等号两边积分,得 $C(x)=\frac{2}{3}(x+1)^{\frac{3}{2}}+C$,再把上式代入式(5.2.9),即得所求方程的通解为 $y=(x+1)^2\left[\frac{2}{3}(x+1)^{\frac{3}{2}}+C\right]$.

【例5.13】 求方程 $x\frac{\mathrm{d}y}{\mathrm{d}x}=x\sin x-y$ 的通解.

解 原方程可变形为 $\frac{\mathrm{d}y}{\mathrm{d}x}+\frac{1}{x}y=\sin x$,所以

$$p(x)=\frac{1}{x},\quad Q(x)=\sin x.$$

根据公式(5.2.8)得通解

$$y=e^{-\int\frac{1}{x}\mathrm{d}x}\left[\int\sin x\cdot e^{\int\frac{1}{x}\mathrm{d}x}\mathrm{d}x+C\right]=\frac{1}{x}\left(\int x\sin x\mathrm{d}x+C\right)$$

$$=\frac{1}{x}\left(-x\cos x+\int\cos x\mathrm{d}x+C\right)=\frac{1}{x}(\sin x-x\cos x+C).$$

【例5.14】 求通过原点并且在点 (x,y) 处的切线斜率等于 $2x+y$ 的曲线方程.

解 设所求曲线方程为 $y=y(x)$,由题意得 $\frac{\mathrm{d}y}{\mathrm{d}x}=2x+y$,即 $\frac{\mathrm{d}y}{\mathrm{d}x}-y=2x$,且满足条件 $y|_{x=0}=0$,因为 $p(x)=-1$,$Q(x)=2x$,代入式(5.2.8)得

$$y=e^{\int dx}\left(\int 2xe^{-\int dx}dx+C\right)=e^x\left(\int 2xe^{-x}dx+C\right)$$
$$=e^x\left(-2xe^{-x}+2\int e^{-x}dx+C\right)=e^x(-2xe^{-x}-2e^{-x}+C).$$

所以原方程的通解为 $y=-2(x+1)+Ce^x$. 由 $y|_{x=0}=0$,得 $0=-2+C$,所以 $C=2$. 因此所求曲线的方程为 $y=2(e^x-x-1)$.

将这几种一阶微分方程的解法总结如表 5-1 所列.

表 5-1　几种一阶微分方程的解法

类型		方程	解法
可分离变量		$\frac{dy}{dx}=f(x)g(y)$	分离变量等号两边积分
一阶线性方程	齐次	$\frac{dy}{dx}+p(x)y=0$	分离变量两边积分或用公式 $y=Ce^{-\int p(x)dx}$
	非齐次	$\frac{dy}{dx}+p(x)y=Q(x)$	常数变易法或用公式 $y=e^{-\int p(x)dx}\cdot\left[\int Q(x)e^{\int p(x)dx}dx+C\right]$

5.2.3　齐次方程

如果一阶微分方程

$$\frac{dy}{dx}=f(x,y).$$

中的 $f(x,y)$ 是以 $\frac{y}{x}$ 为中间变量的复合函数,即 $f(x,y)=\varphi\left(\frac{y}{x}\right)$,则形如

$$\frac{dy}{dx}=\varphi\left(\frac{y}{x}\right)\tag{5.2.10}$$

的方程称为齐次方程. 如方程

$$\frac{dy}{dx}=\frac{x+y}{x-y}\quad 与\quad \frac{dy}{dx}=\frac{x^2+y^2\sin\frac{y}{x}}{xy}.$$

分别可以化成

$$\frac{dy}{dx}=\frac{1+\frac{y}{x}}{1-\frac{y}{x}}\quad 与\quad \frac{dy}{dx}=\frac{1+\left(\frac{y}{x}\right)^2\sin\frac{y}{x}}{\frac{y}{x}}.$$

的形式,因而它们都是齐次方程. 齐次方程是一类可以转化成可分离变量的方程,转化的方法是:令 $\frac{y}{x}=u$,即 $y=ux$,再对 x 求导数,有

$$\frac{dy}{dx}=u+x\frac{du}{dx}.$$

将上式代回方程(5.2.10)中,得到

$$u+x\frac{\mathrm{d}u}{\mathrm{d}x}=\varphi(u).$$

分离变量即得

$$\frac{\mathrm{d}u}{\varphi(u)-u}=\frac{\mathrm{d}x}{x}.$$

对上面的方程求出通解后,再将 $u=\frac{y}{x}$ 代回即得方程(5.2.10)的通解.

【例 5.15】 求微分方程 $y^2+x^2\frac{\mathrm{d}y}{\mathrm{d}x}=xy\frac{\mathrm{d}y}{\mathrm{d}x}$ 的通解.

解 原方程可写为

$$\frac{\mathrm{d}y}{\mathrm{d}x}=\frac{\left(\frac{y}{x}\right)^2}{\frac{y}{x}-1}.$$

它是一个齐次方程.令 $\frac{y}{x}=u$,则方程化成

$$u+x\frac{\mathrm{d}u}{\mathrm{d}x}=\frac{u^2}{u-1}.$$

即

$$x\frac{\mathrm{d}u}{\mathrm{d}x}=\frac{u}{u-1}.$$

分离变量后得到

$$\frac{\mathrm{d}x}{x}=\left(1-\frac{1}{u}\right)\mathrm{d}u.$$

等号两边积分后有

$$\ln|x|+\ln|u|=u+C_1.$$

即

$$|xu|=\mathrm{e}^{u+C_1}.$$

亦即

$$xu=\pm\mathrm{e}^{u+C_1}.$$

考虑到 $u=0$ 也是解,故原方程的通解为

$$y=C\mathrm{e}^{\frac{y}{x}}.$$

C 为任意常数.

【例 5.16】 求微分方程 $\frac{\mathrm{d}y}{\mathrm{d}x}=2\sqrt{\frac{y}{x}}+\frac{y}{x}$ 的通解.

解 这是齐次方程,令 $u=\frac{y}{x}$,于是原方程化为

$$\frac{\mathrm{d}u}{2\sqrt{u}}=\frac{\mathrm{d}x}{x}.$$

积分并化简得原微分方程的通解

$$y=x(\ln x+C)^2.$$

习题 5.2

1. 判断方程是否为可分离变量微分方程.

(1) $(x^2+1)\mathrm{d}x+(y^2-2)\mathrm{d}y=0$；　(2) $(x^2-y)\mathrm{d}x+(y^2+x)\mathrm{d}y=0$；

(3) $(x^2+y^2)y'=2xy$；　(4) $2x^2yy'+y^2=2$；

(5) $x^3(y'-x)=y^3$.

2. 求下列微分方程的解.

(1) $y\mathrm{d}y=x\mathrm{d}x$；　(2) $y\mathrm{d}x=x\mathrm{d}y$；

(3) $y'+\mathrm{e}^x y=0$；　(4) $xy'-y\ln y=0$；

(5) $y'=\dfrac{x^3}{y^3},y\big|_{x=1}=0$；　(6) $xy'-y=0,\quad y\big|_{x=1}=2$；

(7) $(x^2-1)y'+2xy^2=0,y\big|_{x=0}=1$；　(8) $x(1+y^2)\mathrm{d}x=y(1+x^2)\mathrm{d}y,y\big|_{x=1}=1$；

(9) $y'=\dfrac{y}{x}+\tan\dfrac{y}{x}$；　(10) $y'=\dfrac{y^2}{xy-2x^2}$.

3. 求微分方程的通解.

(1) $y'-3xy=3x$；　(2) $y'-2y=x^2$；　(3) $y'-xy=x$；

(4) $y'+y=\mathrm{e}^{-x}$；　(5) $y'+y\cos x=\mathrm{e}^{-\sin x}$；　(6) $y'+\dfrac{1}{x}y=\dfrac{\sin x}{x}$.

4. 求微分方程满足初始条件的特解.

(1) $xy'+y=\mathrm{e}^x,\ y(a)=b$；　(2) $y'+\dfrac{3}{x}y=\dfrac{2}{x^3},y(1)=1$；

(3) $y'-y\tan x=\sec x,\ y(0)=0$.

5. 设某一曲线上任意一点的切线介于两坐标轴之间的部分恰为切点所平分,已知此曲线过点(2,3),求它的方程.

6. 做直线运动物体的速度与物体到原点的距离成正比,已知物体在 10 s 时与原点相距 100 m,在 20 s 时,与原点相距 200 m,求物体的运动规律.

7. 设一曲线过原点,它在点(x,y)处的切线斜率等于 $3x+y$,求此曲线的方程.

8. 求曲线族,使其由横轴、切线及切点和原点连线所构成的三角形的面积为 a^2.

5.3　二阶常系数微分方程

5.3.1　二阶常系数齐次微分方程

线性微分方程在常微分方程理论及其应用中是一类非常重要的方程,这是因为它的理论发展比较完善,同时在自然科学与工程技术中都有着极其广泛的应用.本节介绍二阶线性微分方程及其解的结构.

二阶线性微分方程的一般形式是

$$\frac{\mathrm{d}^2y}{\mathrm{d}x^2}+p(x)\frac{\mathrm{d}y}{\mathrm{d}x}+Q(x)y=f(x).\tag{5.3.1}$$

其中 $p(x),Q(x)$及 $f(x)$是自变量 x 的已知函数,函数 $f(x)$称为方程(5.3.1)的自由项.当 $f(x)=0$ 时,方程(5.3.1)成为

$$\frac{d^2y}{dx^2}+p(x)\frac{dy}{dx}+Q(x)y=0. \tag{5.3.2}$$

这个方程称为二阶线性齐次微分方程.相应地,当 $f(x)\neq 0$ 时,方程(5.3.1)称为二阶线性非齐次微分方程.

对于二阶齐次线性微分方程,有下面两个定理.

定理 5.1 如果函数 $y_1(x)$与 $y_2(x)$是方程(5.3.2)的两个解,则

$$y=C_1y_1(x)+C_2y_2(x) \tag{5.3.3}$$

也是方程(5.3.2)的解,其中 C_1,C_2 是任意常数.

齐次线性方程的这个性质表明它的解符合叠加原理.

将齐次线性方程(5.3.2)的两个解 y_1 与 y_2 按式(5.3.3)叠加起来虽然仍是该方程的解,并且形式上也含有两个任意常数 C_1 与 C_2,但它却不一定是方程(5.3.2)的通解,这是因为定理的条件中并没有保证 $y_1(x)$与 $y_2(x)$这两个函数是相互独立的.为了了解这个问题,我们要引入一个新的概念,即函数的线性相关与线性无关的概念.

定义 5.2 设 $y_1(x),y_2(x)$是定义在区间 I 内的两个函数.如果存在两个不全为零的常数 k_1,k_2,使得在区间 I 内恒有

$$k_1y_1(x)+k_2y_2(x)=0.$$

则称这两个函数在区间 I 内线性相关.否则称为线性无关.

根据定义可知,在区间 I 内两个函数是否线性相关,只要看它们的比是否为常数,如果比为常数,则它们就线性相关,否则就线性无关.

例如,函数 $y_1(x)=\sin 2x,y_2(x)=6\sin x\cos x$ 是两个线性相关的函数,因为

$$\frac{y_2(x)}{y_1(x)}=\frac{6\sin x\cos x}{\sin 2x}=3.$$

而 $y_1(x)=e^{4x},y_2(x)=e^x$ 是两个线性无关的函数,因为$\frac{y_2(x)}{y_1(x)}=\frac{e^x}{e^{4x}}=e^{-3x}$.

有了函数线性无关的概念后,就进一步有下面的定理:

定理 5.2 如果 $y_1(x)$与 $y_2(x)$是方程(5.3.2)的两个线性无关的特解,则 $y=C_1y_1(x)+C_2y_2(x)$就是方程(5.3.2)的通解,其中 C_1 与 C_2 是任意常数.

例如,对于方程 $y''+y=0$,容易验证 $y_1=\cos x$ 与 $y_2=\sin x$ 是它的两个特解,又因为 $\frac{y_2}{y_1}=\frac{\sin x}{\cos x}=\tan x\neq$常数,所以 $y=C_1\cos x+C_2\sin x$ 就是该方程的通解.

在一阶线性微分方程的讨论中,我们已经看到,一阶线性非齐次微分方程的通解可以表示为对应齐次方程的通解与一个非齐次方程的特解的和.实际上,不仅一阶线性非齐次微分方程的通解具有这样的结构,而且二阶甚至更高阶的非齐次线性微分方程的通解也具有同样的结构.

定理 5.3 设 $\bar{y}$ 是方程(5.3.1)的一个特解,而 Y 是其对应的齐次方程(5.3.2)的通解,则

$$y=Y+\bar{y} \tag{5.3.4}$$

就是二阶线性非齐次微分方程(5.3.1)的通解.

例如,方程 $y''+y=x^2$ 是二阶线性非齐次微分方程,已知其对应的齐次方程 $y''+y=0$ 的通解为 $Y=C_1\cos x+C_2\sin x$,又容易验证 $\bar{y}=x^2-2$ 是该方程的一个特解,故 $y=C_1\cos x+C_2\sin x+x^2-2$ 是所给方程的通解.

定理 5.4　设 $\overline{y_1}$ 与 $\overline{y_2}$ 分别是方程

$$y''+p(x)y'+Q(x)y=f_1(x) \quad 与 \quad y''+p(x)y'+Q(x)y=f_2(x).$$

的特解,则 $\overline{y_1}$ 与 $\overline{y_2}$ 是方程

$$y''+p(x)y'+Q(x)y=f_1(x)+f_2(x). \tag{5.3.5}$$

的特解.

这个定理通常称为非齐次线性微分方程的解的叠加原理.

根据二阶线性微分方程解的结构,二阶线性微分方程的求解问题关键在于如何求得二阶齐次方程的通解和非齐次方程的一个特解.

形如

$$y''+py'+qy=0. \tag{5.3.6}$$

的方程(其中 p,q 为常数,y'',y',y 的幂指数为一次)称为二阶常系数线性齐次微分方程.

根据定理 5.2,要求方程(5.3.6)的通解,只要求出其任意两个线性无关的特解 y_1,y_2 就可以了,下面讨论这两个特解的求法.

一阶线性齐次微分方程 $y'+py=0$ 的通解为 $y=Ce^{-px}$.

它的特点是 y 和 y' 都是指数型函数的形式,由于指数型函数的各阶导数仍为指数型函数,联系到方程(5.3.6)的系数是常数的特点,因此设方程(5.3.6)的特解为 $y=e^{rx}$,r 是待定常数.将 $y=e^{rx}$,$y'=re^{rx}$,$y''=r^2e^{rx}$ 代入方程(5.3.6),得

$$(r^2+pr+q)e^{rx}=0.$$

因为 $e^{rx}\neq 0$,故有

$$r^2+pr+q=0. \tag{5.3.7}$$

由此可见,如果 r 是二次方程 $r^2+pr+q=0$ 的根,则 $y=e^{rx}$ 就是方程(5.3.6)的特解,这样,齐次方程(5.3.6)的求解问题就转化为代数方程(5.3.7)的求根问题,称方程(5.3.7)为微分方程(5.3.6)的特征方程,并称特征方程的两个根 r_1,r_2 为特征根.显然二次方程(5.3.7)的两个根为 $r_{1,2}=\dfrac{-p\pm\sqrt{p^2-4q}}{2}$.

下面分三种情况讨论.

(1) 特征方程(5.3.7)有两个不相等的实根 r_1,r_2

此时 $p^2-4q>0$,e^{r_1x},e^{r_2x} 是方程(5.3.6)的两个特解,因为 $\dfrac{e^{r_1x}}{e^{r_2x}}=e^{(r_1-r_1)x}\neq$ 常数,所以 e^{r_1x},e^{r_2x} 为线性无关函数,由解的结构定理知,齐次方程(5.3.6)的通解为

$$y=C_1e^{r_1x}+C_2e^{r_2x}. \tag{5.3.8}$$

其中 C_1,C_2 为任意常数.

【例 5.17】　求方程 $y''-5y'+6y=0$ 的通解.

解　方程为二阶常系数线性齐次微分方程,其特征方程为 $r^2-5r+6=0$,特征根 $r_1=2$,$r_2=3$.所以,原方程的通解为 $y=C_1e^{2x}+C_2e^{3x}$.

(2) 特征方程(5.3.7)有两个相等的实根 $r_1=r_2$

此时 $p^2-4q=0$,特征根 $r_1=r_2=-\dfrac{p}{2}$,只能得到方程(5.3.6)的一个特解 $y_1=e^{r_1x}$.因此,还要设法找出另一个特解 y_2,并使得 y_1 与 y_2 的比不是常数.可设 $y_2=ue^{r_1x}$,其中 $u=u(x)$ 为待定函数,将 y_2,y_2',y_2'' 的表达式代入方程(5.3.6),得

$$(r_1^2+2r_1u'+u'')e^{r_1x}+p(u'+r_1u)e^{r_1x}+que^{r_1x}=0.$$

合并整理,并在等号两端消去非零因子 e^{r_1x},得

$$u''+(2r_1+p)u'+(r_1^2+pr_1+q)u=0.$$

因 r_1 是特征方程(5.3.7)的根,因此有 $r_1^2+pr_1+q=0$ 及 $2r_1+p=0$,于是上式成为 $u''=0$,取这个方程的最简单的一个解 $u(x)=x$,就得到方程(5.3.6)的另一个特解 $y_2=xe^{r_1x}$,且 y_1 与 y_2 线性无关,从而得到方程(5.3.6)的通解为

$$y=(C_1+C_2x)e^{r_1x}. \tag{5.3.9}$$

其中 C_1,C_2 为任意常数.

【例 5.18】 求方程 $y''+6y'+9y=0$ 的通解.

解 方程为二阶常系数线性齐次微分方程,其特征方程为 $r^2+6r+9=0$.特征根 $r_1=r_2=-3$.则原方程的通解为 $y=(C_1+C_2x)e^{-3x}$.

(3) 特征方程(5.3.7)有一对共轭复根 $r_1=\alpha+i\beta,r_2=\alpha-i\beta$

此时 $p^2-4q<0$,方程(5.3.6)有两个特解:$y_1=e^{(\alpha+i\beta)x}$,$y_2=e^{(\alpha-i\beta)x}$,所以,方程(5.3.6)的通解为 $y=C_1e^{(\alpha+i\beta)x}+C_2e^{(\alpha-i\beta)x}$.

由于这种复数形式的解在应用上不方便,在实际问题中,常常需要实数形式的通解,为此可借助欧拉公式对上述两个特解重新组合得到方程(5.3.6)另外两个特解 $\overline{y_1},\overline{y_2}$.实际上,令 $\overline{y_1}=\dfrac{1}{2}(y_1+y_2)=e^{\alpha x}\cos\beta x$,$\overline{y_2}=\dfrac{1}{2i}(y_1-y_2)=e^{\alpha x}\sin\beta x$,则由定理5.1知,$\overline{y_1},\overline{y_2}$,是方程(5.3.6)的两个特解,从而方程(5.3.6)的通解又可表示为

$$y=e^{\alpha x}(C_1\cos\beta x+C_2\sin\beta x) \tag{5.3.10}$$

其中 C_1,C_2 为任意常数.

【例 5.19】 求方程 $y''-y'+y=0$ 的通解.

解 方程为二阶常系数线性齐次微分方程,其特征方程为

$$r^2-r+1=0.$$

它有一对共轭虚根 $r_1=\dfrac{1}{2}+\dfrac{\sqrt{3}}{2}i,r_2=\dfrac{1}{2}-\dfrac{\sqrt{3}}{2}i$,所以原方程的通解为

$$y=e^{x/2}\left(C_1\cos\frac{\sqrt{3}}{2}x+C_2\sin\frac{\sqrt{3}}{2}x\right).$$

综上所述,求二阶常系数线性齐次微分方程(5.3.6)的通解,只须先求出其特征方程(5.3.7)的根,再根据根的情况确定其通解,总结如表5-2所列.

表 5－2　特征方程根的情况

特征方程 $r^2+pr+q=0$ 的两个根 r_1,r_2	微分方程 $y''+py'+qy=0$ 的通解
两个不相等的实根 r_1,r_2	$y=C_1e^{r_1x}+C_2e^{r_2x}$
两个相等的实根 $r_1=r_2=r$	$y=(C_1+C_2x)e^{rx}$
一对共轭虚根 $r_{1,2}=\alpha\pm\beta i$	$y=e^{\alpha x}(C_1\cos\beta x+C_2\sin\beta x)$

【例 5.20】　一个单位质量的质点在数轴上运动，开始时质点在原点 o 处且速度为 v_0，在运动过程中，它受到一个力的作用，这个力的大小与质点到原点的距离成正比（比例系数 $k_1>0$），而方向与初速度一致，介质的阻力与速度成正比（$k_2>0$）. 求这个质点的运动规律.

解　建立方程，选坐标系：设数轴为 x 轴，由题意知，质点在运动过程中所受的力为 $F=k_1x-k_2x'$（其中 $x'=\dfrac{dx}{dt}=v$），由牛顿第二定律：$ma=F$. 这里 $m=1,a=\dfrac{d^2x}{dt^2}=x''$，于是得

$$x''+k_2x'-k_1x=0.$$

这是二阶常系数线性齐次微分方程. 特征方程为

$$r^2+k_2r-k_1=0.$$

解得特征根为 $r_{1,2}=\dfrac{-k_2\pm\sqrt{k_2^2+4k_1}}{2}$，通解为

$$x(t)=C_1\exp\left(\frac{-k_2+\sqrt{k_2^2+4k_1}}{2}t\right)+C_2\exp\left(\frac{-k_2-\sqrt{k_2^2+4k_1}}{2}t\right).$$

代入初值条件 $x|_{t=0}=0,x'|_{t=0}=v_0$，得

$$\begin{cases}C_1+C_2=0\\ \dfrac{-k_2+\sqrt{k_2^2+4k_1}}{2}C_1+\dfrac{-k_2-\sqrt{k_2^2-4k_1}}{2}C_2=v_0\end{cases}.$$

解得
$$C_1=\frac{v_0}{\sqrt{k_2^2+4k_1}},\quad C_2=\frac{-v_0}{\sqrt{k_2^2+4k_1}}.$$

故反映该质点的运动规律的函数为

$$x(t)=\frac{v_0}{\sqrt{k_2^2+4k_1}}\left[\exp\left(\frac{-k_2+\sqrt{k_2^2+4k_1}}{2}t\right)-\exp\left(\frac{-k_2-\sqrt{k_2^2+4k_1}}{2}t\right)\right].$$

5.3.2　二阶常系数线性非齐次微分方程

二阶常系数线性非齐次微分方程的一般形式为

$$y''+py'+qy=f(x) \tag{5.3.11}$$

根据线性微分方程的解的结构定理可知，要求方程（5.3.11）的通解，只要求出它的一个特解和其对应的齐次方程的通解，两个解相加就得到了方程（5.3.11）的通解. 5.3.1 节已经解决了求其对应方程的通解的方法，因此，本节要解决的问题是如何求得方程（5.3.11）的一个特解 $\bar{y}$.

方程（5.3.11）的特解的形式与等号右端的自由项 $f(x)$ 有关，在一般情形下，要求出方程（5.3.11）的特解是非常困难的，所以，下面仅仅就 $f(x)$ 的两种常见的情形进行讨论.

(1) $f(x)=p_m(x)e^{\lambda x}$ 型

其中λ是常数,$p_m(x)$是x的一个m次多项式:

$$p_m(x)=a_0x^m+a_1x^{m-1}+\cdots+a_{m-1}x+a_m.$$

要求方程(5.3.11)的一个特解$\bar{y}$就是要求一个满足方程(5.3.11)的函数,在$f(x)=p_m(x)e^{\lambda x}$的情况下,方程(5.3.11)等号右端是多项式$p_m(x)$与指数函数$e^{\lambda x}$的乘积,而多项式与指数函数乘积的导数仍是同类型的函数,因此,可以推测方程(5.3.11)具有如下形式的特解:

$$\bar{y}=Q(x)e^{\lambda x}.$$

其中$Q(x)$为某个多项式.

再进一步考虑如何选取多项式$Q(x)$,使$\bar{y}=Q(x)e^{\lambda x}$满足方程(5.3.11).为此,将

$$\bar{y}=Q(x)e^{\lambda x}.$$

$$\bar{y}'=[\lambda Q(x)+Q'(x)]e^{\lambda x}.$$

$$\bar{y}''=[\lambda^2Q(x)+2\lambda Q'(x)+Q''(x)]e^{\lambda x}.$$

代入方程(5.3.11),并消去因子$e^{\lambda x}$,得

$$Q''(x)+(2\lambda+p)Q'(x)+(\lambda^2+p\lambda+q)Q(x)=p_m(x). \tag{5.3.12}$$

于是,根据λ是否为方程(5.3.11)的特征方程

$$r^2+pr+q=0. \tag{5.3.13}$$

的特征根,有下列三种情况:

① 如果λ不是特征方程(5.3.13)的根,则$\lambda^2+p\lambda+q\neq0$,由于$p_m(x)$是$x$的一个$m$次多项式,要使方程(5.3.12)等号两端恒等,就应设$Q(x)$为另一个m次多项式:

$$Q_m(x)=b_0x^m+b_1x^{m-1}+\cdots+b_{m-1}x+b_m.$$

将其代入式(5.3.12),比较等号两端x的同次幂的系数,就得到以$b_0,b_1,\cdots,b_m$为未知数的$m-1$个方程的联立方程组,从而可确定出这些待定系数$b_i(i=1,2,\cdots,m)$,并得到所求特解

$$\bar{y}=Q_m(x)e^{\lambda x}.$$

② 如果λ是特征方程(5.3.13)的单根,则$\lambda^2+p\lambda+q=0,2\lambda+p\neq0$,要使方程(5.3.12)等号两端恒等,则$Q'(x)$必须是$m$次多项式,故可设$Q(x)=xQ_m(x)$,并可用同样的方法来确定$Q_m(x)$的待定系数$b_i(i=1,2,\cdots,m)$.于是所求特解为

$$\bar{y}=xQ_m(x)e^{\lambda x}.$$

③ 如果λ是特征方程(5.3.13)的重根,则$\lambda^2+\lambda p+q=0,2\lambda+p=0$,要使方程(5.3.12)等号两端恒等,则$Q''(x)$必须是$m$次多项式,故可设$Q(x)=x^2Q_m(x)$,并用同样的方法来确定$Q(x)$的待定系数.于是所求特解为$y*=x^2Q_m(x)e^{\lambda x}$.

综上所述,当$f(x)=p_m(x)e^{\lambda x}$时,二阶常系数线性非齐次微分方程(5.3.11)具有形如

$$\bar{y}=x^kQ_m(x)e^{\lambda x} \tag{5.3.14}$$

的特解,其中$Q_m(x)$是与$p_m(x)$同次(m次)的多项式,而k按λ不是特征方程的根、是特征方程的单根或是特征方程的重根依次取0,1或2.

【例5.21】 下列方程具有什么样形式的特解?

① $y''+5y'+6y=e^{3x}$; ② $y''+5y'+6y=3xe^{-2x}$;

③ $y''+2y'+y=-(3x^2+1)e^{-x}$.

解　① 因 $\lambda=3$ 不是特征方程 $r^2+5r+6=0$ 的根,故方程具有形如 $\bar{y}=A\mathrm{e}^{3x}$ 的特解;

② 因 $\lambda=-2$ 是特征方程 $r^2+5r+6=0$ 的单根,故方程具有形如 $\bar{y}=x(Ax+B)\mathrm{e}^{-2x}$ 的特解;

③ 因 $\lambda=-1$ 是特征方程 $r^2+2r+1=0$ 的二重根,所以方程具有形如 $\bar{y}=x^2(Ax^2+Bx+C)\mathrm{e}^{-x}$ 的特解.

【例 5.22】　求方程 $y''+2y'+5y=5x+2$ 的一个特解.

解　因为 $\lambda=0$ 不是特征方程 $r^2+2r+5=0$ 的根,所以可设特解为 $\bar{y}=Ax+B$,则 $\bar{y}'=A$,$\bar{y}''=0$,代入原方程得 $2A+5Ax+5B=5x+2$,比较等号两端 x 的同次幂的系数得

$$\begin{cases}5A=5\\2A+5B=2\end{cases}.$$

解之得 $A=1,B=0$.所求原方程的一个特解为 $\bar{y}=x$.

【例 5.23】　求方程 $y''-3y'+2y=3x\mathrm{e}^{2x}$ 的通解.

解　方程对应的特征方程为 $r^2-3r+2=0$,其根 $r_1=1,r_2=2$.所以,原方程对应的齐次方程 $y''-3y'+2y=0$ 的通解为 $Y=C_1\mathrm{e}^x+C_2\mathrm{e}^{2x}$.

因 $\lambda=2$ 是特征方程的单根,于是原方程的一个特解可设为 $\bar{y}=x(Ax+B)\mathrm{e}^{2x}$,则

$$\bar{y}'=\mathrm{e}^{2x}[2Ax^2+(2A+2B)x+B].$$

$$\bar{y}''=\mathrm{e}^{2x}[4Ax^2+(8A+4B)x+(2A+4B)].$$

将 $\bar{y},\bar{y}',\bar{y}''$ 代入原方程得

$$2Ax+(2A+B)=3x.$$

于是得

$$\begin{cases}2A=3\\2A+B=0\end{cases}.$$

解得

$$\begin{cases}A=\dfrac{3}{2}\\B=-3\end{cases}.$$

则特解为 $\bar{y}=x\left(\dfrac{3}{2}x-3\right)\mathrm{e}^{2x}=\left(\dfrac{3}{2}x^2-3x\right)\mathrm{e}^{2x}$.

因此,原方程的通解为 $y=C_1\mathrm{e}^x+C_2\mathrm{e}^{2x}+\left(\dfrac{3}{2}x^2-3x\right)\mathrm{e}^{2x}$.

【例 5.24】　一质量为 m 的潜水艇从水面由静止状态开始下沉,所受阻力与下沉速度成正比(比例系数 $k>0$),求潜水艇下沉深度与时间的函数关系.

解　设下沉深度与时间的函数关系为 $y=y(t)$,潜水艇在下沉过程中受到重力和阻力作用,由牛顿第二定律得

$$mg-k\frac{\mathrm{d}y}{\mathrm{d}t}=m\frac{\mathrm{d}^2y}{\mathrm{d}t^2}.$$

初始条件为 $y(0)=0,y'(0)=0$,即

$$y''+\frac{k}{m}y'=g,\quad y(0)=0,\quad y'(0)=0.$$

这是二阶常系数线性非齐次微分方程,特征方程为 $r^2+\frac{k}{m}r=0$,解得 $r_1=0,r_2=-\frac{k}{m}$,所以对应的齐次方程的通解为 $Y=c_1+c_2\mathrm{e}^{-\frac{k}{m}t}$.

又因为 $q=0,p=\frac{k}{m}\neq 0$,设 $\bar{y}=At$,将 $\bar{y}',\bar{y}''$ 代入原方程有

$$\frac{kA}{m}=g.$$

即 $A=\frac{mg}{k}$,于是 $\bar{y}=\frac{mg}{k}t$ 方程的通解为 $y=C_1+C_2\mathrm{e}^{-\frac{k}{m}t}+\frac{mg}{k}t$,代入初始条件 $y(0)=0$,将 $y'(0)=0$ 代入 $y'=-\frac{k}{m}c_2\mathrm{e}^{-\frac{k}{m}t}+\frac{mg}{k}$,得

$$C_1=-\frac{m^2}{k^2}g,\quad C_2=\frac{m^2}{k^2}g.$$

从而 $y(t)=\frac{mgt}{k}-\frac{m^2}{k^2}g(1-\mathrm{e}^{-\frac{k}{m}t})$.

(2) $f(x)=\mathrm{e}^{\alpha x}(a\cos\omega x+b\sin\omega x)$

其中 α,a,b,ω 均为常数.这时方程(5.3.11)变为

$$y''+py'+qy=\mathrm{e}^{\alpha x}(a\cos\omega x+b\sin\omega x).\tag{5.3.15}$$

由于正、余弦型函数的导数为余、正弦型函数,所以方程(5.3.15)的特解也应属于正、余弦型函数.可以证明,方程(5.3.15)具有下列形式的特解:

$$\bar{y}=x^k\mathrm{e}^{\alpha x}(A\cos\omega x+B\sin\omega x).$$

其中 A 和 B 是待定常数,k 是一个整数,且

① 当 $\alpha\pm\omega\mathrm{i}$ 不是特征方程的根时,$k=0$;

② 当 $\alpha\pm\omega\mathrm{i}$ 是特征方程的根时,$k=1$.

【例5.25】 求方程 $y''+3y=2\mathrm{e}^x\sin x$ 的一个特解.

解 因 $a=1,\omega=1$,且 $1\pm\omega\mathrm{i}=1\pm\mathrm{i}$ 不是特征方程 $r^2+3=0$ 的根,所以设特解为

$$\bar{y}=\mathrm{e}^x(A\cos x+B\sin x).$$

于是

$$\bar{y}''=\mathrm{e}^x(2B\cos x-2A\sin x).$$

将 $\bar{y}$ 和 $\bar{y}''$ 代入原方程,整理得

$$(2B+3A)\cos x+(3B-2A)\sin x=2\sin x.$$

比较等号两端 $\sin x$ 与 $\cos x$ 的系数,得

$$2B+3A=0,\quad 3B-2A=2.$$

解得

$$A=\frac{4}{13},\quad B=\frac{6}{13}.$$

所以原方程的一个特解为

$$\bar{y}=-\frac{\mathrm{e}^x}{13}(4\cos x-6\sin x).$$

【例5.26】 求方程 $y''+4y=\sin 2x$ 的通解.

解 因 $a=0,\omega=2$,且 $\omega\mathrm{i}=2\mathrm{i}$ 是特征方程 $r^2+4=0$ 的根,则方程 $y''+4y=0$ 的通解 $Y=$

$C_1\cos 2x+C_2\sin 2x$.

设方程 $y''+4y=\sin 2x$ 的一个特解为 $\bar{y}=x(A\cos 2x+B\sin 2x)$，于是

$$\bar{y}'=(A\cos 2x+B\sin 2x)+2x(-A\sin 2x+B\cos 2x).$$

$$\bar{y}''=4(-A\sin 2x+B\sin 2x)-4x(A\cos 2x+4B\sin 2x).$$

将 $\bar{y}$、$\bar{y}''$ 代入原方程，整理得

$$-4A\sin 2x+4B\cos 2x=\sin 2x.$$

比较等号两边系数得

$$-4A=1,\quad 4B=0.$$

解得 $A=-\dfrac{1}{4}$，$B=0$. 则 $\bar{y}=-\dfrac{1}{4}x\cos 2x$.

所以原方程的通解为 $y=C_1\cos 2x+C_2\sin 2x-\dfrac{1}{4}x\cos 2x$.

综上讨论，二阶常数线性非齐次微分方程 $y''+py'+qy=f(x)$ 的一个特解 $\bar{y}$ 的形式如表 5-3 所列.

表 5-3　特解的形式

$f(x)$ 的形式	特解的形式	
$f(x)=p_m(x)e^{\lambda x}$（λ 为实数）	λ 不是特征方程的根	$\bar{y}=Q_n(x)e^{\lambda x}$
	λ 是特征方程的单根	$\bar{y}=xQ_n(x)e^{\lambda x}$
	λ 是特征方程的重根	$\bar{y}=x^2Q_n(x)e^{\lambda x}$
$f(x)=e^{\alpha x}(a\cos\omega x+b\sin\omega x)$（$\alpha,a,b,\omega$ 均为常数）	$\alpha\pm\omega i$ 不是特征方程的根	$\bar{y}=e^{\alpha x}(a\cos\omega x+b\sin\omega x)$
	$\alpha\pm\omega i$ 是特征方程的根	$\bar{y}=xe^{\alpha x}(a\cos\omega x+b\sin\omega x)$

习题 5.3

1. 判定下列各组函数是否线性相关.

(1) x, x^2；　(2) $x, 2x$；　(3) $e^{2x}, 3e^{2x}$；　(4) e^{-x}, e^x；　(5) $\cos 2x, \sin 2x$；

(6) $\sin 2x, \cos x\sin x$；　(7) $\ln x, x\ln x$；　(8) $e^x\cos 2x, e^x\sin 2x$.

2. 验证 $y_1=e^{x^2}$ 及 $y_2=xe^{x^2}$ 都是方程 $y''-4xy'+(4x^2-2)y=0$ 的解，并写出该方程的通解.

3. 证明函数 $y=\dfrac{1}{x}(C_1e^x+C_2e^{-x})+\dfrac{e^x}{2}$（$C_1, C_2$ 是任意常数）是方程 $xy''+2y'-xy=e^x$ 的通解.

4. 求下列微分方程的通解.

(1) $y''+4y'+3y=0$；　(2) $2y''-5y'+2y=0$；　(3) $y''-2y'=0$；

(4) $y''-4y'+4y=0$；　(5) $y''+4y=0$.

5. 求下列微分方程满足所给初始条件的特解.

(1) $y''-4y'+3y=0, y|_{x=0}=6, y'|_{x=0}=10$；

(2) $4y''+4y'+y=0, y|_{x=0}=2, y'|_{x=0}=0$.

6. 一做直线运动的质点运动的加速度 $a=-2v-5s$,如果该质点以初速度 $v_0=12$ m/s 从原点出发,试求质点的运动方程.

7. 求下列微分方程的通解.

(1) $y''+y'-2y=3x\mathrm{e}^x$; (2) $y''-3y'+2y=\mathrm{e}^{2x}\sin x$.

8. 有一弹性系数为 200 dyn① /cm 的弹簧,上挂 50 g 的物体,一外力 $f(t)=400\cos 4t$ 作用在物体上.假定物体原来在平衡位置,有向上的初速度 2 cm/s.如果阻力忽略不计,求物体在任一时刻 t 的位移 $s(t)$.

本章小结

常微分方程是高等数学的一个重要内容,它实质上是作为微积分学的一种应用而展开的.微分方程作为分析数学的一个分支,它的内容包含三个方面的问题:① 根据实际问题建立微分方程和提出定解条件;② 用数学方法解微分方程;③ 研究解的性质去解释和探讨实际问题.重点在于第②方面兼顾①、③方面.

本章的重点是微分方程的通解与特解等概念,一阶微分方程的分离变量法、一阶线性微分方程的常数变易法、二阶线性微分方程的解的结构、二阶常系数非齐次线性微分方程的待定系数法既是重点又是难点.读者们要熟悉各种类型方程的解法,正确而又敏捷地判断一个给定的方程属于何种类型,从而按照相应的解法进行求解.

1. 微分方程的基本概念

微分方程——含有自变量、未知函数以及未知函数的导数(或微分)的方程称为微分方程.

阶——微分方程中未知函数的最高阶导数的阶数称为微分方程的阶数.

解——如果把某一个函数代入一个微分方程以后,使得该方程成为恒等式,那么这个函数称为此方程的一个解.

通解——含有任意常数的个数与方程的阶数相同的解称为通解.

初始条件——由方程的通解确定特解的条件称为初始条件.

特解——不含有任意常数的解称为特解.

2. 一阶线性微分方程

(1) 可分离变量的微分方程

形式:
$$\frac{\mathrm{d}y}{\mathrm{d}x}=f(x)g(y).$$

解法:分离变量 $\frac{\mathrm{d}y}{g(y)}=f(x)\mathrm{d}x$,两端积分 $\int\frac{\mathrm{d}y}{g(y)}=\int f(x)\mathrm{d}x$,得方程的通解 $G(y)=F(x)+C$.

(2) 齐次微分方程

形式:
$$\frac{\mathrm{d}y}{\mathrm{d}x}=\varphi\left(\frac{y}{x}\right).$$

① $1\text{dyn}=10^{-5}$ N.

解法：令$\frac{y}{x}=u$，即 $y=ux$. 再对 x 求导数，有

$$\frac{\mathrm{d}y}{\mathrm{d}x}=u+x\frac{\mathrm{d}u}{\mathrm{d}x}.$$

将上式代回方程中，得到

$$u+x\frac{\mathrm{d}u}{\mathrm{d}x}=\varphi(u).$$

分离变量即得

$$\frac{\mathrm{d}u}{\varphi(u)-u}=\frac{\mathrm{d}x}{x}.$$

对上面的方程求出通解后，再将 $u=\frac{y}{x}$代回，即得方程的通解.

(3) 一阶线性微分方程

形式：

$$\frac{\mathrm{d}y}{\mathrm{d}x}+p(x)y=Q(x).$$

解法：

① 一阶线性齐次微分方程.

分离变量得

$$\frac{\mathrm{d}y}{y}=-p(x)\mathrm{d}x.$$

两边积分得

$$\ln y=-\int p(x)\mathrm{d}x+\ln C.$$

化简得

$$y=C\mathrm{e}^{-\int p(x)\mathrm{d}x}.$$

② 一阶线性非齐次微分方程

由常数变易法得通解 $y=\mathrm{e}^{-\int p(x)\mathrm{d}x}\left[\int Q(x)\mathrm{e}^{\int p(x)\mathrm{d}x}\mathrm{d}x+C\right].$

3. 二阶常系数线性齐次微分方程

(1) 齐次方程通解结构定理

如果函数 $y_1(x)$与 $y_2(x)$是方程$\frac{\mathrm{d}^2y}{\mathrm{d}x^2}+p(x)\frac{\mathrm{d}y}{\mathrm{d}x}+Q(x)y=0$ 的两个特解，且线性无关，则 $y=C_1y_1(x)+C_2y_2(x)$也是此方程的解，其中 C_1,C_2 是任意常数.

(2) 解　法

求解方法如表 5-4 所列.

表 5-4　特征方程根的情况

特征方程 $r^2+pr+q=0$ 的两个根 r_1,r_2	微分方程 $y''+py'+qy=0$ 的通解
两个不相等的实根 r_1,r_2	$y=C_1\mathrm{e}^{r_1x}+C_2\mathrm{e}^{r_2x}$
两个相等的实根 $r_1=r_2=r$	$y=(C_1+C_2x)\mathrm{e}^{rx}$
一对共轭虚根 $r_{1,2}=\alpha\pm\beta\mathrm{i}$	$y=\mathrm{e}^{\alpha x}(c_1\cos\beta x+c_2\sin\beta x)$

4. 二阶常系数非齐次线性微分方程

(1) 线性非齐次微分方程通解结构定理

$$y''+py'+qy=0. \tag{A}$$

$$y''+py'+qy=f(x). \tag{B}$$

设 $\bar{y}$ 是方程(B)的一个特解,Y 为方程(A)的通解,那么 $y=Y+\bar{y}$ 为方程(B)的通解.

(2) 特解 $\bar{y}$ 的求法

特解 $\bar{y}$ 的形式如表 5-5 所列.

表 5-5　特解 $\bar{y}$ 的形式

$f(x)$的形式	特解的形式	
$f(x)=p_m(x)e^{\lambda x}$(λ 为实数)	λ 不是特征方程的根	$\bar{y}=Q_n(x)e^{\lambda x}$
	λ 是特征方程的单根	$\bar{y}=xQ_n(x)e^{\lambda x}$
	λ 是特征方程的重根	$\bar{y}=x^2Q_n(x)e^{\lambda x}$
$f(x)=e^{\alpha x}(a\cos\omega x+b\sin\omega x)$ (α,a,b,ω 均为常数)	$\alpha\pm\omega i$ 不是特征方程的根	$\bar{y}=e^{\alpha x}(a\cos\omega x+b\sin\omega x)$
	$\alpha\pm\omega i$ 是特征方程的根	$\bar{y}=xe^{\alpha x}(a\cos\omega x+b\sin\omega x)$

复习题 5

1. 选择题.

(1) 微分方程 $3y^2dy+3x^2dx=0$ 的阶是(　　).

A. 1　　B. 2　　C. 3　　D. 0

(2) 微分方程 $\frac{dx}{y}+\frac{dy}{x}=0$ 满足 $y|_{x=3}=4$ 的特解是(　　).

A. $x^2+y^2=25$　　B. $3x+4y=C$　　C. $y^2+x^2=C$　　D. $y^2-x^2=7$

(3) 方程 $y'-2y=0$ 的通解是(　　).

A. $y=\sin x$　　B. $y=4e^{2x}$　　C. $y=Ce^{2x}$　　D. $y=e^x$

(4) 下列函数中,哪个是微分方程 $dy-2xdx=0$ 的解(　　).

A. $y=2x$　　B. $y=x^2$　　C. $y=-2x$　　D. $y=-x$

(5) 方程 $xy'+y=3$ 的通解是(　　).

A. $y=\frac{C}{x}+3$　　B. $y=\frac{3}{x}+C$　　C. $y=-\frac{C}{x}-3$　　D. $y=\frac{C}{x}-3$

(6) 微分方程 $y'-y=1$ 的通解是(　　).

A. $y=Ce^x$　　B. $y=Ce^x+1$　　C. $y=Ce^x-1$　　D. $y=(C+1)e^x$.

2. 填空题.

(1) 微分方程 $\frac{dx}{dy}=2y$ 的通解是________.

(2) 微分方程 $y'+yx^2=0$ 满足初始条件 $y|_{x=0}=1$ 的特解是________.

(3) 微分方程 $y'=\tan x\tan y$ 的通解是________.

3. 求微分方程的通解.

(1) $\frac{dy}{dx}=2x(1+y)$；　　　　(2) $y'-6y=e^{3x}$；

(3) $y''+2y'+3y=0$；　　　　(4) $y''-2y'-3y=(x+1)e^{x}$；

(5) $y''-4y'+4y=2\cos x$.

4. 求微分方程的通解.

(1) $y''+10y'+25y=0$；　　　　(2) $y''+2y'+3y=0$；

(3) $y''+y'+2y=0$；　　　　(4) $y''-2y'-3y=e^{4x}$；

(5) $y''+y=4xe^{x}$.

5. 求下列微分方程满足所给初始条件的特解.

(1) $y''-3y'-4y=0, y|_{x=0}=0, y'|_{x=0}=-5$；

(2) $y''+4y'+29y=0, y|_{x=0}=0, y'|_{x=0}=15$.

6. 综合题.

(1) 已知曲线过点$(0,0)$，且该曲线上任一点 $p(x,y)$处的切线的斜率为该点的横坐标与纵坐标之差，求该曲线方程.

(2) 在某池塘内养鱼，该池塘最多能养鱼 1 000 尾，鱼数 y 是时间 t 的函数 $y=y(t)$，其变化率与鱼数 y 及 $1\ 000-y$ 的乘积成正比，已知在池塘内养鱼 100 尾，3 个月后池塘内有鱼 250 尾. 求放养七月后池塘内鱼数 $y(t)$的公式，及放养 6 个月后有鱼多少尾？

第6章　无穷级数

学习目标

麦克劳林——
苏格兰数学之光

- 理解级数收敛、发散的概念，了解级数的基本性质，掌握级数收敛的必要条件；
- 掌握正项级数的比较判别法、比值判别法和根值判别法；
- 掌握几何级数、调和级数、p 级数的敛散性；
- 会用莱布尼兹判别法判别交错级数的敛散性；
- 理解级数绝对收敛与条件收敛的概念，会判断级数的绝对收敛与条件收敛；
- 了解幂级数的概念，会求幂级数的收敛半径、收敛区间（不要求讨论端点）；
- 熟练幂级数在其收敛区间内的逐项求导的方法，会求幂级数的和函数及收敛区间；
- 掌握 e^x，$\sin x$，$\cos x$，$\ln(1+x)$ 的麦克劳林展开式，会用这些展开式将初等函数展开为 $(x-x_0)$ 的幂级数.

级数是研究函数的一个重要工具，在理论上和实际应用中都处于重要的地位。级数分为数项级数和函数项级数. 函数项级数是表示函数的一个重要工具，在很多学科中都有着广泛的应用；数项级数是函数项级数的特殊情况. 本章先讨论数项级数的一些基本概念和性质，再讨论数项级数的收敛与发散，并在此基础上研究幂级数.

6.1　数项级数

6.1.1　数项级数的概念

在实际问题中，常常会遇到无限项相加的问题，例如

$$\frac{1}{3}=0.3+0.03+0.003+\cdots=\frac{3}{10}+\frac{3}{10^2}+\frac{3}{10^3}+\cdots.$$

即分数 $\frac{1}{3}$ 可以用无穷多个小数（分数）之和的形式表示.

定义 6.1　给定一个无穷数列 $\{u_n\}$：$u_1,u_2,u_3,\cdots,u_n$，则由这个数列构成表达式 $u_1+u_2+u_3+\cdots+u_n+\cdots$，称为无穷项级数，简称为数项级数，记作 $\sum\limits_{n=1}^{\infty}u_n$，即

$$\sum_{n=1}^{\infty}u_n=u_1+u_2+u_3+\cdots+u_n+\cdots.$$

其中，第 n 项 u_n 称为级数的一般项或通项.

注意：在数项级数的定义中，$u_1+u_2+u_3+\cdots+u_n+\cdots$ 是形式上的和式. 事实上有限个数

相加，其和是确定的．无穷多个数相加就不一定有意义了．

定义 6.2　级数 $u_1+u_2+u_3+\cdots+u_n+\cdots$ 的前 n 项和称为该级数的前 n 项部分和，当 n 依次取正整数时，得到该级数的一个部分和数列 $\{S_n\}$：

$$S_1=u_1.$$

$$S_2=u_1+u_2.$$

$$S_3=u_1+u_2+u_3.$$

$$\vdots$$

$$S_n=u_1+u_2+u_3+\cdots+u_n.$$

$$\vdots$$

定义 6.3　若级数 $u_1+u_2+u_3+\cdots+u_n+\cdots$ 的部分和数列 $\{S_n\}$ 的极限存在，即存在常数 S，使得 $\lim\limits_{n\to\infty}S_n=S$，则称该级数收敛，并称 S 为该级数的和，即

$$S=\sum_{n=1}^{\infty}u_n \text{ 或 } S=u_1+u_2+u_3+\cdots+u_n+\cdots.$$

若 $\{S_n\}$ 的极限不存在，则称该级数发散，发散级数没有和．

【例 6.1】　判断级数 $\sum\limits_{n=1}^{\infty}\ln\dfrac{n+1}{n}$ 的敛散性，若收敛，求其和．

解　因为 $u_n=\ln\dfrac{n+1}{n}=\ln(n+1)-\ln n$，所以

$S_n=u_1+u_2+\cdots+u_n=[\ln 2-\ln 1]+[\ln 3-\ln 2]+\cdots+[\ln(n+1)-\ln n]=\ln(n+1)$.

故有 $\lim\limits_{n\to\infty}S_n=\lim\limits_{n\to\infty}\ln(n+1)=\infty$，则此级数发散．

【例 6.2】　判断等比级数（几何级数）$\sum\limits_{n=1}^{\infty}aq^{n-1}=a+aq+aq^2+\cdots+aq^{n-1}+\cdots$ 的敛散性，其中 $a\neq 0$，q 是级数的公比．

解　若 $|q|\neq 1$，则 $S_n=a+aq+aq^2+\cdots+aq^{n-1}=\dfrac{a(1-q^n)}{1-q}$.

当 $|q|<1$ 时，$\lim\limits_{n\to\infty}q^n=0$，则 $\lim\limits_{n\to\infty}S_n=\dfrac{a}{1-q}$，则该级数收敛，其和为 $\dfrac{a}{1-q}$.

当 $|q|>1$ 时，$\lim\limits_{n\to\infty}q^n=\infty$，则 $\lim\limits_{n\to\infty}S_n=\infty$，则该级数发散．

当 $q=1$ 时，则 $S_n=na$，则 $\lim\limits_{n\to\infty}S_n=\infty$，则该级数发散．

当 $q=-1$ 时，该级数为 $a-a+a-a+\cdots+(-1)^{n-1}a+\cdots$，其部分和

$$S_n=\begin{cases}0, & n=2k\\ a, & n=2k-1\end{cases},\quad k\in\mathbf{Z}.$$

由于 $\lim\limits_{n\to\infty}S_n$ 不存在，故该级数发散．

综上所述，当 $|q|<1$ 时，该等比级数收敛，其和为 $\dfrac{a}{1-q}$；当 $|q|\geqslant 1$ 时，该等比级数发散．

【例 6.3】　证明调和级数 $\sum\limits_{n=1}^{\infty}\dfrac{1}{n}$ 是发散的．

证明　假设该级数收敛且其和为 S，S_n 是它的部分和，显然有 $\lim\limits_{n\to\infty}S_n=S$ 及 $\lim\limits_{n\to\infty}S_{2n}=S$，则 $\lim\limits_{n\to\infty}(S_{2n}-S_n)=0$．但另一方面，由于

$$S_{2n}-S_n=\frac{1}{n+1}+\frac{1}{n+2}+\cdots+\frac{1}{2n}>\frac{1}{2n}+\frac{1}{2n}+\cdots+\frac{1}{2n}=\frac{1}{2}.$$

故$\lim\limits_{n\to\infty}(S_{2n}-S_n)\neq 0$,矛盾.故该级数必定发散.

由此例可知,级数的前 n 项部分和有时很难用一个表达式来表示,这时就需要运用极限理论来判断 S_n 的极限是否存在。其中有一个单调有界定理:单调且有界的数列必定存在极限.

6.1.2 数项级数的基本性质

性质 6.1 若级数 $\sum\limits_{n=1}^{\infty}u_n$ 收敛,其和为 S,则对任一常数 c,级数 $\sum\limits_{n=1}^{\infty}cu_n$ 也收敛,其和为 cS.

性质 6.2 若级数 $\sum\limits_{n=1}^{\infty}u_n$ 与级数 $\sum\limits_{n=1}^{\infty}v_n$ 分别收敛于 S_1,S_2,则级数 $\sum\limits_{n=1}^{\infty}(u_n\pm v_n)$ 也收敛,其和为 $S_1\pm S_2$.

性质 6.3 在级数中去掉、增加或者改变有限项,不会改变级数的收敛性.

性质 6.4 如果级数 $\sum\limits_{n=1}^{\infty}u_n$ 收敛,则对该级数的项任意加括号后所形成的级数仍收敛,且其和不变.

注意: 若加括号后所形成的级数收敛,则不能断定去括号之前的级数也收敛.

推论 6.1 若级数 $\sum\limits_{n=1}^{\infty}u_n$ 收敛,级数 $\sum\limits_{n=1}^{\infty}v_n$ 发散,则 $\sum\limits_{n=1}^{\infty}(u_n\pm v_n)$ 必定发散.

推论 6.2 如果加括号后所形成的级数发散,则原来的级数必定发散.

性质 6.5(级数收敛的必要条件) 如果级数 $\sum\limits_{n=1}^{\infty}u_n$ 收敛,则$\lim\limits_{n\to\infty}u_n=0$.

推论 6.3 若$\lim\limits_{n\to\infty}u_n=0$,则级数 $\sum\limits_{n=1}^{\infty}u_n$ 不一定收敛,如调和级数$\sum\limits_{n=1}^{\infty}\dfrac{1}{n}$.

推论 6.4 若$\lim\limits_{n\to\infty}u_n\neq 0$,则级数$\sum\limits_{n=1}^{\infty}u_n$ 发散.

【例 6.4】 判断级数$\sum\limits_{n=1}^{\infty}\dfrac{2n}{n+1}$ 的敛散性.

解 因为$\lim\limits_{n\to\infty}u_n=\lim\limits_{n\to\infty}\dfrac{2n}{n+1}=2\neq 0$,所以级数$\sum\limits_{n=1}^{\infty}\dfrac{2n}{n+1}$ 是发散的.

6.1.3 正项级数及其审敛法

定义 6.4 如果级数 $\sum\limits_{n=1}^{\infty}u_n$ 的每一项都是非负数,即 $u_n\geqslant 0(n=1,2,3,\cdots)$,则称级数 $\sum\limits_{n=1}^{\infty}u_n$ 为正项级数,正项级数是比较简单且重要的级数,下面给出正向级数的基本审敛法.

定理 6.1 正项级数$\sum\limits_{n=1}^{\infty}u_n$ 收敛的充分必要条件是它的部分和数列$\{S_n\}$有界.

定理 6.2(比较审敛法) 设级数 $\sum_{n=1}^{\infty} u_n$ 与级数 $\sum_{n=1}^{\infty} v_n$ 均为正项级数，且 $u_n \leqslant v_n (n=1,2,3,\cdots)$，如果级数 $\sum_{n=1}^{\infty} v_n$ 收敛，则级数 $\sum_{n=1}^{\infty} u_n$ 也收敛；如果级数 $\sum_{n=1}^{\infty} u_n$ 发散，则级数 $\sum_{n=1}^{\infty} v_n$ 也发散.

【例 6.5】 证明级数 $\sum_{n=1}^{\infty} \frac{1}{\sqrt{n(n+1)}}$ 是发散的.

证明 因为 $\frac{1}{\sqrt{n(n+1)}} > \frac{1}{\sqrt{(n+1)^2}} = \frac{1}{n+1}$，而级数 $\sum_{n=1}^{\infty} \frac{1}{n+1} = \frac{1}{2} + \frac{1}{3} + \cdots + \frac{1}{n+1} + \cdots$

是发散的，据比较审敛法得该级数是发散的.

【例 6.6】 判断级数 $\sum_{n=1}^{\infty} \left(\frac{n}{3n+1}\right)^n$ 的敛散性.

解 因为 $\left(\frac{n}{3n+1}\right)^n < \left(\frac{n}{3n}\right)^n = \left(\frac{1}{3}\right)^n$，而等比级数 $\sum_{n=1}^{\infty} \left(\frac{1}{3}\right)^n$ 是收敛的，由比较审敛法知，$\sum_{n=1}^{\infty} \left(\frac{n}{3n+1}\right)^n$ 也收敛.

【例 6.7】 判断 p -级数 $\sum_{n=1}^{\infty} \frac{1}{n^p}$ 的敛散性，其中 $p > 0$ 为常数.

解 当 $0 < p \leqslant 1$ 时，$\frac{1}{n^p} \geqslant \frac{1}{n}$，由于调和级数 $\sum_{n=1}^{\infty} \frac{1}{n}$ 发散，由比较审敛法知，级数 $\sum_{n=1}^{\infty} \frac{1}{n^p}$ 是发散的.

当 $p>1$ 时，将原级数按下列形式添加括号，构成新级数：

$$
\begin{aligned}
&\frac{1}{1^p} + \frac{1}{2^p} + \frac{1}{3^p} + \cdots + \frac{1}{n^p} + \cdots \\
&= 1 + \left(\frac{1}{2^p} + \frac{1}{3^p}\right) + \left(\frac{1}{4^p} + \frac{1}{5^p} + \frac{1}{6^p} + \frac{1}{7^p}\right) + \left(\frac{1}{8^p} + \frac{1}{9^p} + \cdots + \frac{1}{15^p}\right) + \cdots \\
&< 1 + \left(\frac{1}{2^p} + \frac{1}{2^p}\right) + \left(\frac{1}{4^p} + \frac{1}{4^p} + \frac{1}{4^p} + \frac{1}{4^p}\right) + \left(\frac{1}{8^p} + \frac{1}{8^p} + \cdots + \frac{1}{8^p}\right) + \cdots \\
&= 1 + \frac{1}{2^{p-1}} + \left(\frac{1}{2^{p-1}}\right)^2 + \left(\frac{1}{2^{p-1}}\right)^3 + \cdots \\
&= \sum_{n=1}^{\infty} \left(\frac{1}{2^{p-1}}\right)^{n-1}.
\end{aligned}
$$

因为 $p>1$，等比级数 $\sum_{n=1}^{\infty} \left(\frac{1}{2^{p-1}}\right)^{n-1}$ 的公比 $\frac{1}{2^{p-1}} < 1$，故它收敛. 因此，由比较审敛法知，$p>1$ 时 p -级数收敛.

综合以上讨论，对于 p -级数 $\sum_{n=1}^{\infty} \frac{1}{n^p}$，当 $0<p\leqslant 1$ 时发散；当 $p>1$ 时收敛.

以后用比较审敛法判断级数敛散性时，可将 p -级数作为基础级数，常作为基础级数的还有等比级数、调和级数，应熟记它们及它们的敛散性.

定理 6.3(比值审敛法,达朗贝尔判别法) 对于一个正项级数 $\sum_{n=1}^{\infty} u_n$,如果 $\lim_{n\to\infty}\frac{u_{n+1}}{u_n}=\rho$,则有

① 当 $\rho<1$ 时,级数收敛;

② 当 $\rho>1$ 时,级数发散.

注意: 当 $\rho=1$ 时,无法判断级数的敛散性,要采取其他方法.

【例 6.8】 判断级数 $\sum_{n=1}^{\infty}\frac{1}{n!}$ 的敛散性.

解 因为 $\lim_{n\to\infty}\frac{u_{n+1}}{u_n}=\lim_{n\to\infty}\frac{1}{(n+1)!}\times n!=\lim_{n\to\infty}\frac{1}{n+1}=0<1$,所以,由比较审敛法可知,该级数收敛.

【例 6.9】 判断级数 $\sum_{n=1}^{\infty}\frac{3^n}{n^2 2^n}$ 的敛散性.

解 由于

$$\lim_{n\to\infty}\frac{u_{n+1}}{u_n}=\lim_{n\to\infty}\left(\frac{3^{n+1}}{(n+1)^2 2^{n+1}}\cdot\frac{n^2 2^n}{3^n}\right)=\lim_{n\to\infty}\frac{3n^2}{2(n+1)^2}=\frac{3}{2}>1.$$

所以由比值审敛法可知,所给级数收敛.

6.1.4 交错级数及其审敛法

定义 6.5 如果级数的各项都是正负相间的,形如 $\sum_{n=1}^{\infty}(-1)^{n-1}u_n$(其中 $u_n>0, n=1,2,3,\cdots$)的级数,就称为交错级数.

定理 6.4(莱布尼兹审敛法) 对于交错级数 $\sum_{n=1}^{\infty}(-1)^{n-1}u_n$ 满足条件:$u_n\geqslant u_{n+1}$,且 $\lim_{n\to\infty}u_n=0$,则级数收敛,且有 $0\leqslant\sum_{n=1}^{\infty}(-1)^{n-1}u_n\leqslant u_1$.

【例 6.10】 判断交错级数 $\sum_{n=1}^{\infty}(-1)^{n-1}\frac{1}{n}$ 的敛散性.

解 因为该级数满足:$u_n=\frac{1}{n}>\frac{1}{n+1}=u_{n+1}$,且 $\lim_{n\to\infty}u_n=\lim_{n\to\infty}\frac{1}{n}=0$. 则由莱布尼兹审敛法知,所给级数是收敛的.

6.1.5 绝对收敛与条件收敛

定义 6.6 若由任意级数 $\sum_{n=1}^{\infty}u_n$ 通项的绝对值构成的级数 $\sum_{n=1}^{\infty}|u_n|$ 收敛,则称级数 $\sum_{n=1}^{\infty}u_n$ 为绝对收敛;若 $\sum_{n=1}^{\infty}u_n$ 收敛而 $\sum_{n=1}^{\infty}|u_n|$ 发散,则称条件收敛.

例如,在例 6.10 中,级数 $\sum_{n=1}^{\infty}\left|(-1)^{n-1}\frac{1}{n}\right|=\sum_{n=1}^{\infty}\frac{1}{n}$ 是发散的,而 $\sum_{n=1}^{\infty}(-1)^{n-1}\frac{1}{n}$ 收敛,所以为条件收敛.

定理 6.5　若级数 $\sum\limits_{n=1}^{\infty}|u_n|$ 收敛,则 $\sum\limits_{n=1}^{\infty}u_n$ 一定收敛.

【例 6.11】　判断交错级数 $\sum\limits_{n=1}^{\infty}(-1)^{n-1}\dfrac{n^2}{2^n}$ 的敛散性.若收敛,指出为绝对收敛还是条件收敛.

解　考虑级数 $\sum\limits_{n=1}^{\infty}\left|(-1)^{n-1}\dfrac{n^2}{2^n}\right|=\sum\limits_{n=1}^{\infty}\dfrac{n^2}{2^n}$,由

$$\lim_{n\to\infty}\frac{\dfrac{(n+1)^2}{2^{n+1}}}{\dfrac{n^2}{2^n}}=\frac{1}{2}<1.$$

得 $\sum\limits_{n=1}^{\infty}\dfrac{n^2}{2^n}$ 收敛,且由定理 6.5 可知 $\sum\limits_{n=1}^{\infty}(-1)^{n-1}\dfrac{n^2}{2^n}$ 为绝对收敛.

习题 6.1

1. 判断题.

(1) 级数 $\sum\limits_{n=1}^{\infty}\dfrac{1}{n^2}$ 是收敛的.　(　　)

(2) 级数 $\sum\limits_{n=1}^{\infty}\dfrac{1}{\sqrt{n(n+1)(n+2)}}$ 是收敛的.　(　　)

(3) 级数 $\sum\limits_{n=1}^{\infty}\left(\dfrac{(-1)^{n-1}}{2^n}+\dfrac{1}{3^n}\right)$ 是发散的.　(　　)

2. 求级数 $\sum\limits_{n=1}^{\infty}\dfrac{3^n+1}{9^n}$ 的和.

3. 判定级数的敛散性.

(1) $\sum\limits_{n=1}^{\infty}\dfrac{1}{n(n+1)}$;　(2) $\sum\limits_{n=1}^{\infty}\dfrac{\cos 2n}{n^2+1}$.

4. 用比值审敛法判断下列级数的敛散性.

$\sum\limits_{n=1}^{\infty}\dfrac{n^2}{3^n}$;　(2) $\sum\limits_{n=1}^{\infty}\dfrac{n!}{n^n}$.

5. 判断下列级数的敛散性.

$\sum\limits_{n=1}^{\infty}\dfrac{2+(-1)^n}{3^n}$;　(2) $\sum\limits_{n=1}^{\infty}(-1)^{n-1}\dfrac{n}{3^{n-1}}$.

6.2　幂级数

6.2.1　函数项级数的概念

定义 6.7　对于函数列 $\{u_n(x)\}$,把和式 $u_1(x)+u_2(x)+\cdots+u_n(x)+\cdots$ 称为函数项无

穷级数,简称函数项级数或级数,记作 $\sum\limits_{n=1}^{\infty} u_n(x)$,其中 $u_n(x)$ 称为级数的一般项.

显然,当自变量 x 取特定的值 x_0 时,对应的级数中的各项就是常量,因此,常数项级数是函数项级数的特例.

若对于实数集 X 中的一点 x_0,数项级数 $\sum\limits_{n=1}^{\infty} u_n(x_0)$ 收敛,就称函数项级数在点 x_0 收敛,称 x_0 是该级数的一个收敛点;如果级数 $\sum\limits_{n=1}^{\infty} u_n(x_0)$ 发散,就称函数项级数在点 x_0 发散,称 x_0 是该级数的一个发散点.函数项级数的所有收敛点的全体称为它的收敛域,所有发散点的全体称为它的发散域.

对于函数项级数 $\sum\limits_{n=1}^{\infty} u_n(x_0)$ 收敛域内的任意一个 x,对应的数项级数的和唯一确定,这样,在收敛域内,函数项级数的和是 x 的函数,记为 $S(x)$,通常称 $S(x)$ 是函数项级数的和函数,即 $S(x)=\sum\limits_{n=1}^{\infty} u_n(x)=S(x)$,和函数的定义域就是函数项级数的收敛域.

定义 6.8 形如

$$a_0+a_1(x-x_0)+a_2(x-x_0)^2+\cdots+a_n(x-x_0)^n+\cdots.$$

的级数称为 $(x-x_0)$ 幂级数,其中 $a_0,a_1,a_2,\cdots a_n,\cdots$ 称为幂级数的系数.当 $x_0=0$ 时,级数变为 $\sum\limits_{n=0}^{\infty} a_n x^n$,把这种类型的级数称为 x 的幂级数.

6.2.2 幂级数的性质

性质 6.6 设级数 $\sum\limits_{n=0}^{\infty} a_n x^n$ 和 $\sum\limits_{n=0}^{\infty} b_n x^n$ 在 $(-R,R)$ 内收敛,且 $S_1(x)=\sum\limits_{n=0}^{\infty} a_n x^n$,$S_2(x)=\sum\limits_{n=0}^{\infty} b_n x^n$,则有

$$\sum_{n=0}^{\infty} a_n x^n \pm \sum_{n=0}^{\infty} b_n x^n=\sum_{n=0}^{\infty}(a_n \pm b_n)x^n=S_1(x)\pm S_2(x).$$

性质 6.7 设级数 $\sum\limits_{n=0}^{\infty} a_n x^n$ 在 $(-R,R)$ 内收敛,且 $S(x)=\sum\limits_{n=0}^{\infty} a_n x^n$,则

① 幂级数的和函数 $S(x)$ 在收敛区间 $(-R,R)$ 内是连续函数.

② 幂级数 $\sum\limits_{n=0}^{\infty} a_n x^n$ 的和函数 $S(x)$ 在收敛区间 $(-R,R)$ 内是可导的,并有逐项求导公式:

$$S'(x)=\left(\sum_{n=0}^{\infty} a_n x^n\right)'=\sum_{n=0}^{\infty}(a_n x^n)'=\sum_{n=1}^{\infty} n a_n x^{n-1}.$$

逐项求导后得到的幂级数与原来的幂级数有相同的收敛半径 R.

③ 幂级数 $\sum\limits_{n=0}^{\infty} a_n x^n$ 的和函数 $S(x)$ 在收敛区间 $(-R,R)$ 内是可积的,并且有逐项积分公式:

$$\int_0^x S(x)\mathrm{d}x = \int_0^x (\sum_{n=0}^{\infty} a_n x^n)\mathrm{d}x = \sum_{n=0}^{\infty}\int_0^x a_n x^n \mathrm{d}x = \sum_{n=0}^{\infty} \frac{a_n}{n+1} x^{n+1}.$$

逐项积分后得到的幂级数与原来的幂级数有相同的收敛半径 R.

定理 6.6(阿贝尔定理)　若级数 $\sum_{n=0}^{\infty} a_n x^n$ 在 $x = x_0 (x_0 \neq 0)$ 处收敛，则对于所有满足 $|x| < |x_0|$ 的 x，幂级数 $\sum_{n=0}^{\infty} a_n x^n$ 绝对收敛. 若幂级数在 $x = x_1$ 处发散，则对于区间 $[-|x_1|, |x_1|]$ 外的任何点 x 处必定发散. 因此有以下推论：

推论 6.5　如果幂级数 $\sum_{n=0}^{\infty} a_n x^n$ 不是仅在 $x=0$ 处收敛，也不是在 $(-\infty, +\infty)$ 内任意一点处都收敛，则必有一个完全确定的正数 R 存在，使得

① 当 $|x| < R$ 时，$\sum_{n=0}^{\infty} a_n x^n$ 绝对收敛；

② 当 $|x| > R$ 时，$\sum_{n=0}^{\infty} a_n x^n$ 发散；

③ 当 $x = -R$ 与 $x = R$ 时，$\sum_{n=0}^{\infty} a_n x^n$ 可能收敛也可能发散.

称上述正数 R 为幂级数 $\sum_{n=0}^{\infty} a_n x^n$ 的收敛半径，称区间 $(-R, R)$ 为幂级数 $\sum_{n=0}^{\infty} a_n x^n$ 的收敛区间.

定理 6.7　对于幂级数 $\sum_{n=0}^{\infty} a_n x^n$，设系数 $a_0 \neq 0 (n=0,1,2,\cdots)$，并满足 $\lim\limits_{n\to\infty}\left|\frac{a_{n+1}}{a_n}\right| = \rho$，则

① 当 $0 < \rho < +\infty$ 时，收敛半径 $R = \frac{1}{\rho}$；

② 当 $\rho = 0$ 时，收敛半径 $R = +\infty$；

③ 当 $\rho = +\infty$ 时，收敛半径 $R = 0$.

【例 6.12】　求幂级数 $\sum_{n=1}^{\infty} (-1)^{n-1} \frac{x^n}{n}$ 的收敛半径、收敛区间及收敛域.

解　由于

$$\rho = \lim_{n\to\infty}\left|\frac{a_{n+1}}{a_n}\right| = \lim_{n\to\infty}\left|\frac{(-1)^n \frac{1}{n+1}}{(-1)^{n-1}\frac{1}{n}}\right| = \lim_{n\to\infty}\frac{n}{n+1} = 1.$$

故收敛半径 $R = \frac{1}{\rho} = 1$，因此幂级数的收敛区间为 $(-1,1)$.

当 $x = -1$ 时，幂级数成为 $\sum_{n=1}^{\infty}\left(-\frac{1}{n}\right)$，它是调和级数，所以发散.

当 $x = 1$ 时，幂级数成为 $\sum_{n=1}^{\infty}(-1)^{n-1}\frac{1}{n}$，它是一个收敛的交错级数.

因此，级数 $\sum_{n=1}^{\infty}(-1)^{n-1}\frac{1}{n}$ 的收敛域为 $(-1,1]$.

【例 6.13】 求幂级数$\sum_{n=0}^{\infty}\frac{1}{n!}x^n$的收敛半径和收敛域.

解 因为$\rho=\lim_{n\to\infty}\left|\frac{a_{n+1}}{a_n}\right|=\lim_{n\to\infty}\frac{\frac{1}{(n+1)!}}{\frac{1}{n!}}=\lim_{n\to\infty}\frac{n!}{(n+1)!}=0$,则$R=\frac{1}{\rho}=3$. 所以,收敛半径为$R=+\infty$,从而收敛域为$(-\infty,+\infty)$.

【例 6.14】 求幂级数$\sum_{n=1}^{\infty}\frac{(x-1)^n}{3^n n}$的收敛半径及收敛域.

解 设$x-1=t$,级数可改写为$\sum_{n=1}^{\infty}\frac{t^n}{3^n n}$,因

$$\rho=\lim_{n\to\infty}\left|\frac{a_{n+1}}{a_n}\right|=\lim_{n\to\infty}\frac{3^n\cdot n}{3^{n+1}\cdot(n+1)}=\frac{1}{3}.$$

当$t=-3$时,幂级数成为$\sum_{n=1}^{\infty}(-1)^n\frac{1}{n}$,级数收敛.

当$t=3$时,幂级数成为$\sum_{n=1}^{\infty}\frac{1}{n}$,级数发散.

则$\sum_{n=1}^{\infty}\frac{t^n}{3^n n}$的收敛域为$[-3,3)$,又因$x-1=t$,则$-3\leqslant x-1<3$,即$-2\leqslant x<4$.

【例 6.15】 求幂级$\sum_{n=0}^{\infty}\frac{1}{n+1}x^n$的和函数.

解 易求得幂级数的收敛区间为$(-1,1)$. 设和函数为$S(x)$,即$S(x)=\sum_{n=0}^{\infty}\frac{1}{n+1}x^n$,$x\in(-1,1)$. 显然$S(0)=0$.

当$x\neq0$时,对$xS(x)=\sum_{n=0}^{\infty}\frac{1}{n+1}x^{n+1}$的等号两边求导得

$$[xS(x)]'=\sum_{n=0}^{\infty}\left(\frac{1}{n+1}x^{n+1}\right)'=\sum_{n=0}^{\infty}x^n=\frac{1}{1-x}.$$

对上式从 0 到x积分,得

$$xS(x)=\int_0^x\frac{1}{1-x}\mathrm{d}x=-\ln(1-x).$$

于是,当$x\neq0$时,有$S(x)=-\frac{1}{x}\ln(1-x)$.

当$x=-1$时,级数$\sum_{n=0}^{\infty}\frac{1}{n+1}x^n=\sum_{n=0}^{\infty}(-1)^n\frac{1}{n+1}$收敛.

当$x=1$时,级数$\sum_{n=0}^{\infty}\frac{1}{n+1}x^n=\sum_{n=0}^{\infty}\frac{1}{n+1}$发散. 所以

$$S(x)=\begin{cases}-\frac{1}{x}\ln(1-x), & x\in[-1.0)\cup(0,1).\\ 1,x=0\end{cases}$$

6.2.3　函数展开为幂级数

幂级数实际上可以视为多项式的延伸，因此考虑函数 $f(x)$ 能否展开成一个幂级数时，可以从与多项式的关系入手来解决这个问题.

定义 6.9（泰勒级数）　如果函数 $f(x)$ 在 $x=x_0$ 的某一邻域内各阶导数均存在，则在这个邻域内有如下泰勒级数公式：

$$f(x)=f(x_0)+f'(x_0)(x-x_0)+\frac{f''(x_0)}{2!}(x-x_0)^2+\cdots+\frac{f^{(n)}(x_0)}{n!}(x-x_0)^n+\cdots.$$

当 $x_0=0$ 时，该泰勒级数公式可化为

$$f(x)=f(0)+f'(0)x+\frac{f''(0)}{2!}x^2+\cdots+\frac{f^{(n)}(0)}{n!}x^n+\cdots.$$

其称为麦克劳林级数. 显然，麦克劳林级数是 x 的幂级数.

由上述公式，可以将具有任意阶导数的函数展开成 x 的幂级数，具体展开方法较常用的有以下两种：

1. 直接展开法

① 求 $f(x)$ 的各阶导数.

② 求 $f^{(n)}(0)(n=1,2,\cdots)$.

③ 写出幂级数 $\sum\limits_{n=0}^{\infty}\frac{f^{(n)}(0)}{n!}x^n$，并求出 R.

④ 考察余项 $R_n(x)$ 是否趋于零，如果趋于零，则 $f(x)$ 在 $(-R,R)$ 内的幂级数展开式为

$$f(x)=f(0)+f'(0)x+\frac{f''(0)}{2!}x^2+\cdots+\frac{f^{(n)}(0)}{n!}x^n+\cdots,\quad -R<x<R.$$

这里的余项 $R_n(x)=\frac{f^{(n+1)}(\xi)}{(n+1)!}x^{n+1}$（$\xi$ 在 0 和 x 之间）.

【例 6.16】　将 $f(x)=e^x$ 展开成 x 的幂级数.

解　由 $f^{(n)}(x)=e^x(n=1,2,\cdots)$，可以得到

$$f(0)=f'(0)=f''(0)=\cdots=f^{(n)}(0)=\cdots=1.$$

由此得到幂级数

$$1+x+\frac{x^2}{2!}+\cdots+\frac{x^n}{n!}+\cdots$$

其收敛半径为 $R=+\infty$. 于是得到 $f(x)=e^x$ 的幂级数展开式

$$e^x=1+x+\frac{x^2}{2!}+\cdots+\frac{x^n}{n!}+\cdots,\quad x\in(-\infty,+\infty).$$

2. 间接展开法

借助已知的幂函数展开式，利用幂级数在收敛区间上的性质，将所给函数展开成幂级数.

【例 6.17】　将 $\cos x$ 展开成 x 的幂级数.

解　因为 $\cos x=(\sin x)'$，而

$$\sin x=x-\frac{x^3}{3!}+\frac{x^5}{5!}-\frac{x^7}{7!}+\cdots+(-1)^{n-1}\frac{x^{2n-1}}{(2n-1)!}+\cdots,\quad x\in(-\infty,+\infty).$$

所以用逐项求导的方法就得到 $\cos x$ 的展开式

$$\cos x=(\sin x)'=\left[x-\frac{x^3}{3!}+\frac{x^5}{5!}-\frac{x^7}{7!}+\cdots+(-1)^{n-1}\frac{x^{2n-1}}{(2n-1)!}+\cdots\right]'$$

$$=1-\frac{x^2}{2!}+\frac{x^4}{4!}+\frac{x^6}{6!}+\cdots+(-1)^n+\frac{x^{2n}}{(2n)!}+\cdots,\quad x\in(-\infty,+\infty).$$

【例 6.18】 将 $\ln(1+x)$展开成 x 的幂级数.

解 因为 $\ln(1+x)=\int_0^x\frac{1}{1+t}\mathrm{d}t$，而函数$\frac{1}{1+x}$的展开式可通过将$\frac{1}{1-x}$的幂级数展开式中的 x 改写成 $-x$ 得到，即

$$\frac{1}{1+x}=1-x+x^2-x^3+\cdots+(-1)^nx^n+\cdots.$$

将上式等号两边同时积分得

$$\ln(1+x)=\int_0^x[1-t+t^2-t^3+(-1)^nt^n+\cdots]\mathrm{d}t$$

$$=x-\frac{x^2}{2}+\frac{x^3}{3}-\frac{x^4}{4}+\cdots+(-1)^n\frac{x^{n+1}}{n+1}+\cdots,\quad x\in(-1,1).$$

【例 6.19】 将 $\ln(1+x)$展开成 $x-1$ 的幂级数.

解 由于

$$f(x)=\ln(1+x)=\ln[2+(x-1)]=\ln\left[2\left(1+\frac{x-1}{2}\right)\right]=\ln 2+\ln\left(1+\frac{x-1}{2}\right).$$

由例 6.18 的结果，得

$$\ln(1+x)=\ln 2+\frac{x-1}{2}-\frac{1}{2}\left(\frac{x-1}{2}\right)^2+\frac{1}{3}\left(\frac{x-1}{2}\right)^3-\cdots+\frac{(-1)^n}{n+1}\left(\frac{x-1}{2}\right)^{n+1}.$$

即
$$\ln(1+x)=2\ln 2+\sum_{n=0}^{\infty}\frac{(-1)^n}{2^{n+1}(n+1)}(x-1)^{n+1}.$$

这里$-1<\frac{x-1}{2}\leqslant 1$，即$-1<x\leqslant 3$.

习题 6.2

1. 求下列级数的收敛半径及收敛域.

(1) $\sum_{n=1}^{\infty}\frac{x^n}{n^2 2^n}$；　(2) $\sum_{n=1}^{\infty}(-1)^n\frac{x^n}{\sqrt{n}}$；

(3) $\sum_{n=1}^{\infty}\frac{x^{2n-1}}{3^n}$；　(4) $\sum_{n=1}^{\infty}\frac{(x-1)^n}{2^n}$.

2. 写出下列函数的麦克劳林级数.

(1) $f(x)=\mathrm{e}^x$；　(2) $f(x)=\ln(1+x)$；

(3) $f(x)=\frac{1}{x+2}$；　(4) $f(x)=\cos x$.

3. 将函数 $f(x)=\frac{1}{x^2+4x+3}$ 展开成 $x-1$ 的幂级数.

4. 将函数 $f(x)=\sin x$ 展开成 $x-\frac{\pi}{4}$ 的幂级数.

本章小结

1. 无穷级数的概念

(1) 数项级数的和是一个极限

$$\lim_{n\to\infty} S_n=\sum_{n=1}^{\infty} u_n.$$

其中 S_n 是 $\sum_{n=1}^{\infty} u_n$ 的前 n 项部分和,若 $\lim_{n\to\infty} S_n$ 存在,则称 $\sum_{n=1}^{\infty} u_n$ 收敛,否则称 $\sum_{n=1}^{\infty} u_n$ 发散.

(2) 数项级数的性质

① 若级数 $\sum_{n=1}^{\infty} u_n$ 收敛,其和为 S,则对任一常数 c,级数 $\sum_{n=1}^{\infty} cu_n$ 也收敛,其和为 cS.

② 若级数 $\sum_{n=1}^{\infty} u_n$ 与级数 $\sum_{n=1}^{\infty} v_n$ 分别收敛于 S_1,S_2,则级数 $\sum_{n=1}^{\infty}(u_n\pm v_n)$ 也收敛,其和为 $S_1\pm S_2$.

③ 在级数中去掉、增加或者改变有限项,不会改变级数的收敛性.

④ 如果级数 $\sum_{n=1}^{\infty} u_n$ 收敛,则对该级数的项任意加括号后所成的级数仍收敛,且其和不变.

⑤ 若级数 $\sum_{n=1}^{\infty} u_n$ 收敛,级数 $\sum_{n=1}^{\infty} v_n$ 发散,则 $\sum_{n=1}^{\infty}(u_n\pm v_n)$ 必定发散.

⑥ (级数收敛的必要条件) 如果级数 $\sum_{n=1}^{\infty} u_n$ 收敛,则 $\lim_{n\to\infty} u_n=0$.

2. 数项级数收敛判别法

(1) 比较审敛法

设级数 $\sum_{n=1}^{\infty} u_n$ 与级数 $\sum_{n=1}^{\infty} v_n$ 均为正项级数,且 $u_n\leqslant v_n(n=1,2,3,\cdots)$,如果级数 $\sum_{n=1}^{\infty} v_n$ 收敛,则级数 $\sum_{n=1}^{\infty} u_n$ 也收敛;如果级数 $\sum_{n=1}^{\infty} u_n$ 发散,则级数 $\sum_{n=1}^{\infty} v_n$ 也发散.

(2) 比值审敛法(达朗贝尔判别法)

对于一个正项级数 $\sum_{n=1}^{\infty} u_n$,如果 $\lim_{n\to\infty}\frac{u_{n+1}}{u_n}=\rho$,则有

① 当 $\rho<1$ 时,级数收敛;

② 当 $\rho>1$ 时,级数发散.

注意: 当 $\rho=1$ 时,无法判断级数的敛散性,要采取其他方法.

(3) 莱布尼兹审敛法

对于交错级数 $\sum_{n=1}^{\infty}(-1)^{n-1}u_n$ 满足条件:$u_n\geqslant u_{n+1}$,且 $\lim_{n\to\infty} u_n=0$,则级数收敛,且有 $0\leqslant \sum_{n=1}^{\infty}(-1)^{n-1}u_n\leqslant u_1$.

3. 幂级数及初等函数的泰勒级数

(1) 幂级数的收敛区间和收敛半径

对于幂级数 $\sum_{n=0}^{\infty} a_n x^n$，设系数 $a_0 \neq 0(n=0,1,2,\cdots)$，并满足 $\lim_{n\to\infty}\left|\frac{a_{n+1}}{a_n}\right|=\rho$，则当 $0<\rho<+\infty$ 时，收敛半径 $R=\frac{1}{\rho}$；当 $\rho=0$ 时，收敛半径 $R=+\infty$；当 $\rho=+\infty$ 时，收敛半径 $R=0$.

(2) 初等函数展开为泰勒级数

利用间接展开法，记住 e^x，$\sin x$，$\cos x$，$\ln(1+x)$，$(1-x)^{-1}$ 的展开式.

复习题6

1. 判断题.

(1) 若级数 $\sum_{n=1}^{\infty} u_n$ 发散，则 $\lim_{n\to\infty} u_n \neq 0$. (　　)

(2) 若级数 $\sum_{n=1}^{\infty} u_n$ 收敛，则 $\lim_{n\to\infty} u_n = 0$. (　　)

(3) 因为 $\lim_{n\to\infty} u_n = 0$，所以正项级数 $\sum_{n=1}^{\infty} u_n$ 收敛. (　　)

(4) 若级数 $\sum_{n=1}^{\infty} u_n$ 收敛，$\sum_{n=1}^{\infty} v_n$ 发散，则 $\sum_{n=1}^{\infty}(u_n+v_n)$ 必发散. (　　)

(5) 交错级数 $\sum_{n=1}^{\infty}(-1)^{n-1}u_n$，若 $\lim_{n\to\infty} u_n = 0$，则 $\sum_{n=1}^{\infty} u_n$ 收敛. (　　)

(6) 若级数 $\sum_{n=1}^{\infty} u_n$ 收敛，则必有 $\lim_{n\to\infty}\left|\frac{u_{n+1}}{u_n}\right| = r < 1$. (　　)

(7) 若级数 $\sum_{n=1}^{\infty} u_n$ 收敛，且 $\lim_{n\to\infty}\frac{u_n}{v_n}=1$，则 $\sum_{n=1}^{\infty} v_n$ 必收敛. (　　)

(8) 若 $\sum_{n=1}^{\infty} u_n$ 发散，则加新括号后所得的新级数亦发散. (　　)

(9) 若正项级数 $\sum_{n=1}^{\infty} u_n$ 发散，则 $u_n \geqslant \frac{1}{n}$. (　　)

2. 判断下列级数的敛散性.

(1) $\sum_{n=1}^{\infty}\frac{1}{2^n+3}$；　　(2) $\sum_{n=0}^{\infty}\frac{\ln^n 3}{2^n}$；

(3) $\sum_{n=1}^{\infty}\frac{1}{(3n-2)(3n+1)}$；　　(4) $\sum_{n=1}^{\infty}\frac{2^n n!}{n^n}$.

3. 判断下列级数的敛散性，若收敛，判定是绝对收敛还是条件收敛.

(1) $\sum_{n=1}^{\infty}(-1)^n\sqrt{\frac{n}{n+1}}$；　　(2) $\sum_{n=1}^{\infty}(-1)^n\frac{1}{\ln(n+1)}$；

(3) $\sum_{n=1}^{\infty}(-1)^n\frac{n}{n^2+1}$；　　(4) $\sum_{n=1}^{\infty}(-1)^n\frac{n!}{n^n}$.

4. 求下列幂级数的收敛半径和收敛域.

(1) $\sum_{n=1}^{\infty} \frac{1}{n}\left(\frac{x}{5}\right)^{n}$；　　(2) $\sum_{n=1}^{\infty}\left(\frac{1}{2^{n}}+3^{n}\right)x^{n}$；

(3) $\sum_{n=1}^{\infty} \frac{x^{n}}{2^{\sqrt{n}}}$；　　(4) $\sum_{n=1}^{\infty} \frac{(\sqrt{n}x)^{n}}{n!}$.

5. 将下列函数展开成麦克劳林级数.

(1) $f(x)=\cos\sqrt{x}$；

(2) $f(x)=\ln(2x+4)$.

6. 将下列函数分别展开为$(x-1)$、$(x+1)$的幂级数.

(1) $f(x)=\frac{1}{x}$；　　(2) $f(x)=\frac{1}{x^{2}-7x+12}$.

第 7 章　向量与空间解析几何

学习目标

- 理解空间直角坐标系、向量的概念；
- 掌握向量的线性运算，掌握向量的点积与叉积，向量的夹角以及平行与垂直的条件；
- 理解几种平面方程和直线的表达式，会判断它们的位置关系；
- 理解空间曲面及曲线方程的概念，理解几种常见的曲面方程.

曲面方程的应用

7.1　空间直角坐标系与向量代数

7.1.1　空间直角坐标系和向量

1. 空间直角坐标系

在空间中任取一点 O，过该点做三条相互两两垂直的数轴，这三条数轴分别叫作 x 轴，y 轴，z 轴，统称为坐标轴，点 O 称为坐标原点. 三条坐标轴的正方向符合右手螺旋法则：即用右手握住 z 轴，当右手的四指从 x 轴的正向以 $\frac{\pi}{2}$ 角转向 y 轴的正向时，大拇指的指向就是 z 轴的正向. 这样的三条坐标轴构成了一个空间直角坐标系，记为 $Oxyz$，如图 7.1 所示.

每两条坐标轴确定的一个平面，称为坐标平面，由 x 轴和 y 轴确定的平面称为 xOy 平面，由 x 轴和 z 轴确定的平面称为 xOz 平面，由 y 轴和 z 轴确定的平面称为 yOz 平面. 三个坐标平面将空间分成 8 个部分，每个部分称为一个卦限，依次用罗马数字Ⅰ，Ⅱ，Ⅲ，Ⅳ，Ⅴ，Ⅵ，Ⅶ，Ⅷ表示，第Ⅰ，Ⅱ，Ⅲ，Ⅳ卦限在坐标平面 xOy 之上，其顺序与坐标平面 xOy 内各象限的顺序相同，而第Ⅴ，Ⅵ，Ⅶ，Ⅷ卦限在坐标平面 xOy 之下，依次排在第Ⅰ，Ⅱ，Ⅲ，Ⅳ卦限的下面，如图 7.2 所示.

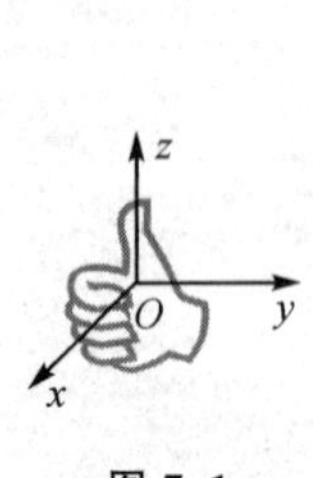

图 7.1

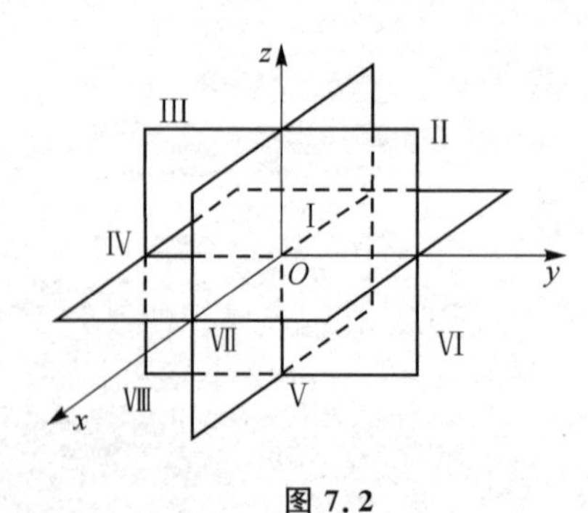

图 7.2

2. 向量的概念

在工程技术中常见的物理量有两种：一种量完全可以用数值来确定，例如温度、时间、质量和密度等，这种量称为标量；另一种量不仅具有大小而且还有方向，例如位移、速度、加速度和力等，这种既有大小又有方向的量称为矢量，也称为向量.

在数学上，通常用一条有向线段来表示向量，有向线段的始点与终点分别叫作向量的始点和终点，始点是 A、终点是 B 的向量记作 $\overrightarrow{AB}$. 有向线段的长度表示向量的大小，称为向量 $\overrightarrow{AB}$ 的模，记作 $|\overrightarrow{AB}|$；从点 A 到点 B 的方向表示向量 $\overrightarrow{AB}$ 的方向，如图 7.3 所示.

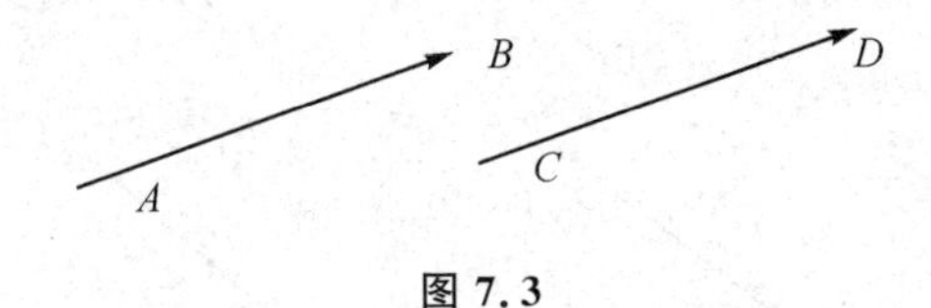

图 7.3

为方便起见，常用字母＋箭头 $\vec{a}$，$\vec{b}$，$\vec{c}$，…的形式来表示向量.

若两个向量 $\vec{a}$ 与 $\vec{b}$ 的模相等且方向相同，则称这两个向量相等，记作：$\vec{a}=\vec{b}$. 如图 7.3 所示，$\overrightarrow{AB}$ 与 $\overrightarrow{CD}$ 的长度相等且方向相同，因此它们是相等的向量，即 $\overrightarrow{AB}=\overrightarrow{CD}$. 由此可见，一个向量在空间平行移动后，仍为相同的向量；也就是说，两个向量是否相等与它们的起点无关，只由它们的模和方向决定，这样的向量称为自由向量.

注意：① 零向量：模为零的向量称为零向量，记作 0，零向量的起点与终点重合，它的方向可以看作任意的.

② 单位向量：模为 1 的向量称为单位向量. 即 $\vec{a}^0=\dfrac{1}{|\vec{a}|}\vec{a}$.

③ 负向量：与 $\vec{a}$ 大小相等，方向相反的向量，称为 $\vec{a}$ 的负向量，记为 $\vec{a}$.

7.1.2　向量的运算性质

1. 向量的加法

定义 7.1　设 $\vec{a}$，$\vec{b}$ 为两个(非零)向量，把 $\vec{a}$，$\vec{b}$ 平行移动使它们的始点重合于 M，并以 $\vec{a}$，$\vec{b}$ 为邻边作平行四边形，把以点 M 为一端的对角线向量 $\overrightarrow{M_1N}$ 定义为 $\vec{a}$，$\vec{b}$ 的和，记为 $\vec{a}+\vec{b}$（见图 7.4）. 这样用平行四边形的对角线来定义两个向量的和的方法，叫作平行四边形法则.

由于平行四边形的对边平行且相等，所以从图 7.4 可以看出，$\vec{a}+\vec{b}$ 也可以按下列方法得出：把 $\vec{b}$ 平行移动，使它的始点与 $\vec{a}$ 的终点重合，这时，从 $\vec{a}$ 的始点到 $\vec{b}$ 的终点的有向线段 $\overrightarrow{M_1N}$ 就表示向量 $\vec{a}$ 与 $\vec{b}$ 的和 $\vec{a}+\vec{b}$（见图 7.5）. 这个方法叫作三角形法则.

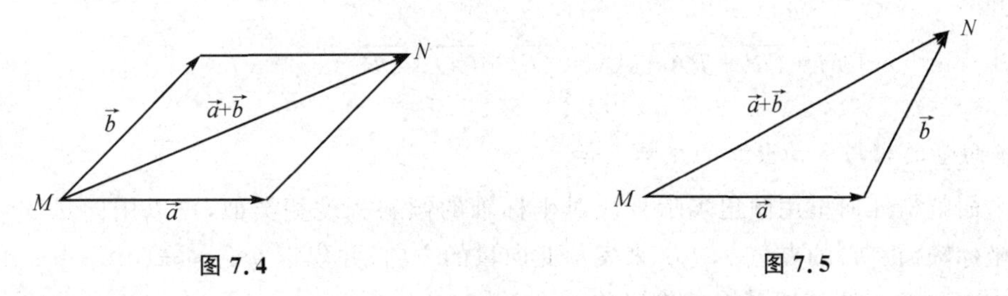

图 7.4　　**图 7.5**

“平行四边形法则”与“三角形法则”求向量，虽然形式上不同，但实质却是一致的. 同时，“三角形法则”还可以推广到 n 个向量求和的情形.

向量加法和实数加法一样符合下列运算规律：

① 交换律:$\vec{a}+\vec{b}=\vec{b}+\vec{a}$.

② 结合律:$(\vec{a}+\vec{b})+\vec{c}=\vec{a}+(\vec{b}+\vec{c})$.

2. 向量的数乘

定义7.2 设给定实数λ与向量$\vec{a}$,λ与$\vec{a}$的乘积称为向量的数乘,记作$\lambda\vec{a}$,它是一个向量,它的模为:$|\lambda\vec{a}|=|\lambda|\cdot|\vec{a}|$;它的方向为:当$\lambda>0$时,与$\vec{a}$相同;当$\lambda<0$时,与$\vec{a}$相反,如图7.6所示.

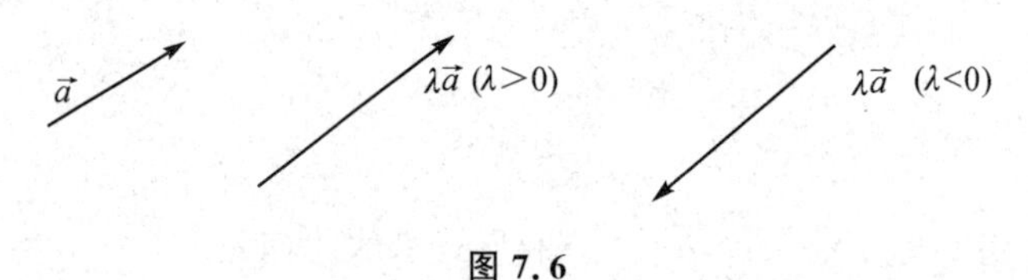

图7.6

设$\vec{a}$与$\vec{b}$是给定的两个向量,而λ与μ是两个任意常数,则数乘向量运算具有下列运算规律:

① 数乘:$1\cdot\vec{a}=\vec{a}$或$(-1)\cdot\vec{a}=-\vec{a}$;

② 结合律:$\lambda(\mu\vec{a})=(\lambda\mu)\vec{a}$;

③ 分配律:$(\lambda+\mu)\vec{a}=\lambda\vec{a}+\mu\vec{a}$,$\lambda(\vec{a}+\vec{b})=\lambda\vec{a}+\lambda\vec{b}$.

向量的加(减)法及向量的数乘运算统称为向量的线性运算.

【例7.1】 设有点$A=(5,1,-2)$和$B=(0,-2,1)$,求向量$3\overrightarrow{OA}-2\overrightarrow{OB}$和$2\overrightarrow{OA}-5\overrightarrow{OB}$.

解 $\overrightarrow{OA}+\overrightarrow{OB}=(5,1,-2)+(0,-2,1)=(5,-1,-1)$.

$2\overrightarrow{OA}-5\overrightarrow{OB}=2(5,1,-2)-5(0,-2,1)=(10,12,-9)$.

3. 向量及其运算的坐标表示

(1) 向量的坐标表示

定义7.3 起点在原点O,终点为$M(x,y,z)$的向量$\overrightarrow{OM}$称为点M的向径,记为$\overrightarrow{OM}$,如图7.7所示.

沿x轴、y轴和z轴正向的三个单位向量称为空间直角坐标系的基本单位向量,分别记作$\vec{i},\vec{j},\vec{k}$.如图7.7所示,过向径$\overrightarrow{OM}$的终点M分别作垂直于x轴、y轴和z轴的三个平面,与坐标轴分别交于点$P(x,0,0)$,点$Q(0,y,0)$和点$R(0,0,z)$,向量$\overrightarrow{OP}$,$\overrightarrow{OQ}$和$\overrightarrow{OR}$称为向径$\overrightarrow{OM}$在坐标轴上的分向量.因此由数乘向量定义可得$\overrightarrow{OP}=x\vec{i}$,$\overrightarrow{OQ}=y\vec{j}$,$\overrightarrow{OR}=z\vec{k}$,由多边形法则可知

$$\overrightarrow{OM}=\overrightarrow{OP}+\overrightarrow{PA}+\overrightarrow{AM}=\overrightarrow{OP}+\overrightarrow{OQ}+\overrightarrow{OR}=x\vec{i}+y\vec{j}+z\vec{k}.$$

或记

$$\overrightarrow{OM}=\{\vec{x},\vec{y},\vec{z}\}.$$

(2) 向量的模与方向余弦的坐标表示

与平面解析几何里用倾角表示直线对坐标轴的倾斜程度相类似,可以用向量$\vec{a}=\overrightarrow{M_1M_2}$与三条坐标轴(正向)的夹角$\alpha,\beta,\gamma$来表示此向量的方向,并规定$0\leqslant\alpha\leqslant\pi$、$0\leqslant\beta\leqslant\pi$、$0\leqslant\gamma\leqslant\pi$(见图7.8),$\alpha,\beta,\gamma$叫作向量$\vec{a}$的方向角.

过点M_1,M_2各作垂直于三条坐标轴的平面,如图7.8所示.可以看出,由于$\angle PM_1M_2=\alpha$,又因为$M_2P\perp M_1P$,所以

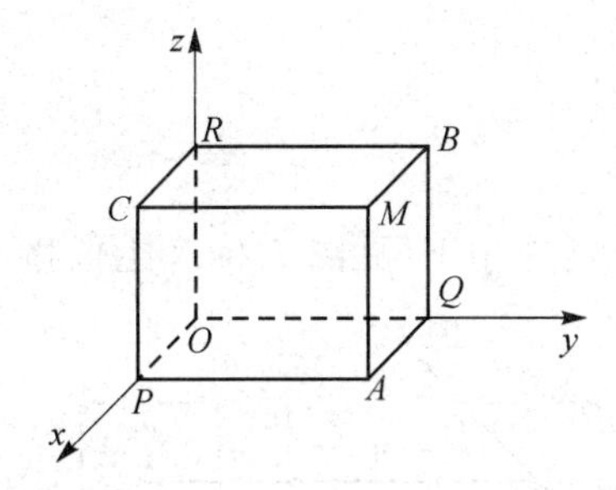

图 7.7

$$\begin{cases} a_x = M_1P = |\overrightarrow{M_1M_2}|\cos\alpha = |\vec{a}|\cos\alpha \\ a_y = M_1Q = |\overrightarrow{M_1M_2}|\cos\beta = |\vec{a}|\cos\beta. \\ a_z = M_1R = |\overrightarrow{M_1M_2}|\cos = |\vec{a}|\cos\gamma \end{cases} \tag{7.1.1}$$

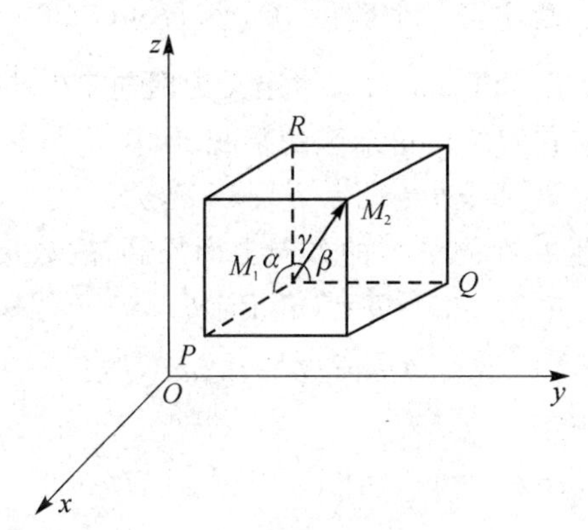

图 7.8

公式(7.1.1)中出现的不是方向角 α,β,γ 本身,而是它们的余弦,因而,通常也用数组 $\cos\alpha$、$\cos\beta$、$\cos\gamma$ 来表示向量 $\vec{a}$ 的方向,叫作向量 $\vec{a}$ 的方向余弦.

把公式(7.1.1)代入向量的坐标表示式,就可以用向量的模及方向余弦来表示向量

$$\vec{a} = |\vec{a}|(\cos\alpha\vec{i} + \cos\beta\vec{j} + \cos\gamma\vec{k}). \tag{7.1.2}$$

而向量 $\vec{a}$ 的模的坐标表示式为

$$|\vec{a}| = \sqrt{a_x^2 + a_y^2 + a_z^2} \tag{7.1.3}$$

再把式(7.1.3)代入式(7.1.1),可得向量 $\vec{a}$ 的方向余弦的坐标表示式

$$\begin{cases} \cos\alpha = \dfrac{a_x}{\sqrt{a_x^2 + a_y^2 + a_z^2}} \\ \cos\beta = \dfrac{a_y}{\sqrt{a_x^2 + a_y^2 + a_z^2}}. \\ \cos\gamma = \dfrac{a_z}{\sqrt{a_x^2 + a_y^2 + a_z^2}} \end{cases} \tag{7.1.4}$$

把公式(7.1.4)的三个等式等号两边分别平方后相加,便得到

$$\cos^2\alpha + \cos^2\beta + \cos^2\gamma = 1.$$

7.1.3 向量的点积和叉积

1. 两向量的数量积

在物理学中,当物体在力 $\vec{F}$ 的作用下(见图 7.9)产生位移 $\vec{s}$ 时,力 $\vec{F}$ 所做的功

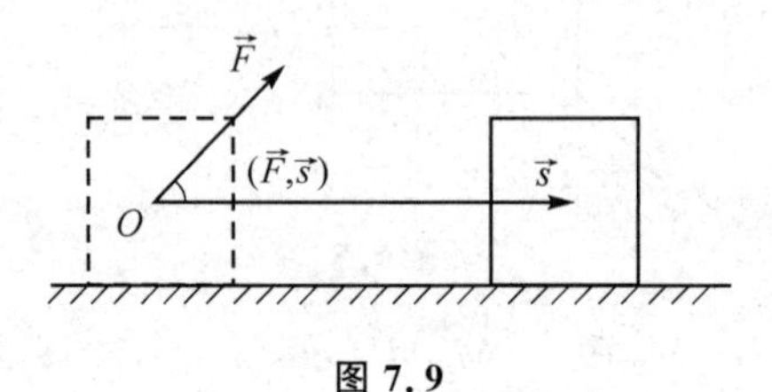

图 7.9

$$W=|\vec{F}||\vec{s}|\cos(\vec{F},\vec{s}).$$

这样,由两个向量 $\vec{F}$ 和 $\vec{s}$ 决定了一个数量 $|\vec{F}||\vec{s}|\cos(\vec{F},\vec{s})$. 根据这一实际背景,把由两个向量 $\vec{F}$ 和 $\vec{s}$ 所确定的数量 $|\vec{F}||\vec{s}|\cos(\vec{F},\vec{s})$ 定义为两向量 $\vec{F}$ 与 $\vec{s}$ 的数量积.

定义 7.4 $\vec{a}$ 与 $\vec{b}$ 的模与它们的夹角余弦的乘积,叫作 $\vec{a}$ 与 $\vec{b}$ 的数量积,记为 $\vec{a}\cdot\vec{b}$,即

$$\vec{a}\cdot\vec{b}=|\vec{a}||\vec{b}|\cos(\vec{a},\vec{b}).$$

因其中的 $|\vec{b}|\cos(\vec{a},\vec{b})$ 是向量 $\vec{b}$ 在向量 $\vec{a}$ 的方向上的投影,故数量积又可表示为

$$\vec{a}\cdot\vec{b}=|\vec{a}|\mathrm{Prj}_{\vec{a}}\vec{b}.$$

同样

$$\vec{a}\cdot\vec{b}=|\vec{b}|\mathrm{Prj}_{\vec{b}}\vec{a}.$$

数量积满足下列运算性质:

① 交换律: $\vec{a}\cdot\vec{b}=\vec{b}\cdot\vec{a}$;

② 分配律: $\vec{a}\cdot(\vec{b}+\vec{c})=\vec{a}\cdot\vec{b}+\vec{a}\cdot\vec{c}$;

③ 结合律: $(\lambda\vec{a})\cdot\vec{b}=\lambda(\vec{a}\cdot\vec{b})=\vec{a}\cdot(\lambda\vec{b})$.

由数量积的定义,容易得出下面的结论:

① $\vec{a}\cdot\vec{a}=|\vec{a}|^2$;

② 两个非零向量 $\vec{a}$ 与 $\vec{b}$ 互相垂直的充要条件是 $\vec{a}\cdot\vec{b}=0$.

2. 数量积的坐标表示式

设 $\vec{a}=a_x\vec{i}+a_y\vec{j}+a_z\vec{k}$, $\vec{b}=b_x\vec{i}+b_y\vec{j}+b_z\vec{k}$,由于基本单位向量 $\vec{i},\vec{j},\vec{k}$ 两两互相垂直,从而

$$\vec{i}\cdot\vec{j}=\vec{j}\cdot\vec{k}=\vec{k}\cdot\vec{i}=\vec{j}\cdot\vec{i}=\vec{k}\cdot\vec{j}=\vec{i}\cdot\vec{k}=0.$$

又因为 $\vec{i},\vec{j},\vec{k}$ 的模都是 1,所以

$$\vec{i}\cdot\vec{i}=\vec{j}\cdot\vec{j}=\vec{k}\cdot\vec{k}=1.$$

因此,根据数量积的运算性质可得

$$\vec{a}\cdot\vec{b}=a_xb_x+a_yb_y+a_zb_z.$$

即两向量的数量积等于它们同名坐标的乘积之和.

由于 $\vec{a}\cdot\vec{b}=|\vec{a}||\vec{b}|\cos(\vec{a},\vec{b})$,当 $\vec{a},\vec{b}$ 都是非零向量时,有

$$\cos(\vec{a},\vec{b})=\frac{\vec{a}\cdot\vec{b}}{|\vec{a}||\vec{b}|}=\frac{a_xb_x+a_yb_y+a_zb_z}{\sqrt{a_x^2+a_y^2+a_z^2}\sqrt{b_x^2+b_y^2+b_z^2}}.$$

这就是两向量夹角余弦的坐标表示式.从这个公式可以看出,两非零向量互相垂直的充要条件为

$$a_xb_x+a_yb_y+a_zb_z=0. \tag{7.1.5}$$

【例 7.2】 求向量 $\vec{a}=(1,-1,0)$ 和 $\vec{b}=(0,1,1)$ 的夹角.

解 因为

$$\vec{a}\cdot\vec{b}=1\cdot 0+(-1)\cdot 1+0\cdot 1=-1.$$

$$|\vec{a}|=\sqrt{1^2+(-1)^2+0^2}=\sqrt{2}.$$

$$|\vec{b}|=\sqrt{0^2+1^2+1^2}=\sqrt{2}.$$

所以

$$\cos(\vec{a},\vec{b})=\frac{\vec{a}\cdot\vec{b}}{|\vec{a}||\vec{b}|}=\frac{-1}{\sqrt{2}\times\sqrt{2}}=-\frac{1}{2}.$$

故其夹角

$$(\vec{a},\vec{b})=\arccos\left(-\frac{1}{2}\right)=\frac{2}{3}\pi.$$

【例 7.3】 在 xOy 平面上,求一单位向量与 $\vec{p}=(1,-1,3)$ 垂直.

解 设所求向量为 (a,b,c),因为它在 xOy 平面上,所以 $c=0$.又因为 $(a,b,0)$ 与 $\vec{p}=(1,-1,3)$ 垂直且是单位向量,故有

$$a-b=0,\quad a^2+b^2=1.$$

由此求得

$$a=\pm\frac{\sqrt{2}}{2},\quad b=\pm\frac{\sqrt{2}}{2}.$$

因此所求向量为

$$\left(\pm\frac{\sqrt{2}}{2},\pm\frac{\sqrt{2}}{2},0\right).$$

3. 两向量的向量积

在研究物体转动问题时,不但要考虑此物体所受的力,还要分析这些力所产生的力矩.下面举例说明表示力矩的方法.

设 O 为杠杆 L 的支点,有一个力 $\vec{F}$ 作用于杠杆上的点 P 处,$\vec{F}$ 与 $\overrightarrow{OP}$ 的夹角为 θ(见图 7.10).由物理学知道,力 $\vec{F}$ 对支点 O 的力矩是一向量 $\vec{M}$,它的模为

$$|\vec{M}|=|\overrightarrow{OQ}||\vec{F}|=|\overrightarrow{OP}||\vec{F}|\sin\theta.$$

而 $\vec{M}$ 的方向垂直于 $\overrightarrow{OP}$ 与 $\vec{F}$ 所确定的平面(即 $\vec{M}$ 既垂直于 $\overrightarrow{OP}$,又垂直于 $\vec{F}$),$\vec{M}$ 的指向按右手规则,即当右手的四个手指从 $\overrightarrow{OP}$ 以不超过 π 的角转向 $\vec{F}$ 握拳时,大拇指的指向就是 $\vec{M}$ 的指向.

由两个已知向量按上述规则来确定另一向量,在其他物理问题中也会遇到,抽象出来,就是两个向量的向量积的概念.

定义 7.5 设 $\vec{a},\vec{b}$ 为两个向量,若向量 $\vec{c}$ 满足:

① $|\vec{c}|=|\vec{a}||\vec{b}|\sin(\vec{a},\vec{b})$,即等于以 $\vec{a},\vec{b}$ 为邻边的平行四边形的面积;

② $\vec{c}$ 的方向垂直于 $\vec{a},\vec{b}$ 所确定的平面,并且按顺序 $\vec{a},\vec{b},\vec{c}$ 符合右手法则.

则称向量 $\vec{c}$ 为向量 $\vec{a}$ 与向量 $\vec{b}$ 的向量积,记为 $\vec{a}\times\vec{b}$(见图 7.11),即向量积满足下列规律:

$$c=a\times b.$$

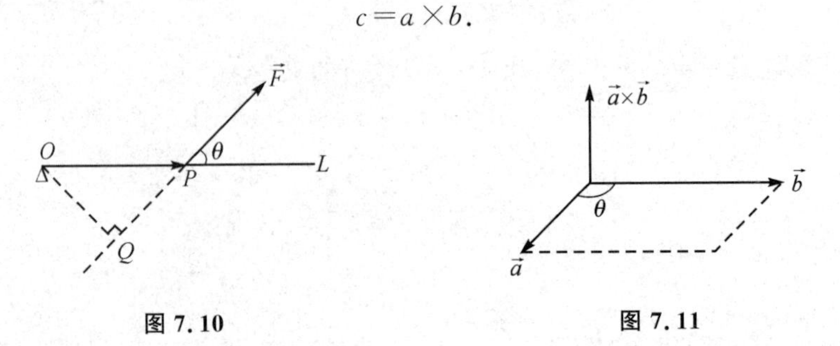

图 7.10　　图 7.11

① $\vec{a}\times\vec{b}=-\vec{b}\times\vec{a}$(向量积不满足交换律);

② $(\vec{a}+\vec{b})\times\vec{c}=\vec{a}\times\vec{c}+\vec{b}\times\vec{c}$;

③ $(\lambda\vec{a})\times\vec{b}=\vec{a}\times(\lambda\vec{b})=\lambda(\vec{a}\times\vec{b})$.

由向量积的定义,容易得出下面的结论:

① $\vec{a}\times\vec{a}=0$;

② 两个非零向量 $\vec{a}$ 与 $\vec{b}$ 互相平行的充要条件是 $\vec{a}\times\vec{b}=0$.

4. 向量积的坐标表示式

设 $\vec{a}=a_x\vec{i}+a_y\vec{j}+a_z\vec{k}$,$\vec{b}=b_x\vec{i}+b_y\vec{j}+b_z\vec{k}$,则

$$\begin{aligned}\vec{a}\times\vec{b}&=(a_x\vec{i}+a_y\vec{j}+a_z\vec{k})\times(b_x\vec{i}+b_y\vec{j}+b_z\vec{k})\\&=a_xb_x(\vec{i}\times\vec{i})+a_xb_y(\vec{i}\times\vec{j})+a_xb_z(\vec{i}\times\vec{k})+\\&\quad a_yb_x(\vec{j}\times\vec{i})+a_yb_y(\vec{j}\times\vec{j})+a_yb_z(\vec{j}\times\vec{k})+\\&\quad a_zb_x(\vec{k}\times\vec{i})+a_zb_y(\vec{k}\times\vec{j})+a_zb_z(\vec{k}\times\vec{k}).\end{aligned}$$

由于

$$\vec{i}\times\vec{i}=\vec{j}\times\vec{j}=\vec{k}\times\vec{k}=0.$$

$$\vec{i}\times\vec{j}=\vec{k},\quad \vec{j}\times\vec{k}=\vec{i}.$$

$$\vec{k}\times\vec{i}=\vec{j},\quad \vec{j}\times\vec{i}=-\vec{k}.$$

$$\vec{k}\times\vec{j}=-\vec{i},\quad \vec{i}\times\vec{k}=-\vec{j}.$$

因此

$$\vec{a}\times\vec{b}=(a_yb_z-a_zb_y)\vec{i}+(a_zb_x-a_xb_z)\vec{j}+(a_xb_y-a_yb_x)\vec{k}.$$

这就是向量积的坐标表示式.这个公式可以用行列式(第 8 章行列式的定义及简单运算)写成下列便于记忆的形式,即

$$\vec{a}\times\vec{b}=\begin{vmatrix}\vec{i}&\vec{j}&\vec{k}\\a_x&a_y&a_z\\b_x&b_y&b_z\end{vmatrix}.$$

从这个公式可以看出,两非零向量 $\vec{a}$ 和 $\vec{b}$ 互相平行的条件为

$$a_y b_z - a_z b_y = 0,\quad a_z b_x - a_x b_z = 0,\quad a_x b_y - a_y b_x = 0.$$

或

$$\frac{a_x}{b_x} = \frac{a_y}{b_y} = \frac{a_z}{b_z}. \tag{7.1.6}$$

【例 7.4】 设 $\vec{a} = 5\vec{i} + \vec{j} - 3\vec{k}$，$\vec{b} = \vec{i} + 3\vec{j} - 2\vec{k}$. 计算 $\vec{a} \times \vec{b}$.

解

$$\vec{a} \times \vec{b} = \begin{vmatrix} \vec{i} & \vec{j} & \vec{k} \\ 5 & 1 & -3 \\ 1 & 3 & -2 \end{vmatrix} = 7\vec{i} + 7\vec{j} + 14\vec{k}.$$

【例 7.5】 求以 $A(1,2,3)$，$B(3,4,5)$，$C(2,4,7)$ 为顶点的三角形的面积 S.

解 根据向量积的定义，可知所求三角形的面积 S 等于

$$\frac{1}{2}|\overrightarrow{AB} \times \overrightarrow{AC}|.$$

因为

$$\overrightarrow{AB} = 2\vec{i} + 2\vec{j} + 2\vec{k},\quad \overrightarrow{AC} = \vec{i} + 2\vec{j} + 4\vec{k}.$$

$$\overrightarrow{AB} \times \overrightarrow{AC} = \begin{vmatrix} \vec{i} & \vec{j} & \vec{k} \\ 2 & 2 & 2 \\ 1 & 2 & 4 \end{vmatrix} = 4\vec{i} - 6\vec{j} + 2\vec{k}.$$

所以

$$S = \frac{1}{2}|\overrightarrow{AB} \times \overrightarrow{AC}| = \frac{1}{2}\sqrt{4^2 + (-6)^2 + 2^2} = \sqrt{14}.$$

习题 7.1

1. 在空间直角坐标系中，指出下列各点在哪个卦限？

(1) $(1,-1,7)$；　(2) $(5,2,-1)$；　(3) $(1,-1,-2)$；　(4) $(-1,10,2)$.

2. 设 $\vec{u} = \vec{a} - \vec{b} + 2\vec{c}$，$\vec{v} = -\vec{a} + 3\vec{b} - \vec{c}$，试用 $\vec{a}$，$\vec{b}$，$\vec{c}$ 表示向量 $2\vec{u} - 3\vec{v}$.

3. 已知菱形 $ABCD$ 的对角线 $\overrightarrow{AC} = \vec{a}$，$\overrightarrow{BD} = \vec{b}$，试用向量 $\vec{a}$，$\vec{b}$ 表示 $\overrightarrow{AB}$，$\overrightarrow{BC}$，$\overrightarrow{CD}$，$\overrightarrow{DA}$.

4. 求点 $M(5,-3,4)$ 到各坐标轴的距离.

5. 已知两点 $M_1(1,\sqrt{2},-1)$，$M_2(2,0,-2)$，计算向量 $\overrightarrow{M_1M_2}$ 的模、方向余弦、方向角.

6. 已知点 $M_1(-1,1,2)$，$M_2(3,0,1)$，$M_3(0,1,3)$，求同时与 $\overrightarrow{M_1M_2}$，$\overrightarrow{M_2M_3}$ 垂直的单位向量.

7.2 空间解析几何

7.2.1 空间平面方程

我们知道,过空间一点可以作,而且只能作一平面垂直于一已知直线,所以当平面Π上的一点$M_0(x_0,y_0,z_0)$和它的法向量$\vec{n}=(A,B,C)$为已知时,平面Π的位置就完全确定了.

设$M_0(x_0,y_0,z_0)$是平面Π上一已知点,$\vec{n}=(A,B,C)$是它的法向量(见图7.12),$M(x,y,z)$是平面Π上的任一点,那么向量$\overrightarrow{M_0M}$必与平面Π的法向量$\vec{n}$垂直,即它们的数量积等于零:$\vec{n}\cdot\overrightarrow{M_0M}=0$. 由于$\vec{n}=(A,B,C)$,$\overrightarrow{M_0M}=(x-x_0,y-y_0,z-z_0)$,所以有

$$A(x-x_0)+B(y-y_0)+C(z-z_0)=0 \tag{7.2.1}$$

因为所给的条件是已知一定点$M_0(x_0,y_0,z_0)$和一个法向量$\vec{n}=(A,B,C)$,所以方程(7.2.1)叫作平面的点法式方程.

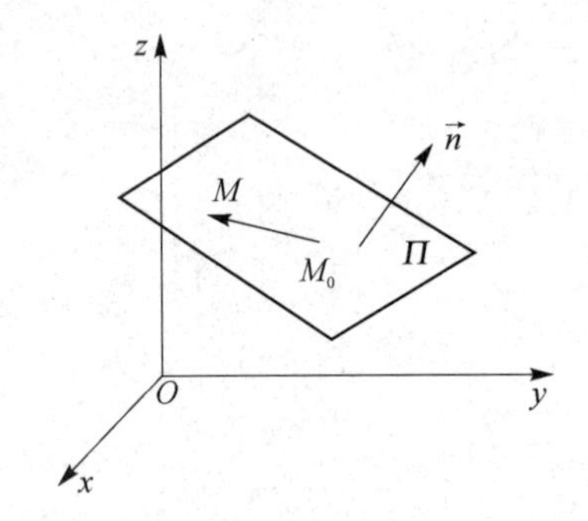

图7.12

【例7.6】 求过点(1,1,−3)及法向量$n=(-2,1,4)$的平面方程.

解 根据平面的点法式方程(7.2.1),所求平面的方程为

$$-2(x-1)+(y-1)+4(z+3)=0.$$

或

$$-2x+y+4z+13=0.$$

将方程(7.2.1)化简,得

$$Ax+By+Cz+D=0. \tag{7.2.2}$$

其中$D=-Ax_0-By_0-Cz_0$. 由于方程(7.2.1)是x,y,z的一次方程,因此任何平面都可以用三元一次方程来表示.

反过来,对于任给的一个形如式(7.2.2)的三元一次方程,取满足该方程的一组解x_0,y_0,z_0,则

$$Ax_0+By_0+Cz_0+D=0. \tag{7.2.3}$$

由方程(7.2.2)减去方程(7.2.3),得

$$A(x-x_0)+B(y-y_0)+C(z-z_0)=0. \tag{7.2.4}$$

把它与方程(7.2.1)相比较,便知方程(7.2.4)是通过点$M_0(x_0,y_0,z_0)$,且以$\vec{n}=(A,B,C)$为法向量的平面方程. 因为方程(7.2.2)与式(7.2.4)同解,所以任意一个三元一次方程(7.2.2)的图形是一个平面. 方程(7.2.2)称为平面的一般式方程,其中x,y,z的系数就是该平面的法向量

$\vec{n}$ 的坐标，即 $\vec{n}=(A,B,C)$.

【例 7.7】 如图 7.13 所示，平面 Π 在三个坐标轴上的截距分别为 a,b,c，求此平面的方程（设 $a\neq0,b\neq0,c\neq0$）.

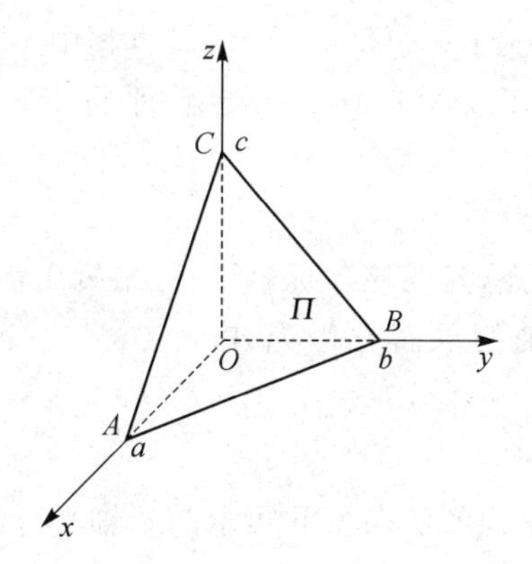

图 7.13

解　因为 a,b,c 分别表示平面 Π 在 x 轴、y 轴、z 轴上的截距，所以平面 Π 通过三点 $A(a,0,0),B(0,b,0),C(0,0,c)$，且这三点不在一直线上.

先找出平面 Π 的法向量 $\vec{n}$，由于法向量 $\vec{n}$ 与向量 $\overrightarrow{AB},\overrightarrow{AC}$ 都垂直，可取 $\vec{n}=\overrightarrow{AB}\times\overrightarrow{AC}$，而 $\overrightarrow{AB}=(-a,b,0),\overrightarrow{AC}=(-a,0,c)$，所以得

$$\vec{n}=\overrightarrow{AB}\times\overrightarrow{AC}=\begin{vmatrix}\vec{i} & \vec{j} & \vec{k}\\ -a & b & 0\\ -a & 0 & c\end{vmatrix}=bc\vec{i}+ac\vec{j}+ab\vec{k}.$$

再根据平面的点法式方程(7.2.1)，得此平面的方程为

$$bc(x-a)+ac(y-0)+ab(z-0)=0.$$

由于 $a\neq0,b\neq0,c\neq0$，上式可改写成

$$\frac{x}{a}+\frac{y}{b}+\frac{z}{c}=1. \tag{7.2.5}$$

式(7.2.5)叫作平面的截距式方程.

下面讨论一下特殊位置的平面方程.

(1) 过原点的平面方程

因为平面通过原点，所以将 $x=y=z=0$ 代入方程(7.2.2)，得 $D=0$. 故过原点的平面方程为

$$Ax+By+Cz=0. \tag{7.2.6}$$

其特点是常数项 $D=0$.

(2) 平行于坐标轴的平面方程

如果平面平行于 x 轴，则平面的法向量 $\vec{n}=(A,B,C)$ 与 x 轴的单位向量 $\vec{i}=(1,0,0)$ 垂直，故

$$\vec{n}\cdot\vec{i}=0.$$

即

$$A \cdot 1 + B \cdot 0 + C \cdot 0 = 0.$$

由此,有

$$A = 0.$$

从而得到平行于 x 轴的平面方程为 $By + Cz + D = 0$,其方程中不含 x.

类似地,平行于 y 轴的平面方程为 $Ax + Cz + D = 0$;平行于 z 轴的平面方程为 $Ax + By + D = 0$.

(3) 过坐标轴的平面方程.

因为过坐标轴的平面必过原点,且与该坐标轴平行.根据上面讨论的结果,可得过 x 轴的平面方程为 $By + Cz = 0$;过 y 轴的平面方程为 $Ax + Cz = 0$;过 z 轴的平面方程为 $Ax + By = 0$.

(4) 垂直于坐标轴的平面方程

如果平面垂直于 z 轴,则该平面的法向量 $\vec{n}$ 可取与 z 轴平行的任一非零向量 $(0,0,C)$,故平面方程为 $Cz + D = 0$.

类似地,垂直于 x 轴的平面方程为 $Ax + D = 0$,垂直于 y 轴的平面方程为 $By + D = 0$;而 $z = 0$ 表示 xOy 坐标面,$x = 0$ 表示 yOz 坐标面,$y = 0$ 表示 zOx 坐标面.

【例 7.8】 指出下列平面位置的特点,并作出其图形.

① $x + y = 4$; ② $z = 2$.

解 ① $x + y = 4$,由于方程中不含 z 项,因此平面平行于 z 轴(见图 7.14).

② $z = 2$,表示过点 $(0,0,2)$ 且垂直于 z 轴的平面(见图 7.15).

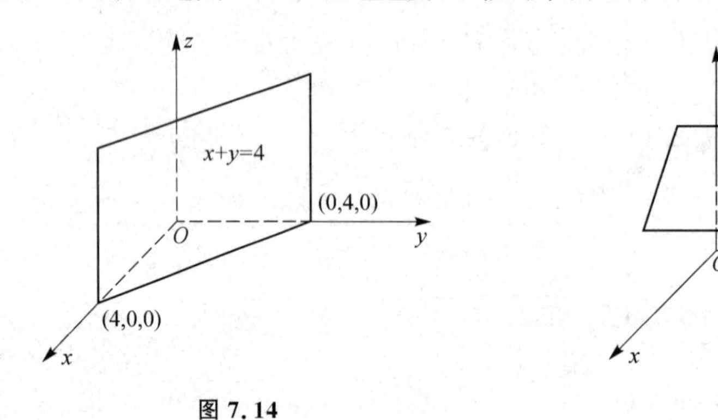

图 7.14

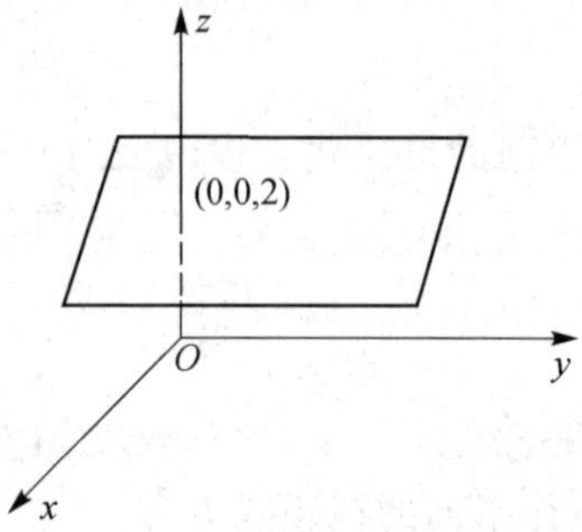

图 7.15

7.2.2 空间直线方程

在平面解析几何中,我们知道,xOy 平面上的一定点和一非零向量就确定了一条直线,在三维空间的情形也是一样.设空间直线 L 过定点 $M_0(x_0, y_0, z_0)$,且平行于非零向量

$$\vec{s} = m\vec{i} + n\vec{j} + p\vec{k}.$$

这时直线的位置就完全确定了(见图 7.16),下面来求这条直线的直线方程.

设 $M(x, y, z)$ 是直线 L 上任意一点,因为 L 平行于向量 $\vec{s}$,所以

$$\overrightarrow{M_0M} = (x - x_0)\vec{i} + (y - y_0)\vec{j} + (z - z_0)\vec{k}.$$

$\overrightarrow{M_0M}$ 平行于向量 $\vec{s}$,由两向量平行的充要条件式有

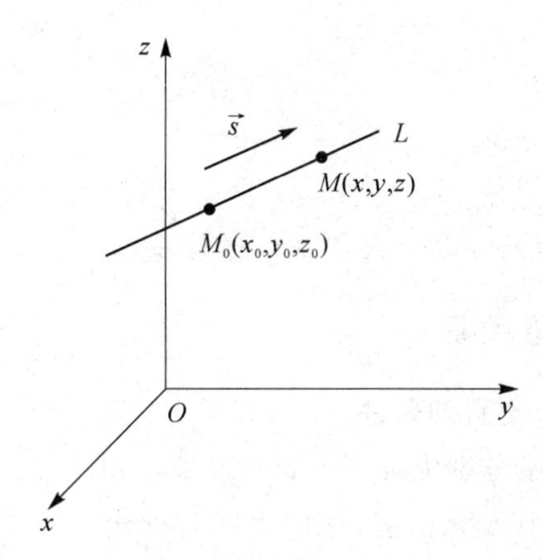

图 7.16

$$\frac{x-x_0}{m}=\frac{y-y_0}{n}=\frac{z-z_0}{p}. \tag{7.2.7}$$

式(7.2.7)称为直线 L 的点向式方程,也叫作直线 L 的标准式方程.

在建立直线 L 的标准式方程(7.2.7)时,用到了向量 $\overrightarrow{M_0M}$ 平行于向量 $\vec{s}$ 的充要条件,即这两个向量的对应坐标成比例.如果设这个比列系数为 t,则有

$$\frac{x-x_0}{m}=\frac{y-y_0}{n}=\frac{z-z_0}{p}=t.$$

那么

$$x=x_0+mt,\quad y=y_0+nt,\quad z=z_0+pt \tag{7.2.8}$$

方程(7.2.8)是过点 $M_0(x_0,y_0,z_0)$的直线 L 的参数方程,其中 t 是参数,向量 $\vec{s}$ 称为直线 L 的方向向量.向量 $\vec{s}$ 的坐标 m,n,p 叫作直线的方向数.

【例 7.9】 求过两点 $M_1(x_1,y_1,z_1)$,$M_2(x_2,y_2,z_2)$的直线的方程.

解 可以取方向向量

$$\vec{s}=\overrightarrow{M_1M_2}=(x_2-x_1,y_2-y_1,z_2-z_1).$$

由直线的标准式方程可知,过两点 M_1,M_2 的直线方程为

$$\frac{x-x_1}{x_2-x_1}=\frac{y-y_1}{y_2-y_1}=\frac{z-z_1}{z_2-z_1}.$$

上式称为直线的两点式方程.

【例 7.10】 用标准式方程及参数式方程表示直线:

$$\begin{cases}2x-y-3z+2=0\\x+2y-z-6=0\end{cases}.$$

解 为寻找直线的方向向量 $\vec{s}$,在直线上找出两个点即可,令 $x_0=-1$,代入题中方程组,得 $y_0=3$,$z_0=-1$.

同理,令 $y_1=0$,代入题中方程组,得 $x_1=20$,$z_1=14$.即点 $A(-1,3,-1)$与点 $B(20,0,14)$在直线上,取 $\vec{s}=\overrightarrow{AB}=(21,-3,15)=(7,-1,5)$.

因此,所给直线标准式方程为

$$\frac{x+1}{7}=\frac{y-3}{-1}=\frac{z+1}{5}.$$

参数方程为

$$\begin{cases} x=7t-1 \\ y=-t+3. \\ z=5t-1 \end{cases}$$

注意: 本例提供了化直线的一般方程为标准方程和参数方程的方法.

7.2.3 平面与直线的位置关系

1. 两平面的夹角及平行、垂直的条件

设平面 Π_1 与 Π_2 的法向量分别为 $\vec{n}_1=(A_1,B_1,C_1)$ 和 $\vec{n}_2=(A_2,B_2,C_2)$. 如果这两个平面相交,它们之间有两个互补的二面角(见图 7.17),其中一个二面角与向量 $\vec{n}_1$ 与 $\vec{n}_2$ 的夹角相等,所以把这两平面的法向量的夹角中的锐角称为两平面的夹角. 根据两向量夹角余弦的公式,有

$$\cos\theta=|\cos(\vec{n}_1,\vec{n}_2)| =\frac{|A_1A_2+B_1B_2+C_1C_2|}{\sqrt{A_1^2+B_1^2+C_1^2}\cdot\sqrt{A_2^2+B_2^2+C_2^2}}. \tag{7.2.9}$$

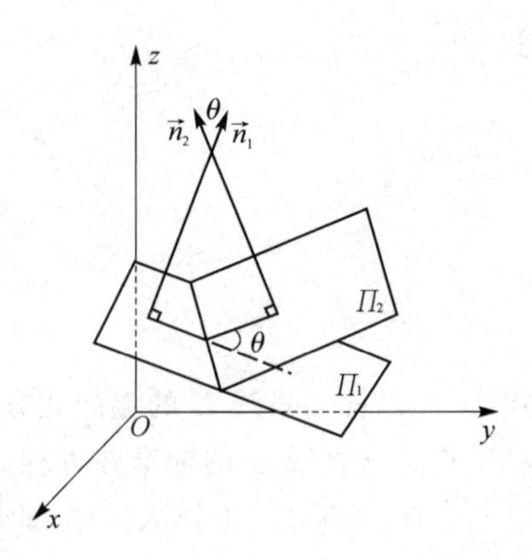

图 7.17

从两非零向量垂直、平行的条件,立即推得两平面垂直、平行的条件:

两平面 Π_1,Π_2 互相垂直的充要条件是

$$A_1A_2+B_1B_2+C_1C_2=0. \tag{7.2.10}$$

两平面 Π_1,Π_2 互相平行的充要条件是

$$\frac{A_1}{A_2}=\frac{B_1}{B_2}=\frac{C_1}{C_2}. \tag{7.2.11}$$

【例 7.11】 确定 k 的值,使平面 $x+ky-2z=9$ 与 $2x-3y+z=0$ 成 $\frac{\pi}{4}$ 角.

解 由题意知其平面法向量为 $\vec{n}_1=(1,k,-2)$, $\vec{n}_2=(2,-3,1)$,根据公式(7.2.9)得

$$\cos(\vec{n}_1,\vec{n}_2)=\frac{\sqrt{2}}{2}\Rightarrow\frac{|2-3k-2|}{\sqrt{5+k^2}\times\sqrt{14}}=\frac{\sqrt{2}}{2}.$$

得 $k=\pm\frac{\sqrt{70}}{2}$.

【例 7.12】 求通过点(2,4,−3)且与平面 $2x+3y-5z=5$ 平行的平面方程.

解 由题意知所求平面 Π 与已知平面 $2x+3y-5z=5$ 平行,则平面 Π 的法向量为 $\vec{n}=\{2,3,-5\}$,由平面的点法式方程可得 Π:

$$2(x-2)+3(y-4)-5(z+3)=0\Rightarrow 2x+3y-5z=31.$$

2. 两直线的夹角及平行、垂直的条件

设两直线 L_1 和 L_2 的标准式方程分别为

$$\frac{x-x_1}{m_1}=\frac{y-y_1}{n_1}=\frac{z-z_1}{p_1} \quad 和 \quad \frac{x-x_2}{m_2}=\frac{y-y_2}{n_2}=\frac{z-z_2}{p_2}.$$

两直线的方向向量 $\vec{s}_1=(m_1,n_1,p_1)$ 与 $\vec{s}_2=(m_2,n_2,p_2)$ 的夹角（这里指锐角或直角）称为两直线的夹角，记为 θ，则

$$\cos\theta=\frac{|m_1m_2+n_1n_2+p_1p_2|}{\sqrt{m_1^2+n_1^2+p_1^2}\sqrt{m_2^2+n_2^2+p_2^2}}. \tag{7.2.12}$$

由此推出，两直线互相垂直的充要条件是

$$m_1m_2+n_1n_2+p_1p_2=0. \tag{7.2.13}$$

两直线互相平行的充要条件是

$$\frac{m_1}{m_2}=\frac{n_1}{n_2}=\frac{p_1}{p_2}. \tag{7.2.14}$$

【例 7.13】 求直线 L_1：$\frac{x+2}{-1}=\frac{y}{0}=\frac{z-1}{1}$ 和直线 L_2：$\frac{x-1}{2}=\frac{y+2}{-2}=\frac{z-3}{-1}$ 的夹角.

解 直线 L_1 的方向向量为 $\vec{s}_1=(-1,0,1)$，直线 L_2 的方向向量为 $\vec{s}_2=(2,-2,-1)$，故直线 L_1 与 L_2 的夹角 θ 的余弦为

$$\cos\theta=\frac{|-1\times2+0\times(-2)+1\times(-1)|}{\sqrt{(-1)^2+0^2+1^2}\sqrt{2^2+(-2)^2+(-1)^2}}=\frac{1}{2}.$$

所以 $\theta=\frac{\pi}{3}$.

【例 7.14】 求通过点 $(1,2,-1)$ 且与直线 $\begin{cases}2x-3y+z-5=0\\3x+y-2z-4=0\end{cases}$ 平行的直线方程.

解 设直线 $L\begin{cases}2x-3y+z-5=0\\3x+y-2z-4=0\end{cases}$ 的方向向量为 $\vec{l}$，即

$$\vec{l}=\begin{vmatrix}\vec{i}&\vec{j}&\vec{k}\\2&-3&1\\3&1&-2\end{vmatrix}=5\vec{i}+7\vec{j}+11\vec{k}.$$

两直线平行，则所求直线方向向量为 $\vec{l}=5\vec{i}+7\vec{j}+11\vec{k}$，则所求直线点向式方程为 $\frac{x-1}{5}=\frac{y-2}{7}=\frac{z+1}{11}$.

3. 直线与平面的夹角及平行、垂直的条件

直线 L 与它在平面 Π 上的投影所成的角称为直线 L 与平面 Π 的夹角，一般取锐角，如图 7.18 所示.

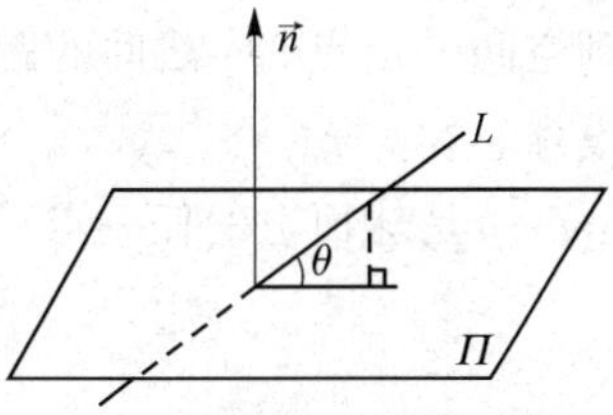

设直线 L 的方程为

$$\frac{x-x_0}{m}=\frac{y-y_0}{n}=\frac{z-z_0}{p}.$$

其方向向量 $\vec{s}=(m,n,p)$.

图 7.18

平面 Π 的方程为 $Ax+By+Cz+D=0$，其法向量 $\vec{n}=(A,B,C)$，则

$$\cos\left(\frac{\pi}{2}-\theta\right)=\frac{|\vec{n}\cdot\vec{s}|}{|\vec{n}|\cdot|\vec{s}|}.$$

即

$$\sin\theta=\frac{|Am+Bn+Cp|}{\sqrt{A^2+B^2+C^2}\sqrt{m^2+n^2+p^2}}.\tag{7.2.15}$$

从而,直线 L 与平面 Π 平行的充要条件是

$$m+Bn+Cp=0.\tag{7.2.16}$$

直线 L 与平面 Π 垂直的充要条件是

$$\frac{A}{m}=\frac{B}{n}=\frac{C}{p}.\tag{7.2.17}$$

【例 7.15】 求直线$\begin{cases}x+y+3z=0\\x-y-z=0\end{cases}$与平面 $x-y-z+1=0$ 的夹角.

解 设直线 L:$\begin{cases}x+y+3z=0\\x-y-z=0\end{cases}$的方向矢量为 $\vec{s}$,平面 Π:$x-y-z+1=0$ 的法向矢量为 $\vec{n}$,直线 L 与平面 Π 的夹角为 θ.

则 $\vec{s}=\begin{vmatrix}\vec{i}&\vec{j}&\vec{k}\\1&1&3\\1&-1&-1\end{vmatrix}=2\vec{i}+4\vec{j}-2\vec{k}$,$\vec{n}=\{1,-1,-1\}$,可取 $\vec{s}=\{1,2,-1\}$,则 $\sin\theta=\cos(\vec{n},\vec{s})=\frac{|\vec{n}\cdot\vec{s}|}{|\vec{n}|\,|\vec{s}|}=0$,即 $\theta=0$,说明直线与平面平行.

7.2.4 曲面方程

平面解析几何把曲线看作动点的轨迹,类似地,空间解析几何可把曲面当作是一个动点或一条动曲线按一定规律而运动产生的轨迹.

一般地,如果曲面 S 与三元方程 $F(x,y,z)=0$ 之间存在如下关系:

① 曲面 S 上任一点的坐标都满足方程 $F(x,y,z)=0$;

② 不在曲面 S 上的点的坐标都不满足这个方程,满足方程的点都在曲面上.

那么称 $F(x,y,z)=0$ 为曲面 S 的方程,而曲面 S 称为方程的图形.

考察最简单的曲面——平面,以及最简单的空间曲线——直线,建立它们的一些常见形式的方程.下面介绍几种类型的常见曲面.

1. 球面方程

到空间一定点 M_0 之间的距离恒定的动点的轨迹为球面.

设球心在点 $M_0(x_0,y_0,z_0)$,半径为 R,将球面看作空间中与定点等距离的点的轨迹.设 $M(x,y,z)$是球面上的任一点,则

$$|\overrightarrow{M_0M}|=R.$$

由于

$$|\overrightarrow{M_0M}|=\sqrt{(x-x_0)^2+(y-y_0)^2+(z-z_0)^2}.$$

所以

$$\sqrt{(x-x_0)^2+(y-y_0)^2+(z-z_0)^2}=R.$$

等号两边平方,得

$$(x-x_0)^2+(y-y_0)^2+(z-z_0)^2=R^2.\tag{7.2.18}$$

显然，球面上的点的坐标满足这个方程，而不在球面上的点的坐标不满足这个方程. 所以，方程(7.2.18)就是以 $M_0(x_0,y_0,z_0)$ 为球心，以 R 为半径的球面方程.

如果 M_0 为原点，即 $x_0=y_0=z_0=0$，这时球面方程为

$$x^2+y^2+z^2=R^2. \tag{7.2.19}$$

若记 $A=-2x_0, B=-2y_0, C=-2z_0, D=x_0^2+y_0^2+z_0^2-R^2$，则式(7.2.19)可化为

$$x^2+y^2+z^2+Ax+By+Cz+D=0. \tag{7.2.20}$$

式(7.2.20)称为球面的一般方程.

由式(7.2.20)可以看出，球面的方程是关于 x,y,z 的二次方程，它的 x^2,y^2,z^2 三项系数相等，并且方程中没有 xy,yz,zx 的项.

对于形如式(7.2.20)的一般方程，有下面几个结论：

① 当 $A^2+B^2+C^2-4D>0$ 时，式(7.2.20)为一球面方程；

② 当 $A^2+B^2+C^2-4D=0$ 时，式(7.2.20)只表示一个点；

③ 当 $A^2+B^2+C^2-4D<0$ 时，式(7.2.20)表示一个虚球，或者说它不代表任何图形.

在球面方程中有一类特殊的球面方程，叫作椭球面方程.

$$\frac{x^2}{a^2}+\frac{y^2}{b^2}+\frac{z^2}{c^2}=1 \tag{7.2.21}$$

所表示的曲面叫作椭球面(见图 7.19).

2. 柱　面

设给定一条曲线 C 及直线 l，则平行于直线 l 且沿曲线 C 移动的直线 L 所形成的曲面叫作柱面. 定曲线 C 叫作柱面的准线，动直线 L 叫作柱面的母线，如图 7.20 所示.

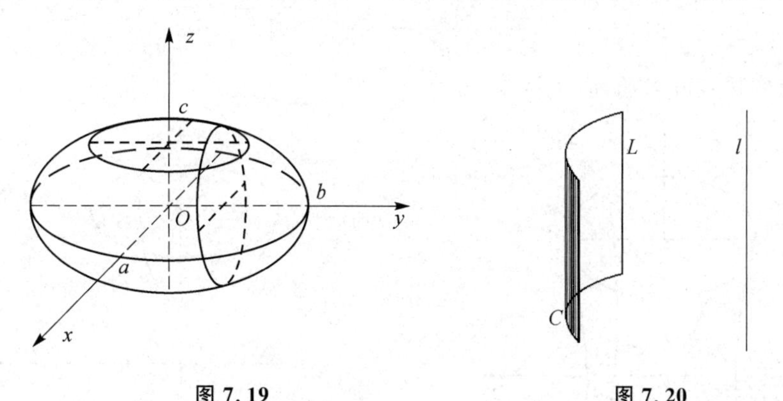

图 7.19　　**图 7.20**

方程 $x^2+y^2=a^2, \frac{x^2}{a^2}+\frac{y^2}{b^2}=1, \frac{x^2}{a^2}-\frac{y^2}{b^2}=1, x^2=2py$ 分别表示母线平行于 z 轴的圆柱面、椭圆柱面、双曲柱面和抛物柱面(见图 7.21)，因为它们的方程都是二次的，所以统称为二次柱面.

3. 双曲面

(1) 单叶双曲面

方程
$$\frac{x^2}{a^2}+\frac{y^2}{b^2}-\frac{z^2}{c^2}=1. \tag{7.2.22}$$

所表示的曲面叫作单叶双曲面(见图 7.22).

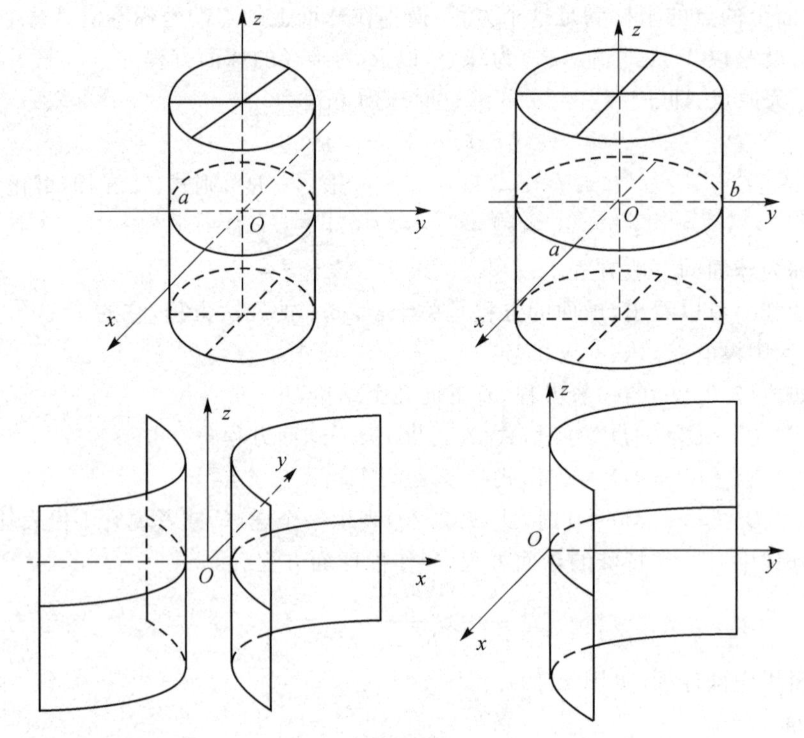

图 7.21

(2) 双叶双曲面

方程
$$\frac{x^2}{a^2}+\frac{y^2}{b^2}-\frac{z^2}{c^2}=-1. \tag{7.2.23}$$
所表示的曲面叫作双叶双曲面(见图 7.23).

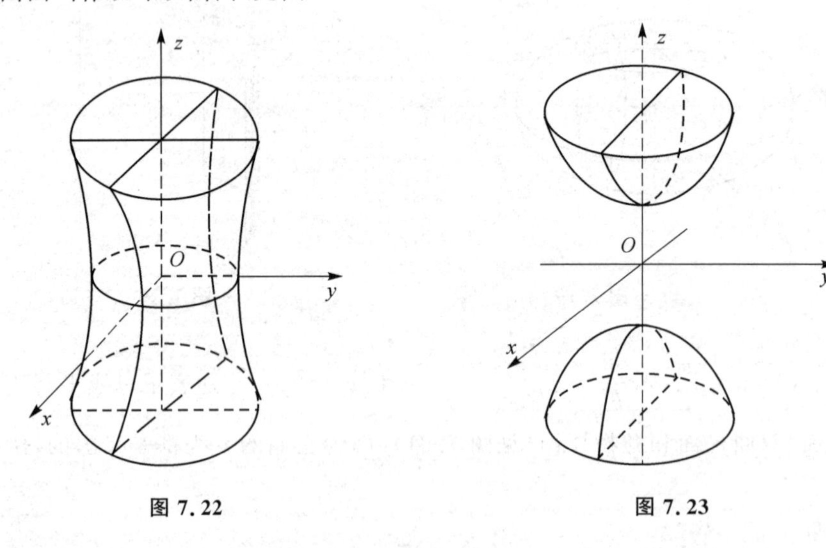

图 7.22　　　　图 7.23

4. 抛物面

(1) 椭圆抛物面

方程
$$\frac{x^2}{p}+\frac{y^2}{q}=2z. \tag{7.2.24}$$

所表示的曲面叫作椭圆抛物面，如图 7.24 所示，其中 $p>0,q>0$.

（2）双曲抛物面

方程
$$\frac{x^2}{p}-\frac{y^2}{q}=2z. \tag{7.2.25}$$
所表示的曲面叫作双曲抛物面或鞍形曲面，如图 7.25，其中 $p>0,q>0$.

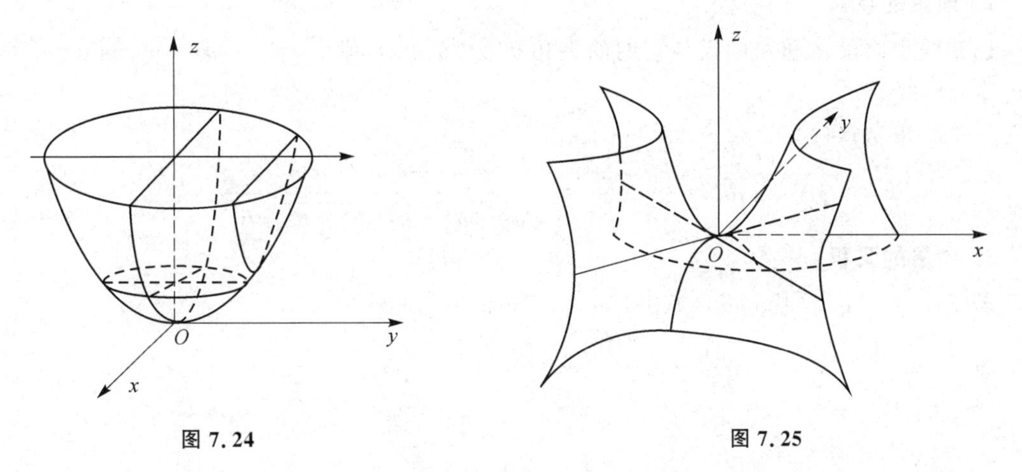

图 7.24　　　　图 7.25

习题 7.2

1. 已知直线通过两点 $(3,-2,2)$，$(1,2,-1)$，求直线方程.

2. 求直线 $\begin{cases}x+4x-z-10=0\\2x-5y+3z+5=0\end{cases}$ 的标准式方程和参数式方程.

3. 求过点 $(0,2,4)$ 且与两平面 $x+2z=1$ 和 $y-3z=2$ 平行的直线方程.

4. 求过点 $(1,2,1)$ 且与两直线 $\begin{cases}x+2y-z+1=0\\x-y+z-1=0\end{cases}$ 和 $\begin{cases}2x-y+z=0\\x-y+z=0\end{cases}$ 都平行的平面方程.

5. 试定出下列各题中直线与平面间的关系.

（1）$\dfrac{x+3}{-2}=\dfrac{y+4}{-7}=\dfrac{z}{3}$ 和 $4x-2y-2z=3$；　（2）$\dfrac{x}{3}=\dfrac{y}{-2}=\dfrac{z}{7}$ 和 $3x-2y+7z=8$.

6. 指出下列方程所表示的是什么曲面.

（1）$y=x^2$；　（2）$\dfrac{x^2}{4}-\dfrac{y^2}{9}=1$；

（3）$x^2+z^2=1$；　（4）$x^2+y^2+z^2=8$；

（5）$4x^2+y^2-z^2=4$；　（6）$\dfrac{z}{3}=\dfrac{x^2}{4}+\dfrac{y^2}{9}$.

本章小结

本章主要学习向量与空间解析几何，通过对向量、空间直线、空间平面的学习，帮助学习建立三维空间直角坐标系，主要知识点有：

1. 向量$\vec{a}=(a_x\quad a_y\quad a_z\}$与方向余弦

$$a_x=M_1P=|\overrightarrow{M_1M_2}|\cos\alpha=|\vec{a}|\cos\alpha.$$

$$a_y=M_1Q=|\overrightarrow{M_1M_2}|\cos\beta=|\vec{a}|\cos\beta.$$

$$a_z=M_1R=|\overrightarrow{M_1M_2}|\cos=|\vec{a}|\cos\gamma.$$

2. 向量的点积

已知两个向量$\vec{a}$和$\vec{b}$的模与它们的夹角$\theta(0\leqslant\theta\leqslant\pi)$，则$\vec{a}\cdot\vec{b}=|\vec{a}||\vec{b}|\cos\theta=a_1b_1+a_2b_2+a_3b_3$.

向量夹角余弦：

$$\cos\langle\vec{a},\vec{b}\rangle=\frac{\vec{a}\cdot\vec{b}}{|\vec{a}||\vec{b}|}=\frac{a_xb_x+a_yb_y+a_zb_z}{\sqrt{a_x^2+a_y^2+a_z^2}\sqrt{b_x^2+b_y^2+b_z^2}}.$$

3. 向量的叉积

若① $|\vec{c}|=|\vec{a}||\vec{b}|\sin(\vec{a},\vec{b})(0\leqslant(a,b)\leqslant\pi)$；

② $\vec{c}\perp\vec{a}$ 且 $\vec{c}\perp\vec{b}$.

则

$$\vec{a}\times\vec{b}\begin{vmatrix}\vec{i}&\vec{j}&\vec{k}\\a_x&a_y&a_z\\b_x&b_y&b_z\end{vmatrix}=\begin{vmatrix}a_y&a_z\\b_y&b_z\end{vmatrix}\vec{i}-\begin{vmatrix}a_x&a_z\\b_x&b_z\end{vmatrix}\vec{j}+\begin{vmatrix}a_x&a_y\\b_x&b_y\end{vmatrix}\vec{k}.$$

4. 平面方程一般式

$$Ax+By+Cz+D=0.$$

点法式：
$$A(x-x_0)+B(y-y_0)+C(z-z_0)=0.$$

截距式：
$$\frac{x}{a}+\frac{y}{b}+\frac{z}{c}=1.$$

5. 空间直线方程一般式

$$\begin{cases}A_1x+B_1y+C_1z+D_1=0\\A_2x+B_2y+C_2z+D_2=0\end{cases}.$$

点向式：
$$\frac{x-x_0}{m}=\frac{y-y_0}{n}=\frac{z-z_0}{p}.$$

参数式：
$$x=x_0+mt,\ y=y_0+nt,\ z=z_0+pt.$$

6. 两平面的位置关系

法向量为(A_1,B_1,C_1)，(A_2,B_2,C_2)：

① 平行充要条件：$\dfrac{A_1}{A_2}=\dfrac{B_1}{B_2}=\dfrac{C_1}{C_2}\neq\dfrac{D_1}{D_2}$.

② 重合充要条件：$\dfrac{A_1}{A_2}=\dfrac{B_1}{B_2}=\dfrac{C_1}{C_2}=\dfrac{D_1}{D_2}$.

③ 相交充要条件：$\dfrac{A_1}{A_2}=\dfrac{B_1}{B_2}=\dfrac{C_1}{C_2}$不成立.

④ 两平面垂直充要条件：$A_1A_2+B_1B_2+C_1C_2=0$.

空间平面的夹角：$\cos\theta\ \dfrac{|A_1A_2+B_1B_2+C_1C_2|}{\sqrt{A_1^2+B_1^2+C_1^2}\sqrt{A_2^2+B_2^2+C_2^2}}$.

7. 两直线的位置关系

两直线方向向量为 $\vec{l}_1=(m_1,n_1,p_1)$，$\vec{l}_2=(m_2,n_2,p_2)$：

① 垂直的充要条件：$m_1m_2+n_1n_2+p_1p_2=0$.

② 平行或重合的位置关系：$\dfrac{m_1}{m_2}=\dfrac{n_1}{n_2}=\dfrac{p_1}{p_2}$.

空间直线的夹角：$\cos\varphi\ \dfrac{|m_1m_2+n_1n_2+p_1p_2|}{\sqrt{m_1^2+n_1^2+p_1^2}\sqrt{m_2^2+n_2^2+p_2^2}}$.

8. 直线与平面的位置关系

直线方向向量(m,n,p)，平面法向量(A,B,C)：

① 直线与平面垂直的充要条件：$\dfrac{A}{m}=\dfrac{B}{n}=\dfrac{C}{p}$.

② 直线与平面平行或直线在平面上的充要条件：$Am+Bn+Cp=0$.

直线与平面的夹角：$\sin\varphi=|\cos(\vec{s},\vec{n})|=\dfrac{|\vec{n}\cdot\vec{s}|}{|\vec{n}||\vec{s}|}=\dfrac{|Am+Bn+Cp|}{\sqrt{A^2+B^2+C^2}\sqrt{m^2+n^2+p^2}}$.

复习题 7

1. 填空题.

(1) 要使$|\vec{a}+\vec{b}|=|\vec{a}-\vec{b}|$成立，向量 $\vec{a}$，$\vec{b}$ 应满足________.

(2) 已知 $\vec{a}$，$\vec{b}$，$\vec{c}$ 为单位向量，且满足 $\vec{a}+\vec{b}+\vec{c}=0$，则 $\vec{a}\cdot\vec{b}+\vec{b}\cdot\vec{c}+\vec{c}\cdot\vec{a}=$________.

(3) 已知两点 $M_1(3,1,-2)$，$M_2(1,-1,3)$，则 $\overrightarrow{M_1M_2}=$________.

(4) 已知下列各方程：

① $x^2+y^2-3z=0$；　② $x^2-y^2=1$；　③ $x^2+y^2=3$；

④ $y-3z=0$；　⑤ $y^2-4y+3=0$；　⑥ $\dfrac{x^2}{9}+\dfrac{y^2}{16}=1$；

⑦ $x^2-\dfrac{y^2}{4}=1$；　⑧ $x^2=4y$；　⑨ $z^2-x^2-y^2=0$.

上述方程是柱面方程的有________.

(5) 点$(1,2,0)$到平面 $x+2y+2z+3=0$ 的距离为________.

(6) 已知直线$\begin{cases}3x-y-2z+2=0\\x+y-z-6=0\end{cases}$，则其点向式方程为________，参数方程为________.

2. 计算题.

(1) 设$|\vec{a}|=5$，$|\vec{b}|=4$ 且两向量的夹角 $\theta=\pi/3$，试求$(\vec{a}-2\vec{b})\cdot(3\vec{a}+2\vec{b})$.

(2) 直线 L 通过点 $A(-2,1,3)$和点 $B(0,-1,2)$，求点 $C(10,5,10)$到直线 L 的距离.

(3) 求通过点$(1,3,-2)$且与平面 $x+2y-4z=5$ 平行的平面方程.

(4) 求过点 $M_1(-1,0,2)$，$M_2(2,1,3)$，$M_3(1,0,2)$三点的平面方程.

(5) 求过点$(2,-1,3)$且平行于直线$\dfrac{x-2}{4}=y=\dfrac{z+1}{2}$的直线方程.

(6) 求过点$(1,2,1)$且与两直线$\begin{cases}x+2y-z+1=0\\x-y+z-1=0\end{cases}$和$\begin{cases}2x-y+z=0\\x-y+z=0\end{cases}$都平行的平面方程.

第 8 章　多元函数微积分

学习目标

- 了解多元函数的概念及二元函数的极限与连续；
- 掌握偏导数、全微分的概念及偏导数的计算方法；
- 掌握多元复合函数的求导法则及隐函数的求导法则；
- 掌握二元函数极限与最值的求法，了解条件极值的求法；
- 理解二重积分的概念、几何意义、性质；
- 掌握直角坐标系下二重积分计算方法；
- 掌握极坐标系下二重积分计算方法.

多元函数微积分学的发展

8.1　多元函数微分学

前面介绍了一元函数的极限、连续、导数和微分等基本概念，本节将把这些基本概念推广到依赖多个自变量的函数，即多元函数. 本节主要讨论含两个自变量的函数即二元函数的情况.

8.1.1　二元函数概念

在自然现象中常遇到依赖于两个变量的函数关系，举例如下：任意矩形的面积 S 与长 x 宽 y 有下列关系：$S=xy \quad (x>0, y>0)$，长与宽可以独立取值，是两个独立的变量(称为自变量).

定义 8.1　设有三个变量 x、y、z，若对于变量 x、y 在各自变化范围内独立取定的每一组值，变量 z 按照一定的规律，总有一个确定的值与之对应，则 z 称为 x、y 的二元函数，记作 $z=f(x,y)$. 称 x、y 为自变量，z 为因变量，自变量的变化范围称为函数的定义域.

当自变量 x、y 分别取值 x_0、y_0 时，因变量 z 的对应值 z_0 称为函数 $z=f(x,y)$ 当 $x=x_0$、$y=y_0$ 时的函数值，记作 $z=f(x_0,y_0)$.

类似地，可以定义三元函数以及三元以上的函数. 二元以及二元以上的函数都称为多元函数.

注意： 二元函数的定义域通常是由一条或几条曲线所围成的平面区域，围成区域的曲线叫作该区域的边界. 不包括边界的区域叫作开区域，连同边界在内的区域叫作闭区域. 如果区域可延伸到无限远，则称这区域是无界的. 如果区域总可被包围在一个以原点为中心而半径适当大的圆内，则称此区域是有界的.

【例 8.1】　求函数 $z=\sqrt{4-x^2-y^2}$ 的定义域.

解　此函数的定义域满足不等式 $4-x^2-y^2\geqslant 0$ 即 $x^2+y^2\leqslant 4$，因此函数的定义域是以原点为圆心，以 2 为半径的圆且包括圆周，它是一个有界闭区域.

【例 8.2】 求函数 $z=\dfrac{1}{\sqrt{y-x^2}}$ 的定义域.

解　显然要使得上式有意义,必须满足 $y-x^2>0\Rightarrow y>x^2$,此函数的定义域是在 x 轴上方抛物线 $y=x^2$ 下方的区域,它是一个无界区域.

8.1.2　二元函数极限与连续

定义 8.2　设函数 $z=f(x,y)$ 在点 $P_0(x_0,y_0)$ 的附近有定义,如果当动点 $P(x,y)$ 以任何方式趋向于点 $P_0(x_0,y_0)$ 时(即 $x\to x_0,y\to y_0$ 时),函数 $f(x,y)$ 总是无限接近于一个固定的数 A.那么,就说函数 $f(x,y)$ 当点 $P(x,y)$ 趋向于 $P_0(x_0,y_0)$ 时极限存在,A 就叫作函数当 $P(x,y)$ 趋向于 $P_0(x_0,y_0)$ 时的极限,记作

$$\lim_{P\to P_0}f(P)=\lim_{\substack{x\to x_0\\ y\to y_0}}f(x,y)=A.$$

注意:二元函数自变量有两个,因此自变量的变化过程要比一元函数复杂得多.

类似于一元函数的连续性定义,下面给出二元函数连续性的定义.

定义 8.3　若二元函数 $z=f(x,y)$ 在点 $P_0(x_0,y_0)$ 及其附近有定义,且 $\lim\limits_{\substack{x\to x_0\\ y\to y_0}}f(x,y)=f(x_0,y_0)$,则称函数 $z=f(x,y)$ 在点 $P_0(x_0,y_0)$ 处连续.若函数在平面区域 D 内每一点都连续,就说函数在区域 D 内是连续的.

注意:与一元函数类似,二元连续函数的和、差、积、商(分母不为零)及复合仍是连续函数.

分别由 x、y 的基本初等函数及常数经过有限次四则运算与复合步骤而构成的一个数学式子叫作二元初等函数,例如 $\sqrt{1-x^2-y^2}$,$e^{(x+y)}\cdot\sin(x^2+y^2)$ 等都是二元初等函数。关于二元初等函数有以下结论:

一切二元(包括多元)初等函数在其定义域内是连续的.

【例 8.3】 求下列函数极限.

① $\lim\limits_{\substack{x\to 0\\ y\to 0}}\dfrac{2-\sqrt{xy+4}}{xy}$;　　② $\lim\limits_{(x,y)\to(0,0)}\dfrac{x+y}{x-y}$.

解　① $\lim\limits_{\substack{x\to 0\\ y\to 0}}\dfrac{2-\sqrt{xy+4}}{xy}=\lim\limits_{\substack{x\to 0\\ y\to 0}}\dfrac{-xy}{xy(2+\sqrt{xy+4})}=\lim\limits_{\substack{x\to 0\\ y\to 0}}\dfrac{-1}{2+\sqrt{xy+4}}=-\dfrac{1}{4}$.

② 取 $y=kx$,则 $\lim\limits_{(x,y)\to(0,0)}\dfrac{x+y}{x-y}=\lim\limits_{\substack{x\to 0\\ y=kx}}\dfrac{(1+k)x}{(1-k)x}=\dfrac{1+k}{1-k}$,易见极限会随 k 值的变化而变化,故原式极限不存在.

【例 8.4】 讨论函数 $f(x,y)=\begin{cases}\dfrac{xy^2}{x^2+y^4}, & (x,y)\neq(0,0)\\ 0, & (x,y)=(0,0)\end{cases}$ 在点(0,0)的连续性.

解　设 $y=k\sqrt{x}$,则

$$\lim_{\substack{x\to 0\\ y\to 0}}\frac{xy^2}{x^2+y^4}=\lim_{x\to 0}\frac{x(k\sqrt{x})^2}{x^2+(k\sqrt{x})^4}=\lim_{x\to 0}\frac{k^2x^2}{x^2+k^4x^2}=\frac{k^2}{1+k^4}.$$

由于极限值会随着 k 的变化而变化,所以$\frac{k^2}{1+k^4}\neq f(0,0)$,即函数不连续.

8.1.3 偏导数与全微分

1. 偏导数

定义 8.4 设函数 $z=f(x,y)$在点 $P_0(x_0,y_0)$及其附近有定义,当 y 固定在 y_0,而 x 在 x_0 有增量 Δx 时,相应地函数有增量 $f(x_0+\Delta x,y_0)-f(x_0,y_0)$,这个增量叫作函数 $z=f(x,y)$在点 $P_0(x_0,y_0)$对 x 的偏增量,记作

$$\Delta_x z=f(x_0+\Delta x,y_0)-f(x_0,y_0).$$

定义 8.5 作偏增量与自变量的增量,并令 $\Delta x\to 0$,若比值

$$\frac{f(x_0+\Delta x,y_0)-f(x_0,y_0)}{\Delta x}.$$

的极限存在,则此极限就叫作函数 $z=f(x,y)$在点 $P_0(x_0,y_0)$对 x 的偏导数,记作 $f_x'(x_0,y_0)$或$\left.\frac{\partial z}{\partial x}\right|_{\substack{x=x_0\\y=y_0}}$,即

$$f_x'(x_0,y_0)=\lim_{\Delta x\to 0}\frac{f(x_0+\Delta x,y_0)-f(x_0,y_0)}{\Delta x}.$$

类似可得函数 $z=f(x,y)$在点 $P_0(x_0,y_0)$对 y 的偏增量.

$$\Delta_y z=f(x_0,y_0+\Delta y)-f(x_0,y_0).$$

若$\lim\limits_{\Delta y\to 0}\frac{f(x_0,y_0+\Delta y)-f(x_0,y_0)}{\Delta y}$存在,则这个极限叫作函数 $z=f(x,y)$在点 $P_0(x_0,y_0)$对 y 的偏导数,记作 $f_y'(x_0,y_0)$或$\left.\frac{\partial z}{\partial y}\right|_{\substack{x=x_0\\y=y_0}}$,即

$$f_y'(x_0,y_0)=\lim_{\Delta y\to 0}\frac{f(x_0,y_0+\Delta y)-f(x_0,y_0)}{\Delta y}.$$

若在区域 D 内的每一点 $P(x,y)$,函数 $z=f(x,y)$的偏导数 $f_x'(x,y)$与 $f_y'(x,y)$都存在,则称 $f_x'(x,y)$与 $f_y'(x,y)$为函数 $z=f(x,y)$的两个偏导(函)数.

注意:① 习惯上把偏导函数叫作偏导数. $z=f(x,y)$对 x 的偏导数记作 $f_x'(x,y)$或$\frac{\partial z}{\partial x}$,对 y 的偏导数记作 $f_y'(x,y)$或$\frac{\partial z}{\partial y}$.

② $f_x'(x_0,y_0)$、$f_y'(x_0,y_0)$分别叫作偏导数 $f_x'(x,y)$、$f_y'(x,y)$在点 $P_0(x_0,y_0)$的函数值.

③ 一元函数的求导公式和法则对求二元函数的偏导数仍然适用.

【例 8.5】 求 $f(x,y)=x^2-2xy+3y^3$ 在点(1,2)处的偏导数.

解 $f_x'(1,2)=\left.\frac{\partial z}{\partial x}\right|_{(1,2)}=2x-2y\,|_{(1,2)}=2-4=-2.$

$f_y'(1,2)=\left.\frac{\partial z}{\partial y}\right|_{(1,2)}=\left.-2x+9y^2\right|_{(1,2)}=-2+36=34.$

【例 8.6】 求 $z=3x^2y+\frac{x}{y}$的偏导数.

解　对 x 求导,视 y 为常数,则$\frac{\partial z}{\partial x}=6xy+\frac{1}{y}$;对 y 求导,视 x 为常数,则$\frac{\partial z}{\partial y}=3x^2-\frac{x}{y^2}$.

2. 高阶偏导数

定义 8.6　设函数 $z=f(x,y)$在区域 D 内有偏导数$\frac{\partial z}{\partial x}=f'_x(x,y)$与$\frac{\partial z}{\partial y}=f'_y(x,y)$,这两个函数的偏导数如果也存在,则称它们是函数 $z=f(x,y)$的二阶偏导数. 根据对变量 x,y 的求导次序不同,二元函数 $z=f(x,y)$的二阶偏导数:

$$\frac{\partial^2 z}{\partial x^2}=\frac{\partial}{\partial x}\left(\frac{\partial z}{\partial x}\right)=f''_{xx}(x,y),\quad \frac{\partial^2 z}{\partial y^2}=\frac{\partial}{\partial y}\left(\frac{\partial z}{\partial y}\right)=f''_{yy}(x,y).$$

$$\frac{\partial^2 z}{\partial x\partial y}=\frac{\partial}{\partial y}\left(\frac{\partial z}{\partial x}\right)=f''_{xy}(x,y),\quad \frac{\partial^2 z}{\partial y\partial x}=\frac{\partial}{\partial x}\left(\frac{\partial z}{\partial y}\right)=f''_{yx}(x,y).$$

其中$\frac{\partial^2 z}{\partial x\partial y}$,$\frac{\partial^2 z}{\partial y\partial x}$称为函数的二阶混合偏导数.

类似可定义三阶、四阶以至 n 阶偏导数,二阶以及二阶以上的偏导数称为高阶偏导数.

定理 8.1　若函数 $z=f(x,y)$的两个混合偏导数在点(x,y)是连续的,则两者相等.

证明略.

【例 8.7】　设 $z=\ln(x^2+y^2)$,求$\frac{\partial^2 z}{\partial x^2}$,$\frac{\partial^2 z}{\partial y^2}$,$\frac{\partial^2 z}{\partial x\partial y}$.

解　由题意 $z=\ln u$,$u=x^2+y^2$

$$\frac{\partial z}{\partial x}=\frac{1}{x^2+y^2}\cdot 2x=\frac{2x}{x^2+y^2},\frac{\partial z}{\partial y}=\frac{1}{x^2+y^2}\cdot 2y=\frac{2y}{x^2+y^2}.$$

$$\frac{\partial^2 z}{\partial x^2}=\frac{\partial\left(\frac{\partial z}{\partial x}\right)}{\partial x}=\frac{\partial\ \frac{2x}{x^2+y^2}}{\partial x}=\frac{2(x^2+y^2)-2x\cdot 2x}{(x^2+y^2)^2}=\frac{2(y^2-x^2)}{(x^2+y^2)^2}.$$

$$\frac{\partial^2 z}{\partial y^2}=\frac{\partial\left(\frac{\partial z}{\partial y}\right)}{\partial y}=\frac{\partial\ \frac{2y}{x^2+y^2}}{\partial y}=\frac{2(x^2+y^2)-2y\cdot 2y}{(x^2+y^2)^2}=\frac{2(x^2-y^2)}{(x^2+y^2)^2}.$$

$$\frac{\partial^2 z}{\partial x\partial y}=\frac{\partial\left(\frac{\partial z}{\partial x}\right)}{\partial y}=\frac{\partial\ \frac{2x}{x^2+y^2}}{\partial y}=\frac{-2x\cdot 2y}{(x^2+y^2)^2}=\frac{-4xy}{(x^2+y^2)^2}.$$

3. 全微分

定义 8.7　二元函数 $z=f(x,y)$,在点 $P(x,y)$给 x 以改变量 Δx,给 y 以改变量 Δy,即 x、y 同时变化时,相应的函数改变量 $f(x+\Delta x,y+\Delta y)-f(x,y)$叫作函数 $z=f(x,y)$的全增量,用 Δz 表示,即 $\Delta z=f(x+\Delta x,y+\Delta y)-f(x,y)$.

一般来说,计算全增量比较复杂,与一元函数的情形一样,我们希望用自变量的增量 Δx、Δy 的线性函数来近似代替函数的全增量 Δz.

一般结论:若函数 $z=f(x,y)$在点 $P(x,y)$具有连续偏导数 $f'_x(x,y)$、$f'_y(x,y)$,则函数 $z=f(x,y)$在点 $P(x,y)$的全增量 Δz 可以表达为 $\Delta z=f'_x(x,y)\Delta x+f'_y(x,y)\Delta y+\omega$,其中前一部分 $f'_x(x,y)\Delta x+f'_y(x,y)\Delta y$ 是 Δx、Δy 的线性函数,另一部分 $\omega=\alpha_1\Delta x+\alpha_2\Delta y$(当 Δx,$\Delta y\to 0$ 时,α_1,$\alpha_2\to 0$)是比 $\rho=\sqrt{(\Delta x)^2+(\Delta y)^2}$ 更高阶的无穷小. 当$|\Delta x|$、$|\Delta y|$很小时,

$f'_x(x,y)\Delta x+f'_y(x,y)\Delta y$ 是全增量 Δz 的主要部分,它与 Δz 的差是比 ρ 高阶的无穷小.

与一元函数的微分类似,引入全微分的定义:

定义 8.8 如果函数 $z=f(x,y)$ 在点 $P(x,y)$ 具有连续偏导数 $f'_x(x,y)$、$f'_y(x,y)$,则函数 $z=f(x,y)$ 在点 $P(x,y)$ 的全增量 Δz 的线性主部 $f'_x(x,y)\Delta x+f'_y(x,y)\Delta y$ 叫作函数 $z=f(x,y)$ 在点 $P(x,y)$ 的全微分,记作 $\mathrm{d}z$ 或 $\mathrm{d}f(x,y)$,即

$$\mathrm{d}z=\mathrm{d}f(x,y)=f'_x(x,y)\Delta x+f'_y(x,y)\Delta y \quad 或 \quad \mathrm{d}z=\frac{\partial z}{\partial x}\Delta x+\frac{\partial z}{\partial y}\Delta y.$$

由于 x、y 是自变量,$\Delta x=\mathrm{d}x$,$\Delta y=\mathrm{d}y$,$\mathrm{d}z$ 可写为 $\mathrm{d}z=\frac{\partial z}{\partial x}\mathrm{d}x+\frac{\partial z}{\partial y}\mathrm{d}y$,其中 $\frac{\partial z}{\partial x}\mathrm{d}x$ 叫函数 $z=f(x,y)$ 在点 $P(x,y)$ 对 x 的偏微分,记作 $\mathrm{d}_x z=\frac{\partial z}{\partial x}\mathrm{d}x$;同样地,$\frac{\partial z}{\partial y}\mathrm{d}y$ 叫函数 $z=f(x,y)$ 在点 $P(x,y)$ 对 y 的偏微分,记作 $\mathrm{d}_y z=\frac{\partial z}{\partial y}\mathrm{d}y$.

注意: 全微分可以看成是两个偏微分之和 $\mathrm{d}z=\mathrm{d}_x z+\mathrm{d}_y z$.

如果二元函数在某点具有全微分,则称此函数在该点是可微分的.

定理 8.2(全微分存在的必要条件) 如果函数 $z=f(x,y)$ 在点 (x,y) 可微分,那么该函数在点 (x,y) 的偏导数 $\frac{\partial z}{\partial x}$ 与 $\frac{\partial z}{\partial y}$ 必定存在,且函数 $z=f(x,y)$ 在点 (x,y) 的全微分为 $\mathrm{d}z=\frac{\partial z}{\partial x}\mathrm{d}x+\frac{\partial z}{\partial y}\mathrm{d}y$.

定理 8.3(全微分存在的充分条件) 如果函数 $z=f(x,y)$ 的偏导数 $\frac{\partial z}{\partial x}$ 与 $\frac{\partial z}{\partial y}$ 在点 (x,y) 连续,那么函数在该点可微分.

【例 8.8】 求函数 $z=\ln(2+x^2+y^2)$ 在 $x=2$,$y=1$ 时的全微分.

解 $\left.\frac{\partial z}{\partial x}\right|_{\substack{x=2\\y=1}}=\left.\frac{2x}{2+x^2+y^2}\right|_{\substack{x=2\\y=1}}=\frac{4}{7}$, $\left.\frac{\partial z}{\partial y}\right|_{\substack{x=2\\y=1}}=\left.\frac{2y}{2+x^2+y^2}\right|_{\substack{x=2\\y=1}}=\frac{2}{7}$.

所以 $\mathrm{d}z=\frac{4}{7}\mathrm{d}x+\frac{2}{7}\mathrm{d}y$.

【例 8.9】 求函数 $z=\cos(x^2-y^2)$ 的全微分.

解 因为 $\frac{\partial z}{\partial x}=-2x\sin(x^2-y^2)$, $\frac{\partial z}{\partial y}=2y\sin(x^2-y^2)$.

所以 $$\mathrm{d}z=\frac{\partial z}{\partial x}\mathrm{d}x+\frac{\partial z}{\partial y}\mathrm{d}y=-2x\sin(x^2-y^2)\mathrm{d}x+2y\sin(x^2-y^2)\mathrm{d}y.$$

8.1.4 多元复合函数求导

定义 8.9 设 $z=f(u,v)$ 在对应点 (u,v) 具有连续的偏导数,且 $u=\varphi(x)$ 与 $v=\psi(x)$ 在 x 处可导,则复合函数 $z=f(u,v)$ 在 x 处可导,且导数为

$$\frac{\mathrm{d}z}{\mathrm{d}x}=\frac{\partial z}{\partial u}\cdot\frac{\mathrm{d}u}{\mathrm{d}x}+\frac{\partial z}{\partial v}\cdot\frac{\mathrm{d}v}{\mathrm{d}x}.$$

此时 $\frac{\mathrm{d}z}{\mathrm{d}x}$ 称为全导数.

由复合函数全导法则可得链锁规则示意图(见图 8.1).

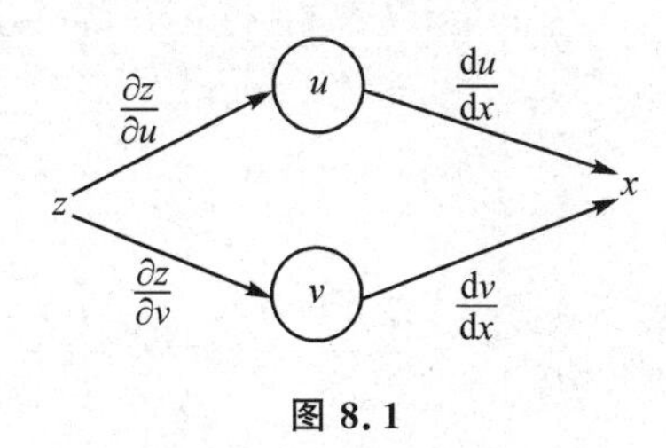

图 8.1

【例 8.10】 设 $z=u^v$,而 $u=\mathrm{e}^x$,$v=1-\mathrm{e}^{2x}$,求$\dfrac{\mathrm{d}z}{\mathrm{d}x}$.

解　$\dfrac{\mathrm{d}z}{\mathrm{d}x}=\dfrac{\partial z}{\partial u}\dfrac{\mathrm{d}u}{\mathrm{d}x}+\dfrac{\partial z}{\partial v}\dfrac{\mathrm{d}v}{\mathrm{d}x}=vu^{v-1}\mathrm{e}^x+u^v\ln u(-2\mathrm{e}^{2x})$

$=(\mathrm{e}^x)^{1-\mathrm{e}^{2x}}-(\mathrm{e}^x)^{1-\mathrm{e}^{2x}}2x\mathrm{e}^{2x}$.

定义 8.10　若函数 $z=f(u,v)$在对应点(u,v)处具有连续的偏导数,而 $u=\phi(x,y)$及 $v=\psi(x,y)$都在(x,y)处具有对 x 及对 y 的偏导数,则复合函数 $z=f(\phi(x,y),\psi(x,y))$也一定在(x,y)处可导,且其偏导数为

$$\begin{cases}\dfrac{\partial z}{\partial x}=\dfrac{\partial z}{\partial u}\cdot\dfrac{\partial u}{\partial x}+\dfrac{\partial z}{\partial v}\cdot\dfrac{\partial v}{\partial x}\\[2ex]\dfrac{\partial z}{\partial y}=\dfrac{\partial z}{\partial u}\cdot\dfrac{\partial u}{\partial y}+\dfrac{\partial z}{\partial v}\cdot\dfrac{\partial v}{\partial y}\end{cases}.$$

它可由图 8.2 进行示意.

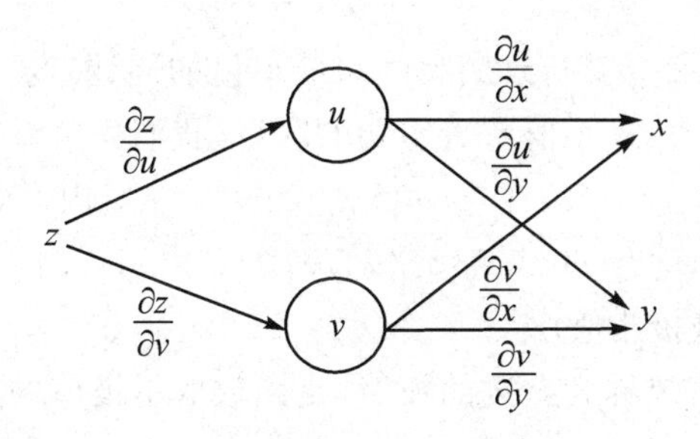

图 8.2

【例 8.11】 设 $z=u^2+v^2$,而 $u=x+y$,$v=x-y$,求$\dfrac{\partial z}{\partial x}$,$\dfrac{\partial z}{\partial y}$.

解　$\dfrac{\partial z}{\partial x}=\dfrac{\partial z}{\partial u}\cdot\dfrac{\partial u}{\partial x}+\dfrac{\partial z}{\partial v}\cdot\dfrac{\partial v}{\partial x}=2u\cdot1+2v\cdot1=2(x+y)+2(x-y)=4x$.

$\dfrac{\partial z}{\partial y}=\dfrac{\partial z}{\partial u}\cdot\dfrac{\partial u}{\partial y}+\dfrac{\partial z}{\partial v}\cdot\dfrac{\partial v}{\partial y}=2u\cdot1+2v\cdot(-1)=2(x+y)-2(x-y)=4y$.

8.1.5　隐函数求导

与一元隐函数的概念相类似,方程 $F(x,y,z)=0$ 且 $z=f(x,y)$所确定的函数称为二元隐函数.

对于二元隐函数,根据一元隐函数求导法,对方程 $F(x,y,z)=0$ 等号两边同时对 x(或

y)求偏导,同时把 z 当成中间变量,得

$$\frac{\partial F}{\partial x}+\frac{\partial F}{\partial z}\frac{\partial z}{\partial x}=0 \quad 或 \quad \frac{\partial F}{\partial x}+\frac{\partial F}{\partial z}\frac{\partial z}{\partial x}=0.$$

从而,当 $\frac{\partial F}{\partial z}\neq 0$ 时,有

$$\frac{\partial z}{\partial x}=-\frac{\partial F}{\partial x}\Big/\frac{\partial F}{\partial z}=-\frac{F_x}{F_z}.$$

$$\frac{\partial z}{\partial y}=-\frac{\partial F}{\partial y}\Big/\frac{\partial F}{\partial z}=-\frac{F_y}{F_z}.$$

此式即为二元隐函数求导公式.

【例 8.12】 设 $x+2y+z-2\sqrt{xyz}=0$,求 $\frac{\partial z}{\partial x},\frac{\partial z}{\partial y}$.

解 设 $F(x,y,z)=x+2y+z-2\sqrt{xyz}$,分别对 x,y,z 求导

$$F_x=1-\frac{yz}{\sqrt{xyz}},\quad F_y=1-\frac{xz}{\sqrt{xyz}},\quad F_z=1-\frac{xy}{\sqrt{xyz}}.$$

故 $\frac{\partial z}{\partial x}=-\frac{F_x}{F_z}=-\frac{1-\frac{yz}{\sqrt{xyz}}}{1-\frac{xy}{\sqrt{xyz}}}=\frac{yz-\sqrt{xyz}}{\sqrt{xyz}-xy},\frac{\partial z}{\partial y}=-\frac{F_y}{F_z}=-\frac{1-\frac{xz}{\sqrt{xyz}}}{1-\frac{xy}{\sqrt{xyz}}}=\frac{xz-\sqrt{xyz}}{\sqrt{xyz}-xy}.$

8.1.6 二元函数极值

在现实生活中,会遇到求多元函数最大值和最小值的问题,与一元函数情形类似,多元函数的最大值、最小值与极大值、极小值有着密切的联系,我们先来看多元函数极值的概念.

定义 8.11 设函数 $z=f(x,y)$ 在点 (x_0,y_0) 的某个邻域内有定义,若对于该函数内任意一点 (x,y),相对于 (x_0,y_0),均有 $f(x,y)<f(x_0,y_0)$(或 $f(x,y)>f(x_0,y_0)$),则称 $f(x_0,y_0)$ 为函数 $z=f(x,y)$ 的极大值(或极小值).

函数的极大值与极小值统称为函数的极值,是函数取得极值的点,称为函数的极值点.

1. 无条件极值

对自变量给出定义域外,并无其他限制条件,把这一类极值问题称为无条件极值问题.

定理 8.4(函数取极值的必要条件) 设函数 $z=f(x,y)$ 在点 $P_0(x_0,y_0)$ 处取得极值且两个偏导数存在,则有 $f'_x(x_0,y_0)=0,\ f'_y(x_0,y_0)=0$.

定理 8.5(函数取极值的充分条件) 设函数 $z=f(x,y)$ 在点 $P_0(x_0,y_0)$ 的某一个邻域 $U(P_0)$ 内具有连续的二阶偏导数,且 $f'_x(x_0,y_0)=0,f'_y(x_0,y_0)=0$,即点 $P_0(x_0,y_0)$ 是函数 $z=f(x,y)$ 的驻点.令

$$A=f''_{xx}(x_0,y_0),\quad B=f''_{xy}(x_0,y_0),\quad C=f''_{yy}(x_0,y_0).$$

则:① 当 $B^2-AC<0$ 时,$f(x,y)$ 在点 $P_0(x_0,y_0)$ 处取得极值,当 $A<0$ 时取得极大值,$A>0$ 时取得极小值;

② 当 $B^2-AC>0$ 时,$f(x,y)$ 在点 $P_0(x_0,y_0)$ 处无极值;

③ 当 $B^2-AC=0$ 时,$f(x,y)$ 在点 $P_0(x_0,y_0)$ 处有可能取极值,也可能不取极值.

根据极值的判定定理 8.4 与定理 8.5，可以得到二元函数 $z=f(x,y)$ 求极值的步骤：

① 确定函数的定义区域，解方程组 $\begin{cases} f'_x(x,y)=0 \\ f'_y(x,y)=0 \end{cases}$ 求出驻点；

② 对于每一个驻点 (x_0,y_0)，计算相应的二阶偏导数 A,B,C 的值；

③ 根据 B^2-AC 及 A 的符号确定点 $P_0(x_0,y_0)$ 是否是极值点，并判定是极大值点还是极小值点，并求出极值.

【例 8.13】 求函数 $f(x,y)=(x^2+y^2)^2-2(x^2-y^2)$ 的极值.

解　方程组

$$\begin{cases} f_x=2(x^2+y^2)\cdot 2x-4x=4x(x^2+y^2-1)=0 & (1) \\ f_y=2(x^2+y^2)\cdot 2y+4y=4y(x^2+y^2+1)=0 & (2) \end{cases}$$

由(2)得 $y=0$，代入(1)得 $x=0$ 或 $x=\pm 1$，故有驻点 $(-1,0)$，$(0,0)$，$(1,0)$，则

$$f_{xx}=4(3x^2+y^2-1),\quad f_{xy}=8xy,\quad f_{yy}=4(x^2+3y^2+1).$$

对于点 $(-1,0)$，$A=8,B=0,C=8,B^2-AC=-64<0$，且 $A=8>0$，所以函数在点 $(-1,0)$ 取得极小值 -1.

对于点 $(1,0)$，$A=8,B=0,C=8,B^2-AC=-64<0$，且 $A=8>0$，所以函数在点 $(1,0)$ 取得极小值 -1.

对于点 $(0,0)$，$A=-4,B=0,C=4,B^2-AC=16>0$，所以 $(0,0)$ 不是极值点.

2. 条件极值与拉格朗日乘数法

求函数 $z=f(x,y)$，$(x,y)\in D$ 在约束条件 $g(x,y)=0$ 之下的极值. 这是条件极值问题，是在函数的定义域 D 上满足附加条件 $g(x,y)=0$ 的点中选取极值点.

(1) 把条件极值问题转化为无条件极值问题

先从约束条件 $g(x,y)=0$ 中解出 y，即将 y 表示为 x 的函数 $y=\varphi(x)$，再把它代入函数 $z=f(x,y)$ 中得到 $z=f(x,\varphi(x))$，这个一元函数的无条件极值就是二元函数 $z=f(x,y)$ 在约束条件 $g(x,y)=0$ 下的条件极值. 当从条件 $g(x,y)=0$ 解出 y 较困难时，此法就不适用.

(2) 拉格朗日乘数法求条件极值

首先做辅助函数 $F(x,y)=f(x,y)+\lambda g(x,y)$，其中 λ(拉格朗日乘数)为待定系数.

其次求可能的极值点，求偏导数，并求解方程组

$$\begin{cases} \dfrac{\partial F}{\partial x}=\dfrac{\partial f}{\partial x}+\lambda\dfrac{\partial g}{\partial x} \\ \dfrac{\partial F}{\partial y}=\dfrac{\partial f}{\partial y}+\lambda\dfrac{\partial g}{\partial y} \\ g(x,y)=0 \end{cases}.$$

一般情况是消去 λ，解出 x,y，则点 (x,y) 就是可能的极值点.

最后判定可能极值点是否为极值点，一般根据问题的实际意义来判定.

【例 8.14】 欲围一个面积为 60 m^2 的矩形场地，正面所用材料造价 10 元/m，其余三面造价 5 元/m，求场地的长、宽各为多少 m 时，所用材料费最省？

解　场地的长为 x m，宽为 y m，则问题归结为在约束条件 $xy=60$ 下求 $f(x,y)=15x+10y$ 的最小值，如图 8.3 所示.

作拉格朗日函数 $L(x,y,\lambda)=15x+10y+\lambda(xy-60)$

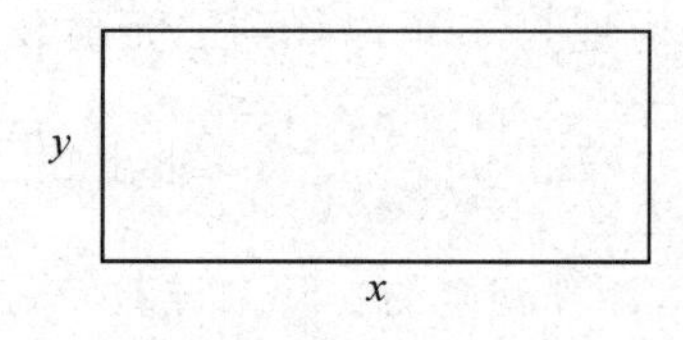

图 8.3

$$\begin{cases} L_x = 15 + \lambda y = 0 & (1) \\ L_y = 10 + \lambda x = 0 & (2) \\ xy = 60 & (3) \end{cases}$$

由(1),(2)可得 $$15x - 10y = 0, \quad y = \frac{3}{2}x.$$

代入(3)得 $$x = 2\sqrt{10}, \quad y = 3\sqrt{10}.$$

由问题本身的意义知,该点就是所求最小值,即当长为 $2\sqrt{10}$ m,宽为 $3\sqrt{10}$ m 时所用材料费最省.

习题 8.1

1. 函数 $z = \dfrac{\sqrt{4x - y^2}}{\ln(1 - x^2 - y^2)}$ 的定义域为________.

2. $\lim\limits_{(x,y)\to(0,0)} \dfrac{1 - \sqrt{xy+1}}{xy} =$ ________.

3. 已知函数 $z = e^{x^2 y}$,则 $\dfrac{\partial z}{\partial x} =$ ________,$\dfrac{\partial z}{\partial y} =$ ________.

4. 求函数 $z = 3x^2 y + 2xy + xy^3$ 的一阶偏导数及全微分.

5. 求函数 $z = \arctan \dfrac{x+y}{1-xy}$ 的高阶偏导数 $\dfrac{\partial^2 z}{\partial x^2}, \dfrac{\partial^2 z}{\partial x \partial y}, \dfrac{\partial^2 z}{\partial y^2}$.

6. 已知 $z = e^u \sin v, u = xy, v = x + y$,求偏导数 $\dfrac{\partial z}{\partial x}, \dfrac{\partial z}{\partial y}$.

7. 求由 $x^2 + 2y^2 + 3z^2 = 4$ 所确定的二元隐函数 $z = z(x,y)$ 的偏导数 $\dfrac{\partial z}{\partial x}, \dfrac{\partial z}{\partial y}$.

8. 求函数 $f(x,y) = x^3 - y^3 + 3x^2 + 3y^2 - 9x + 10$ 的极值.

9. 求函数 $z = x^2 + y^2$ 在附加条件 $x + y = 2$ 下的极大值.

8.2 二重积分计算

8.2.1 二重积分的概念和性质

引例 1 曲顶柱体的体积

曲顶柱体是一立体,它的底是 Oxy 面上的有界区域 D,它的侧面是以 D 的边界曲线为准线而母线平行于 z 轴的柱面,它的顶是曲面 $z = f(x,y)$,这里设 $z = f(x,y) \geqslant 0$ 且在 D 上连续,求此曲顶柱体的体积.

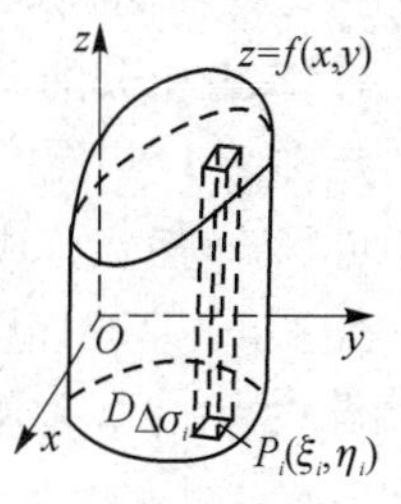

图 8.4

我们知道,平顶柱体的体积公式为:体积=底面积×高,而曲顶柱体的高 $z=f(x,y)$ 是变量,它的体积不能用上述公式来计算,为了解决这个矛盾,把定积分中求曲边梯形面积的方法推广并应用到求曲顶柱体的体积中去,即将曲顶柱体分割成若干个小的曲顶柱体,将每一个小的曲顶柱体近似为平顶柱体并求出其体积,再累加求和取极限求出该曲顶柱体的体积,如图 8.4 所示,根据分割原理,其具体步骤如下:

① 分割. 将区域 D 任意分割成 n 个小区域 $\Delta\sigma_1,\Delta\sigma_2,\Delta\sigma_3,\cdots,\Delta\sigma_n$,且用 $\Delta\sigma_i(i=1,2,3,\cdots,n)$ 表示第 i 个小区域的面积,分别以这些小区域的边界为准线,做平行于 z 轴的柱面,这些柱面将原先的曲顶柱体分成 n 个小的曲顶柱体 $\Delta V_1,\Delta V_2,\Delta V_3,\cdots,\Delta V_n$,再表示第 i 个小曲顶柱体体积的近似值.

② 取近似. 对于每一个小曲顶柱体来说,由于 $f(x,y)$ 变化很小,这时可近似将小曲顶柱体看作平顶柱体. 因此,在区域 $\Delta\sigma_i$ 中任取一点 (ξ_i,η_i),用以 $\Delta\sigma_i$ 为底,$f(\xi_i,\eta_i)$ 为高的小平顶柱体的体积近似地代替小曲顶柱体的体积 ΔV_i,即

$$\Delta V_i\approx f(\xi_i,\eta_i)\Delta\sigma_i,\quad i=1,2,3,\cdots,n.$$

③ 求和. 将这 n 个小平顶柱体体积相加,得到原曲顶柱体的体积的近似值,即

$$V\approx\sum_{i=1}^{n}f(\xi_i,\eta_i)\Delta\sigma_i.$$

④ 取极限. 将区域 D 无限细分,V 的近似值就无限趋近于原曲顶柱体的体积,如果记 n 个小区域的直径中最大值为 λ(一个有界闭区域的直径是指其任意两点的最大距离),即当 $\lambda\to0$ 时,如果上述和式的极限存在,则此极限就是曲顶柱体的体积,即

$$V\approx\lim_{\lambda\to0}\sum_{i=1}^{n}f(\xi_i,\eta_i)\Delta\sigma_i.$$

引例 2　平面薄片的质量

设有一平面薄片占有 xOy 面上的闭区域 D,它在点 (x,y) 处的面密度为 $\rho(x,y)$,这里 $\rho(x,y)>0$ 且在 D 上连续,现在计算该薄片的质量 M.

我们知道,如果薄片是均匀的,即面密度是常数,那么该薄片的质量可以用公式

质量=面积×面密度.

来计算. 现在面密度 $\rho(x,y)$ 是变量,薄片的质量就不能直接用上式来计算,但是上面用来处理曲顶柱体体积问题的方法完全适用于本问题.

由于 $\rho(x,y)$ 连续,把薄片分成许多小块后,只要小块所占的小闭区域 $\Delta\sigma_i$ 的直径很小,这些小块就可以近似地看作均匀薄片,在 $\Delta\sigma_i$ 上任取一点 (ξ_i,η_i),则

$$\rho(\xi_i,\eta_i)\Delta\sigma_i,\quad i=1,2,3,\cdots,n.$$

可看作第 i 个小块的质量的近似值(见图 8.5). 通过求和、取极限,便得出

$$M\approx\lim_{\lambda\to0}\sum_{i=1}^{n}\rho(\xi_i,\eta_i)\Delta\sigma_i.$$

上面两个问题的实际意义虽然不同,但所求量都归结为同一形式的和的极限,在物理、力学、几何和工程技术中,有许多物理量或几何量都可归结为这一形式的和的极限. 因此要一般

地研究这种和的极限,并抽象出下述二重积分的定义.

1. 二重积分的概念

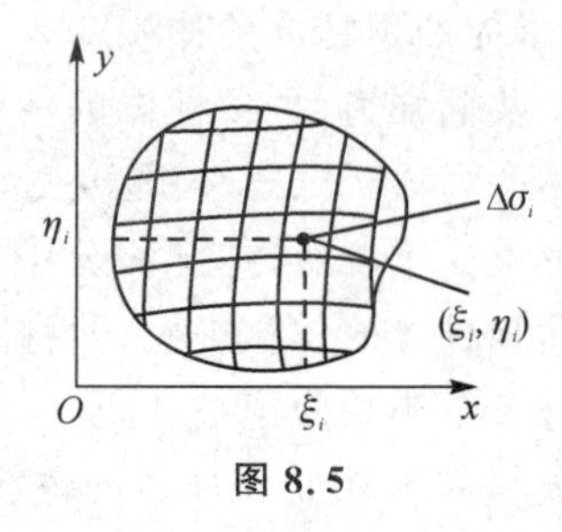

图 8.5

定义 8.12 设 $f(x,y)$是有界闭区域 D 上的有界函数.将闭区域 D 任意分成n 个小闭区域 $\Delta\sigma_1,\Delta\sigma_2,\cdots,\Delta\sigma_n$，其中 $\Delta\sigma_i$ 表示第i 个小闭区域,也表示它的面积,在每个 $\Delta\sigma_i$ 上任取一点(ξ_i,η_i)，作乘积 $f(\xi_i,\eta_i)\Delta\sigma_i,(i=1,2,\cdots,n)$,并作和

$$\sum_{i=1}^{n}f(\xi_i,\eta_i)\Delta\sigma_i.$$

如果当各小闭区域的直径中的最大值λ 趋近于零时，这和式的极限存在，则称此极限为函数 $f(x,y)$在闭区域 D 上的二重积分，记为$\iint\limits_D f(x,y)\mathrm{d}\sigma$，即

$$\iint\limits_D f(x,y)\mathrm{d}\sigma=\lim_{\lambda\to 0}\sum_{i=1}^{n}f(\xi_i,\eta_i)\Delta\sigma_i.$$

其中 $f(x,y)$称为被积函数,$f(x,y)\mathrm{d}\sigma$ 称为被积表达式,$\mathrm{d}\sigma$ 称为面积微元，x 和 y 称为积分变量,D 称为积分区域，并称 $\sum\limits_{i=1}^{n}f(\xi_i,\eta_i)\Delta\sigma_i$ 为积分和.

对二重积分定义的说明：

① 如果二重积分$\iint\limits_D f(x,y)\mathrm{d}\sigma$存在,则称函数 $f(x,y)$ 在区域D 上是可积的. 可以证明，如果函数 $f(x,y)$ 在区域D 上连续,则 $f(x,y)$ 在区域D 上是可积的. 今后,总假定被积函数 $f(x,y)$ 在积分区域 D 上是连续的；

② 根据定义,如果函数 $f(x,y)$ 在区域 D 上可积,则二重积分的值与对积分区域的分割方法无关,因此,在直角坐标系中,常用平行于x 轴和y 轴的两组直线来分割积分区域D,则除了包含边界点的一些小闭区域外,其余的小闭区域都是矩形闭区域. 设矩形闭区域 $\Delta\sigma_i$ 的边长为 Δx_i 和 Δy_j，于是 $\Delta\sigma_i=\Delta x_i\Delta y_j$. 故在直角坐标系中，面积微元 $\mathrm{d}\sigma$ 可记为 $\mathrm{d}x\mathrm{d}y$，即 $\mathrm{d}\sigma=\mathrm{d}x\mathrm{d}y$.

进而把二重积分记为$\iint\limits_D f(x,y)\mathrm{d}x\mathrm{d}y$,这里把 $\mathrm{d}x\mathrm{d}y$ 称为直角坐标系下的面积微元.

2. 二重积分的性质

性质 8.1(线性性质) 如果 $f(x,y)$和 $g(x,y)$在闭区域 D 上可积,k 为常数,则：

① $\iint\limits_D[f(x,y)\pm g(x,y)]\mathrm{d}\sigma=\iint\limits_D f(x,y)\mathrm{d}\sigma\pm\iint\limits_D g(x,y)\mathrm{d}\sigma$；

② $\iint\limits_D kf(x,y)\mathrm{d}\sigma=k\iint\limits_D f(x,y)\mathrm{d}\sigma$.

性质 8.2(积分区域可加性) 如果 $f(x,y)$ 在闭区域D 上可积,且D 可分成D_1 和D_2 两个区域,则$\iint\limits_D f(x,y)\mathrm{d}\sigma=\iint\limits_{D_1}f(x,y)\mathrm{d}\sigma+\iint\limits_{D_2}f(x,y)\mathrm{d}\sigma$.

性质 8.3 如果 $f(x,y)\geqslant 0$,则$\iint\limits_D f(x,y)\mathrm{d}\sigma\geqslant 0$.

推论 8.1(积分的比较性质)　如果 $f(x,y)$ 和 $g(x,y)$ 在闭区域 D 上可积,且在 D 上有 $f(x,y) \leqslant g(x,y)$,则 $\iint\limits_D f(x,y)\mathrm{d}\sigma \leqslant \iint\limits_D g(x,y)\mathrm{d}\sigma$.

推论 8.2　如果 $f(x,y)$ 在闭区域 D 上可积,则 $|f(x,y)|$ 在 D 上也可积,且 $\left|\iint\limits_D f(x,y)\mathrm{d}\sigma\right| \leqslant \iint\limits_D |f(x,y)|\mathrm{d}\sigma$.

性质 8.4　如果在闭区域 D 上有 $f(x,y) \equiv 1$,则 $\iint\limits_D f(x,y)\mathrm{d}\sigma = S_D$($S_D$ 为积分区域面积).

性质 8.5(积分估值定理)　如果 $f(x,y)$ 在闭区域 D 上可积,且 $m \leqslant f(x,y) \leqslant M$,其中 $(x,y) \in D$,而 m,M 为常数,则

$$mS_D \leqslant \iint\limits_D f(x,y)\mathrm{d}\sigma \leqslant MS_D \text{(}S_D\text{ 为积分区域面积).}$$

性质 8.6(积分中值定理)　如果 $f(x,y)$ 在闭区域 D 上可积,S_D 为积分区域面积,则在 D 内至少存在一点 (ξ,η),使得

$$\iint\limits_D f(x,y)\mathrm{d}\sigma = f(\xi,\eta)S_D.$$

【例 8.15】　判断积分 $\iint\limits_{1<x^2+y^2\leqslant 2} \ln(x^2+y^2)\mathrm{d}x\mathrm{d}y$ 的正负.

解　由于 $1 < x^2+y^2 \leqslant 2$,所以 $\ln(x^2+y^2) > 0$,于是 $\iint\limits_{1<x^2+y^2\leqslant 2} \ln(x^2+y^2)\mathrm{d}x\mathrm{d}y > 0$.

【例 8.16】　估计二重积分 $\iint\limits_D xy(x+y)\mathrm{d}\sigma$ 的值,其中 D 是矩形闭区域 $0 \leqslant x \leqslant 1, 0 \leqslant y \leqslant 1$.

解　由题意 $0 \leqslant x \leqslant 1, 0 \leqslant y \leqslant 1$,则 $0 \leqslant xy(x+y) \leqslant 2$,即有 $0 \leqslant \iint\limits_D xy(x+y)\mathrm{d}\sigma \leqslant \iint\limits_D 2\mathrm{d}\sigma = 2$.

8.2.2　二重积分的计算

1. 在直角坐标系中计算二重积分

对于二重积分的计算所采用的方法是将二重积分化为二次积分来计算.

在直角坐标系中,采用平行于 x 轴和 y 轴的直线把区域 D 分成许多小矩形,于是面积微元为 $\mathrm{d}\sigma = \mathrm{d}x\mathrm{d}y$,二重积分可以写成 $\iint\limits_D f(x,y)\mathrm{d}x\mathrm{d}y$.

我们知道,当 $f(x,y) \geqslant 0$ 时,二重积分 $\iint\limits_D f(x,y)\mathrm{d}x\mathrm{d}y$ 在几何上表示以区域 D 为底,以曲面 $z = f(x,y)$ 为顶的曲面柱体的体积,下面用二重积分的几何意义来导出化二重积分为二次积分的方法.

设曲顶柱面的底为区域 D,它是由曲线 $y = \varphi_1(x)$,$y = \varphi_2(x)$ 所围成的,如图 8.6 所示,即 D 可表示为不等式

$$\varphi_1(x) \leqslant y \leqslant \varphi_2(x), \quad a \leqslant x \leqslant b.$$

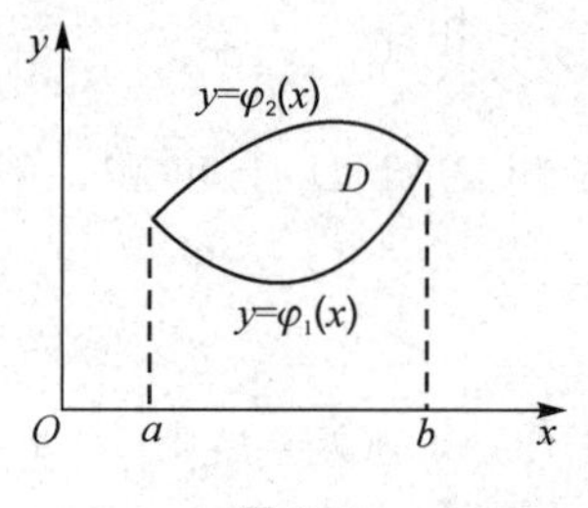

图 8.6

曲线 $\varphi_1(x)$,$\varphi_2(x)$ 都是区间 $[a,b]$ 上的连续函数,此类型叫作 X 型区域.其二重积分可表示为

$$\iint_D f(x,y)\mathrm{d}x\mathrm{d}y = \int_a^b \mathrm{d}x \int_{\varphi_1(x)}^{\varphi_2(x)} f(x,y)\mathrm{d}y.$$

类似地,如果积分区域 D 可以用不等式

$$\psi_1(y) \leqslant x \leqslant \psi_2(y), \quad c \leqslant y \leqslant d.$$

来表示(见图 8.7),其中函数 $\psi_1(y)$、$\psi_2(y)$ 在区间 $[c,d]$ 上连续,那么就有

$$\iint_D f(x,y)\mathrm{d}x\mathrm{d}y = \int_c^d \mathrm{d}y \int_{\psi_1(y)}^{\psi_2(y)} f(x,y)\mathrm{d}x.$$

先对 x、后对 y 的二次积分,此类型叫作 Y 型区域.

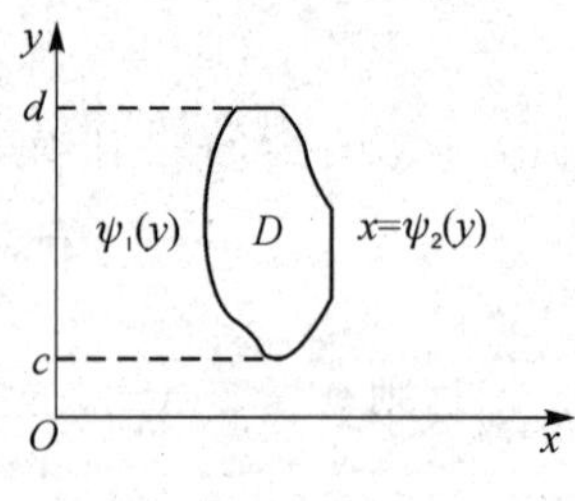

图 8.7

【例 8.17】 计算二重积分 $\iint_D (x+2y)\mathrm{d}\sigma$,其中 $0 \leqslant x \leqslant 2, 1 \leqslant y \leqslant 4$.

解 如果先对 x 积分,再对 y 积分,则有

$$\begin{aligned}\iint_D (x+2y)\mathrm{d}\sigma &= \int_1^4 \mathrm{d}y \int_0^2 (x+2y)\mathrm{d}x \\ &= \int_1^4 \left(\frac{1}{2}x^2 + 2xy\right)\Big|_0^2 \mathrm{d}y = \int_1^4 (2+4y)\mathrm{d}y \\ &= (2y+2y^2)\Big|_1^4 = 36.\end{aligned}$$

如果先对 y 积分,再对 x 积分,则有

$$\begin{aligned}\iint_D (x+2y)\mathrm{d}\sigma &= \int_0^2 \mathrm{d}x \int_1^4 (x+2y)\mathrm{d}y \\ &= \int_0^2 (xy+y^2)\Big|_1^4 \mathrm{d}x = \int_0^2 (3x+15)\mathrm{d}x\end{aligned}$$

$$=\left(\frac{3}{2}x^2+15x\right)\Big|_0^2=36.$$

【例 8.18】 计算二重积分 $\iint\limits_D xy\,\mathrm{d}\sigma$，其中 D 是由直线 $y=x$、$x=1$ 及 x 轴所围成的区域.

解 如图 8.8 所示，如果先对 x 积分，再对 y 积分，则有

$$\iint\limits_D xy\,\mathrm{d}\sigma=\int_0^1\mathrm{d}y\int_y^1 xy\,\mathrm{d}x=\int_0^1\frac{1}{2}yx^2\Big|_y^1\mathrm{d}y=\int_0^1\left(\frac{1}{2}y-\frac{1}{2}y^3\right)\mathrm{d}y=\left(\frac{1}{4}y^2-\frac{1}{8}y^4\right)\Big|_0^1=\frac{1}{8}.$$

如果先对 y 积分，再对 x 积分，则有

$$\iint\limits_D xy\,\mathrm{d}\sigma=\int_0^1\mathrm{d}x\int_0^x xy\,\mathrm{d}y=\int_0^1\frac{1}{2}xy^2\Big|_0^x\mathrm{d}y=\int_0^1\frac{1}{2}x^3\,\mathrm{d}x=\frac{1}{8}x^4\Big|_0^1=\frac{1}{8}.$$

【例 8.19】 求二重积分 $\iint\limits_D x^2\mathrm{e}^{-y^2}\,\mathrm{d}\sigma$，其中 D 是以(0,0)，(1,1)，(0,1)为顶点的三角形闭区域.

解 如图 8.9 所示，则

$$\begin{aligned}\iint\limits_D x^2\mathrm{e}^{-y^2}\,\mathrm{d}\sigma&=\int_0^1\mathrm{d}y\int_0^y x^2\mathrm{e}^{-y^2}\,\mathrm{d}x=\int_0^2\frac{1}{3}x^3\mathrm{e}^{-y^2}\Big|_0^y\mathrm{d}y\\&=\int_0^2\frac{1}{3}y^3\mathrm{e}^{-y^2}\,\mathrm{d}y=-\frac{1}{6}\int_0^2 y^2\mathrm{d}(\mathrm{e}^{-y^2})\\&=-\frac{1}{6}\left(y^2\mathrm{e}^{-y^2}\Big|_0^1-\int_0^1\mathrm{e}^{-y^2}\mathrm{d}y^2\right)\\&=-\frac{1}{6}\left[\mathrm{e}^{-1}+\mathrm{e}^{-y^2}\Big|_0^1\right]=\frac{1}{6}(1-2\mathrm{e}^{-1}).\end{aligned}$$

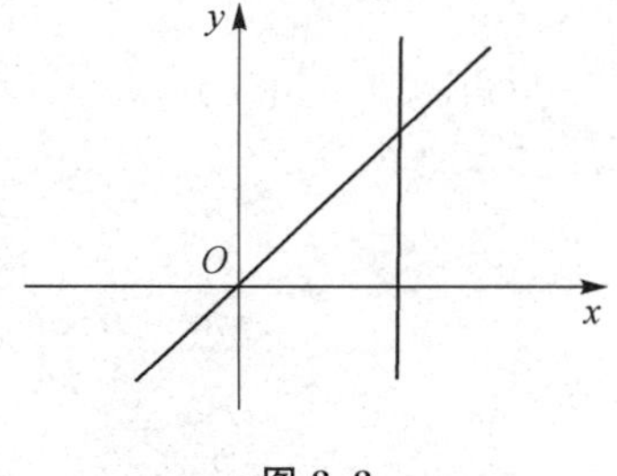

图 8.8

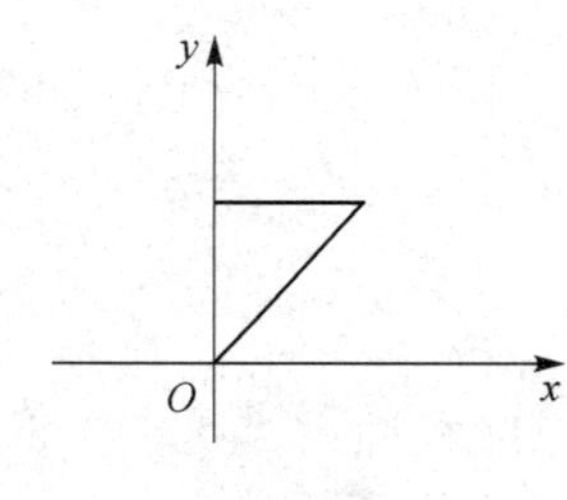

图 8.9

2. 在极坐标系中计算二重积分

有些二重积分，积分区域 D 的边界曲线用极坐标方程来表示比较方便，且被积函数用极坐标变量 r、θ 表达比较简单. 这时，就可以考虑利用极坐标来计算二重积分 $\iint\limits_D f(x,y)\mathrm{d}\sigma$.

首先，用 r 取一系列常数(得到一族中心在极点的同心圆)和 θ 取一系列常数(得到一族过极点的射线)的两组曲线将 D 分成许多小区域，如图 8.10 所示，于是得到了极坐标下的面积元素为 $\mathrm{d}\sigma=r\mathrm{d}r\mathrm{d}\theta$，再分别用 $x=r\cos\theta$，$y=r\sin\theta$ 代换被积函数 $f(x,y)$ 中的 x，y，这样二重积分在极坐标系下的表达式为

$$\iint\limits_D f(x,y)\mathrm{d}\sigma=\iint\limits_D f(r\cos\theta,r\sin\theta)\mathrm{d}r\mathrm{d}\theta.$$

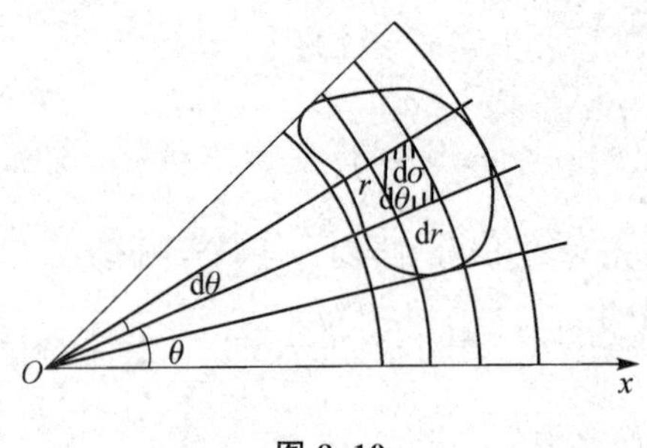

图 8.10

极坐标系下的二重积分,也是将它化为二次积分来计算,下面分情况来说明.

(1) 如果极点 O 在区域 D 内部

如图 8.11 所示,区域 D 可表示为 $D:\begin{cases}0\leqslant r\leqslant r(\theta)\\0\leqslant\theta\leqslant 2\pi\end{cases}$,于是有

$$\iint\limits_D f(r\cos\theta,r\sin\theta)\mathrm{d}r\mathrm{d}\theta=\int_0^{2\pi}\mathrm{d}\theta\int_0^{r(\theta)}f(r\cos\theta,r\sin\theta)r\mathrm{d}r.$$

(2) 如果极点 O 在区域 D 边界上

如图 8.12 所示,区域 D 可表示为 $D:\begin{cases}0\leqslant r\leqslant r(\theta)\\\alpha\leqslant\theta\leqslant\beta\end{cases}$,于是有

$$\iint\limits_D f(r\cos\theta,r\sin\theta)\mathrm{d}r\mathrm{d}\theta=\int_\alpha^{\beta}\mathrm{d}\theta\int_0^{r(\theta)}f(r\cos\theta,r\sin\theta)r\mathrm{d}r.$$

(3) 如果极点 O 在区域 D 之外

如图 8.13 所示,区域 D 可表示为 $D:\begin{cases}r_1(\theta)\leqslant r\leqslant r_2(\theta)\\\alpha\leqslant\theta\leqslant\beta\end{cases}$,于是有

$$\iint\limits_D f(r\cos\theta,r\sin\theta)\mathrm{d}r\mathrm{d}\theta=\int_\alpha^{\beta}\mathrm{d}\theta\int_{r_1(\theta)}^{r_2(\theta)}f(r\cos\theta,r\sin\theta)r\mathrm{d}r.$$

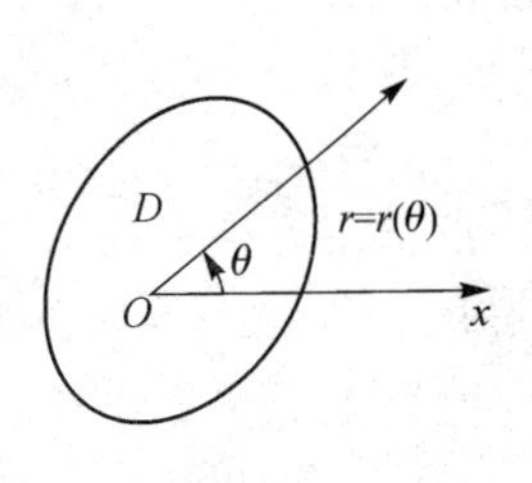

图 8.11

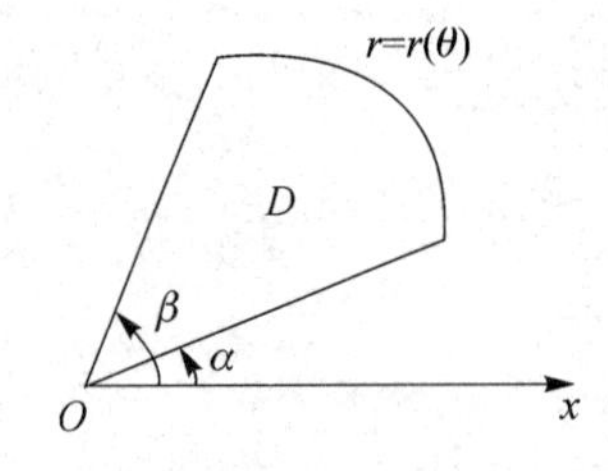

图 8.12

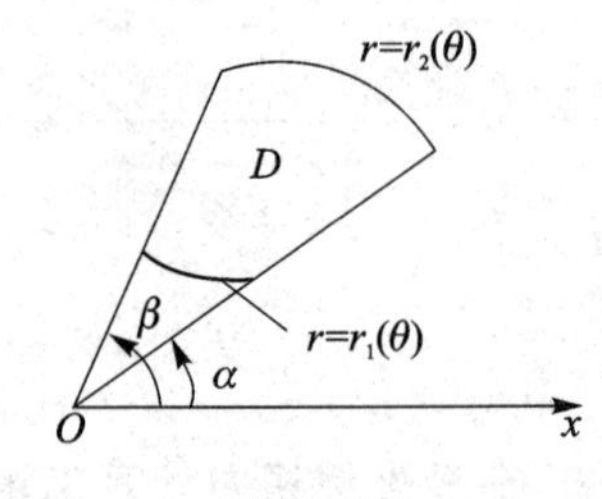

图 8.13

【例 8.20】 计算二重积分 $\iint\limits_D \mathrm{e}^{x^2+y^2}\mathrm{d}\sigma$,其中 D 是由 $x^2+y^2=9$ 所围成的闭区域.

解 由题意可知需采用极坐标计算二重积分,令 $x=r\cos\theta,y=r\sin\theta$,其中 $\theta\in[0,2\pi]$,$r\in[0,3]$,如图 8.14 所示,则

$$\iint\limits_D \mathrm{e}^{x^2+y^2}\mathrm{d}\sigma=\int_0^{2\pi}\mathrm{d}\theta\int_0^3 r\mathrm{e}^{r^2}\mathrm{d}r=\frac{1}{2}\cdot 2\pi\cdot\mathrm{e}^{r^2}\Big|_0^3=\pi(\mathrm{e}^9-1).$$

【例 8.21】 计算二重积分 $\iint\limits_D (x^2+y^2)\mathrm{d}\sigma$,其中 D 是由 $x^2+y^2=2ax(a>0)$ 与 x 轴所围

成的上半部分闭区域。

解　如图 8.15 所示，令 $x=r\cos\theta, y=r\sin\theta$，其中 $\theta\in\left[0,\dfrac{\pi}{2}\right], r\in[0,2a\cos\theta]$，则

$$\iint\limits_D (x^2+y^2)\mathrm{d}\sigma=\int_0^{\frac{\pi}{2}}\mathrm{d}\theta\int_0^{2a\cos\theta} r^3\mathrm{d}r=4a^4\int_0^{\frac{\pi}{2}}\cos^4\theta\mathrm{d}\theta=4a^4\cdot\frac{3}{4}\cdot\frac{1}{2}\cdot\frac{\pi}{2}=\frac{3}{4}\pi a^4.$$

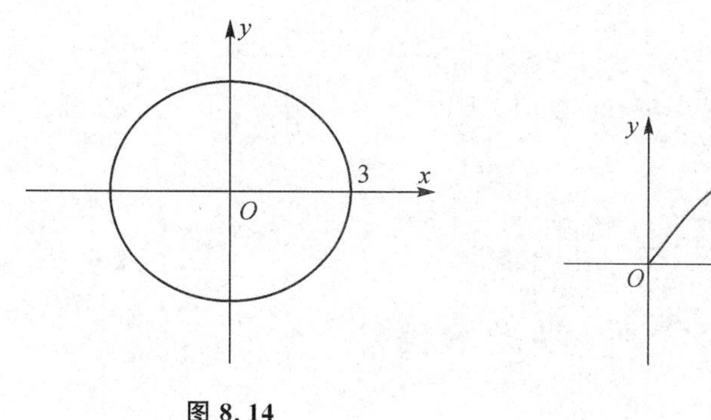

图 8.14　　　　图 8.15

8.2.3　二重积分应用举例

二重积分在生活中有许多重要的应用，可以求平面图形面积、立体图形体积，以及在物理学上可以求质量、重心等，下面介绍二重积分在几何上的应用.

1. 求平面图形的面积

在一元函数中，利用定积分计算面积，对于二元函数，由其性质 8.4 可知，如果在闭区域 D 上有 $f(x,y)\equiv 1$，则 $\iint\limits_D f(x,y)\mathrm{d}\sigma=S_D$（$S_D$ 为积分区域面积）.

【例 8.22】　计算由函数 $y=x^2, y=8-x^2$ 所围成的平面图形的面积.

解　如图 8.16 所示，联立求解 $\begin{cases}y=x^2\\ y=8-x^2\end{cases}$，得曲线的交点为 $A(-2,4)$、$B(2,4)$，则

$$S=\iint\limits_D \mathrm{d}x\mathrm{d}y=\int_{-2}^{2}\mathrm{d}x\int_{x^2}^{8-x^2}\mathrm{d}y$$

$$=\int_{-2}^{2}(8-x^2-x^2)\mathrm{d}x=\left(8x-\frac{2}{3}x^3\right)\Big|_{-2}^{2}=\frac{64}{3}.$$

2. 求立体图形的体积

由二重积分的定义可知，曲顶柱体的体积 V 是曲面方程 $f(x,y)\geqslant 0$ 在区域 D 上的二重积分，即

$$V=\iint\limits_D f(x,y)\mathrm{d}x\mathrm{d}y.$$

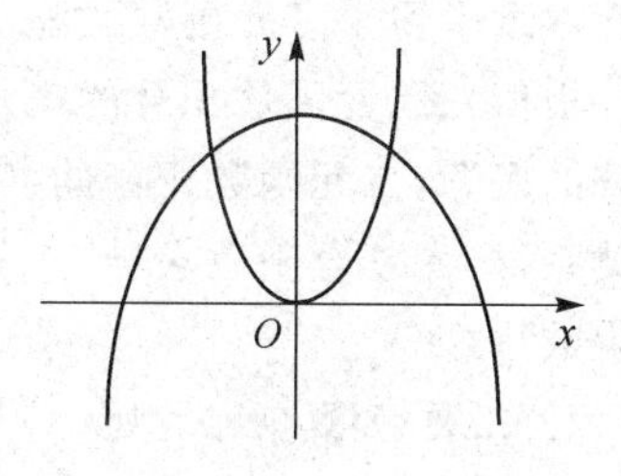

图 8.16

【例 8.23】　求椭球面 $\dfrac{x^2}{a^2}+\dfrac{y^2}{b^2}+\dfrac{z^2}{c^2}=1$ 所围成的椭球的体积.

解　由于椭球体在空间直角坐标系八个卦限上的体积是对称的，令 D 表示椭球面在 xOy 坐标面第一象限的投影区域，则

$$D=\left\{(x,y)\left|\frac{x^2}{a^2}+\frac{y^2}{b^2}\leqslant 1,\ x\geqslant 0,\ y\geqslant 0\right.\right\}.$$

体积$V=8\iint\limits_D z(x,y)\mathrm{d}x\mathrm{d}y$. 作广义极坐标变换$x=ar\cos\theta, y=br\sin\theta$,则此变换的雅可比行列式$J=abr$,与$D$相对应的积分区域$D^*=\{(r,\theta)\,|\,0\leqslant r\leqslant 1,\ 0\leqslant\theta\leqslant\pi/2\}$,此时$z=z(x,y)=c\sqrt{1-r^2}$,从而

$$\begin{aligned}V&=8\iint\limits_{D^*} z(ar\cos\theta,br\sin\theta)\,|J|\,\mathrm{d}r\mathrm{d}\theta=8\int_0^{\frac{\pi}{2}}\mathrm{d}\theta\int_0^1 c\sqrt{1-r^2}\,abr\,\mathrm{d}r\\&=8abc\cdot\frac{\pi}{2}\int_0^1 r\sqrt{1-r^2}\,\mathrm{d}r=\frac{4}{3}\pi abc.\end{aligned}$$

习题 8.2

1. 改变下列二次积分的积分次序.

(1) $\int_1^{\mathrm{e}}\mathrm{d}x\int_0^{\ln x}f(x,y)\mathrm{d}y$;

(2) $\int_0^1\mathrm{d}x\int_0^x f(x,y)\mathrm{d}y+\int_1^2\mathrm{d}x\int_0^{2-x}f(x,y)\mathrm{d}y$.

2. 计算二重积分$\iint\limits_D(2x-y+3)\mathrm{d}x\mathrm{d}y$,其中$D$是由$-1\leqslant x\leqslant 1, 0\leqslant y\leqslant 3$所围成的区域.

3. 计算二重积分$\iint\limits_D 6x^2y^2\mathrm{d}x\mathrm{d}y$,其中$D$是由$y=x, y=-x$及$y=2-x^2$所围成的在$x$轴上方的区域.

4. 计算二重积分$\iint\limits_D\ln(x^2+y^2+1)\mathrm{d}x\mathrm{d}y$,其中$D$是由$y=x, x^2+y^2=4$及$y$轴在第一象限所围成的区域.

本章小结

本章学习了多元函数微积分学,着重学习了多元函数的极限、偏导数、全微分、极值(包括条件极值)、二元函数积分的概念及其相应的运算.重点是二元函数、偏导数的概念与计算,全微分的概念,二元函数积分的概念.难点是二元函数的极限与连续、偏导数存在与全微分之间的关系,多元复合函数求导,多元极值存在的充分条件和必要条件,条件极值的概念和拉格朗日乘数法.

1. 二重极限

设函数$z=f(x,y)$在点$P_0(x_0,y_0)$的附近有定义,如果当动点$P(x,y)$以任何方式趋向于点$P_0(x_0,y_0)$时(即$x\to x_0, y\to y_0$时),函数$f(x,y)$总是无限接近于一个固定的数A.那么,就说函数$f(x,y)$当点$P(x,y)$趋向于$P_0(x_0,y_0)$时极限存在,A就叫作函数$P(x,y)$趋向于$P_0(x_0,y_0)$时的极限,记作

$$\lim_{P\to P_0} f(P)=\lim_{\substack{x\to x_0\\ y\to y_0}} f(x,y)=A.$$

2. 一阶偏导数及全微分

$$f'_x(x_0,y_0)=\lim_{\Delta x\to 0}\frac{f(x_0+\Delta x,y_0)-f(x_0,y_0)}{\Delta x}.$$

$$f'_y(x_0,y_0)=\lim_{\Delta y\to 0}\frac{f(x_0,y_0+\Delta y)-f(x_0,y_0)}{\Delta y}.$$

$$\mathrm{d}z=\frac{\partial z}{\partial x}\mathrm{d}x+\frac{\partial z}{\partial y}\mathrm{d}y.$$

3. 二阶偏导数

$$\frac{\partial^2 z}{\partial x^2}=\frac{\partial}{\partial x}\left(\frac{\partial z}{\partial x}\right)=f''_{xx}(x,y),\quad \frac{\partial^2 z}{\partial y^2}=\frac{\partial}{\partial y}\left(\frac{\partial z}{\partial y}\right)=f''_{yy}(x,y).$$

$$\frac{\partial^2 z}{\partial x\partial y}=\frac{\partial}{\partial y}\left(\frac{\partial z}{\partial x}\right)=f''_{xy}(x,y),\quad \frac{\partial^2 z}{\partial y\partial x}=\frac{\partial}{\partial x}\left(\frac{\partial z}{\partial y}\right)=f''_{yx}(x,y).$$

4. 复合函数求导法

$$\frac{\mathrm{d}z}{\mathrm{d}x}=\frac{\partial z}{\partial u}\cdot\frac{\mathrm{d}u}{\mathrm{d}x}+\frac{\partial z}{\partial v}\cdot\frac{\mathrm{d}v}{\mathrm{d}x},\quad \begin{cases}\dfrac{\partial z}{\partial x}=\dfrac{\partial z}{\partial u}\cdot\dfrac{\partial u}{\partial x}+\dfrac{\partial z}{\partial v}\cdot\dfrac{\partial v}{\partial x}\\[2ex] \dfrac{\partial z}{\partial y}=\dfrac{\partial z}{\partial u}\cdot\dfrac{\partial u}{\partial y}+\dfrac{\partial z}{\partial v}\cdot\dfrac{\partial v}{\partial y}\end{cases}.$$

5. 隐函数求导法

$$\frac{\partial z}{\partial x}=-\frac{\partial F}{\partial x}\Big/\frac{\partial F}{\partial z}=-\frac{F'_x}{F'_z}.$$

$$\frac{\partial z}{\partial y}=-\frac{\partial F}{\partial y}\Big/\frac{\partial F}{\partial z}=-\frac{F'_y}{F'_z}.$$

6. 无条件极值和条件极值的求法

7. 二重积分概念和性质

（略）

设 $f(x,y)$ 是有界闭区域 D 上的有界函数. 将闭区域 D 任意分成 n 个小闭区域 $\Delta\sigma_1$，$\Delta\sigma_2,\cdots,\Delta\sigma_n$，其中 $\Delta\sigma_i$ 表示第 i 个小闭区域,也表示它的面积,在每个 $\Delta\sigma_i$ 上任取一点 (ξ_i,η_i)，作乘积 $f(\xi_i,\eta_i)\Delta\sigma_i(i=1,2,\cdots,n)$,并作和

$$\sum_{i=1}^{n} f(\xi_i,\eta_i)\Delta\sigma_i.$$

如果当各小闭区域的直径中的最大值 λ 趋近于零时，这和式的极限存在，则称此极限为函数 $f(x,y)$ 在闭区域 D 上的二重积分，记为 $\iint\limits_D f(x,y)\mathrm{d}\sigma$，即

$$\iint\limits_D f(x,y)\mathrm{d}\sigma=\lim_{\lambda\to 0}\sum_{i=1}^{n} f(\xi_i,\eta_i)\Delta\sigma_i.$$

8. 直角坐标系下二重积分方法

X 型： $$\iint\limits_D f(x,y)\mathrm{d}x\mathrm{d}y=\int_a^b \mathrm{d}x\int_{\varphi_1(x)}^{\varphi_2(x)} f(x,y)\mathrm{d}y.$$

Y型：
$$\iint_D f(x,y)\mathrm{d}x\mathrm{d}y=\int_c^d \mathrm{d}y\int_{\psi_1(y)}^{\psi_2(y)} f(x,y)\mathrm{d}x.$$

9. 极坐标系下二重积分

$$\iint_D f(x,y)\mathrm{d}\sigma=\iint_D f(r\cos\theta,r\sin\theta)\mathrm{d}r\mathrm{d}\theta.$$

10. 二重积分应用

(略)

复习题8

1. 填空题.

(1) 函数 $z=\dfrac{\sqrt{4x-y^2}}{\ln(1-x^2-y^2)}$ 的定义域为________.

(2) 已知函数 $z=\arcsin\dfrac{x}{\sqrt{x^2+y^2}}$，则 $\mathrm{d}z=$________.

(3) 设 $z=\dfrac{y}{x}$，而 $x=\mathrm{e}^t,y=1-\mathrm{e}^{2t}$，则 $\dfrac{\mathrm{d}z}{\mathrm{d}t}=$________.

(4) 交换积分次序 $\int_0^1\mathrm{d}y\int_0^{2y}f(x,y)\mathrm{d}x+\int_1^3\mathrm{d}y\int_0^{3-y}f(x,y)\mathrm{d}x=$________.

2. 计算题.

(1) 计算极限 $\lim\limits_{\substack{x\to0\\y\to0}}\dfrac{1-\sqrt{xy+1}}{xy}$.

(2) 计算下列函数的一阶偏导数及全微分

① $z=x^3y+3x^2y^2-xy^3$；　② $z=\sqrt{\ln(xy)}$；

③ $z=3x^2y+\dfrac{x}{y}$；　④ $z=\ln(x^2+y)+x^3y^2$.

(3) 已知函数 $z=f(u,v)$ 可导，求一阶偏导数.

① $z=f(x^2-y^2,xy)$；　② $z=f(x+y,x^2)$.

(4) 求下列函数的二阶偏导数.

① $z=x^2y\mathrm{e}^y$；　② $z=\arctan\dfrac{x}{y}$.

(5) 设 $x+2y+z-2\sqrt{xyz}=0$，求 $\dfrac{\partial z}{\partial x},\dfrac{\partial z}{\partial y}$.

(6) 求曲线 $x=\dfrac{t}{1+t},y=\dfrac{1+t}{t},z=t^2$ 在 $t=2$ 处的切线方程与法平面方程.

(7) 求函数 $y=\mathrm{e}^{2x}(x+y^2+2y)$ 的极值.

(8) 将周长为 $2p$ 的矩形绕它的一边旋转构成一个圆柱体，问矩形的边长各为多少时，才能使圆柱体的体积最大？

(9) 计算 $\iint\limits_D(x+y^2)\mathrm{d}x\mathrm{d}y$，其中 $D:-1\leqslant x\leqslant3,|y|\leqslant2$.

(10) 计算$\iint\limits_D (xy)\mathrm{d}x\mathrm{d}y$，其中 D：$y=x^2$，$x+y=2$ 及 x 轴所围成的区域.

(11) 计算$\iint\limits_D \frac{x}{y}\mathrm{d}x\mathrm{d}y$，其中 D：$y=x$，$y=2x$，$x=1$ 及 $x=4$ 所围成的区域.

(12) 计算$\iint\limits_D \mathrm{e}^{-y^2}\mathrm{d}x\mathrm{d}y$，其中 D：$y=x$，$y=1$ 及 $x=0$ 所围成的区域.

(13) 计算$\iint\limits_D \mathrm{e}^{x^2+y^2}\mathrm{d}x\mathrm{d}y$，其中 D：$x^2+y^2\leqslant 4$.

(14) 计算$\iint\limits_D \frac{1}{1+x^2+y^2}\mathrm{d}x\mathrm{d}y$，其中 D：$x^2+y^2=1(x\geqslant 0)$，$y=x$ 及 x 轴所围成的区域.

(15) 计算$\iint\limits_D \sqrt{R^2-x^2-y^2}\,\mathrm{d}x\mathrm{d}y$，其中 D：$x^2+y^2=Rx$ 所围成的区域.

(16) 利用二重积分计算由曲线 $y=x^2-4$ 及直线 $y=x+2$ 所围成平面的面积.

第 9 章　线性代数

学习目标

- 了解 n 阶行列式的定义、克莱姆法则，能熟练掌握 n 阶行列式的计算；
- 理解矩阵、矩阵的秩、逆矩阵、阶梯矩阵的概念；
- 掌握矩阵的转置、加法、数乘及乘法；
- 掌握矩阵的初等行变换，能将任意矩阵化为行简化阶梯矩阵；
- 熟练掌握利用初等行变换求矩阵的秩、逆矩阵的方法；
- 熟练掌握利用初等行变换求解线性方程组；
- 掌握用矩阵的基本知识解决生产生活中的问题.

数学家华罗庚

通过本章学习，要理解线性代数的研究方法，掌握有关矩阵代数的基本知识，提高抽象思维能力、逻辑推理能力和运算能力，以增强用定量方法处理实际问题的能力.

9.1　行列式

行列式是研究线性代数的重要工具，是从解方程组中抽象出来的，在其他的学科中都有广泛的应用，现在已成为近代数学和科学研究必不可少的工具.

9.1.1　行列式的定义

引例 1　二元线性方程组是含有两个未知变量、两个方程的方程组，一般形式为

$$\begin{cases} a_{11}x_1 + a_{12}x_2 = b_1 \\ a_{21}x_1 + a_{22}x_2 = b_2 \end{cases}. \tag{9.1.1}$$

用消元法解出方程组的解($a_{11}a_{22} - a_{12}a_{21} \neq 0$)：

$$\begin{cases} x_1 = \dfrac{b_1 a_{22} - a_{12} b_2}{a_{11}a_{22} - a_{12}a_{21}} \\ x_2 = \dfrac{a_{11} b_2 - b_1 a_{21}}{a_{11}a_{22} - a_{12}a_{21}} \end{cases}. \tag{9.1.2}$$

解　式(9.1.2)中 x_1, x_2 的分母等于 $a_{11}a_{22} - a_{12}a_{21}$，恰好是方程组(9.1.1)中 x_1, x_2 的系数组成，为了便于计算和研究，将 x_1, x_2 的系数按原位置排成两行两列，左右分别再添上一条竖线，记为

$$\begin{vmatrix} a_{11} & a_{12} \\ a_{21} & a_{22} \end{vmatrix}. \tag{9.1.3}$$

用式(9.1.3)表示 $a_{11}a_{22} - a_{12}a_{21}$，称为二阶行列式，即

$$\begin{vmatrix} a_{11} & a_{12} \\ a_{21} & a_{22} \end{vmatrix} = a_{11}a_{22} - a_{12}a_{21}. \tag{9.1.4}$$

行列式通常同大写字母 D 表示，对于二阶行列式，它由 4 个元素排成两行两列，记 a_{ij} $(i,j=1,2)$ 表示行列式的第 i 行第 j 列的元素，二阶行列式(9.1.4)可以简记为 $D=|a_{ij}|(i,j=1,2)$.

行列式中，从左上角到右下角的元素构成的对角线称为主对角线，从右上角到左下角的元素构成的对角线称为次对角线，二阶行列式(9.1.4)的值可表述为，主对角线上的元素相乘取正号与次对角线上的元素相乘取负号的代数和，如图 9.1 所示.

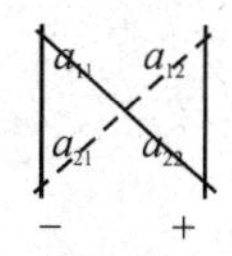

图 9.1

式(9.1.2)中 x_1 的分子可以写成二阶行列式

$$D_1 = \begin{vmatrix} b_1 & a_{12} \\ b_2 & a_{22} \end{vmatrix}. \tag{9.1.5}$$

式(9.1.2)中 x_2 的分子可以写成二阶行列式

$$D_2 = \begin{vmatrix} a_{11} & b_1 \\ a_{21} & b_2 \end{vmatrix}. \tag{9.1.6}$$

二元线性方程组(9.1.1)的解可以用二阶行列式表示为

$$\begin{cases} x_1 = \dfrac{\begin{vmatrix} b_1 & a_{12} \\ b_2 & a_{22} \end{vmatrix}}{\begin{vmatrix} a_{11} & a_{12} \\ a_{21} & a_{22} \end{vmatrix}} \\ x_2 = \dfrac{\begin{vmatrix} a_{11} & b_1 \\ a_{21} & b_2 \end{vmatrix}}{\begin{vmatrix} a_{11} & a_{12} \\ a_{21} & a_{22} \end{vmatrix}} \end{cases}, \quad a_{11}a_{22} - a_{12}a_{21} \neq 0. \tag{9.1.7}$$

解二元线性方程组，由此定义了二阶行列式，使二元线性方程组的求解变得简单，直接可以根据公式计算。为求解 n 元线性方程组，需要定义 n 阶行列式，下面给出行列式的一般定义.

定义 9.1　由 n^2 个数排列成 n 行 n 列，左右添上两条竖线构成一个整体，用之表示一个特定的数.

当 $n=2$ 时

$$\begin{vmatrix} a_{11} & a_{12} \\ a_{21} & a_{22} \end{vmatrix} = a_{11}a_{22} - a_{12}a_{21}. \tag{9.1.8}$$

当 $n>2$ 时

$$\begin{vmatrix} a_{11} & a_{12} & \cdots & a_{1n} \\ a_{21} & a_{22} & \cdots & a_{2n} \\ \vdots & \vdots & & \vdots \\ a_{n1} & a_{n2} & \cdots & a_{nn} \end{vmatrix} = a_{11}A_{11} + a_{12}A_{12} + \cdots + a_{1n}A_{1n}. \tag{9.1.9}$$

称为 n 阶行列式.

n 阶行列式当 $n>2$ 时按照第 1 行展开,从而求得它所表示的数值. 其中 A_{ij} 等于 $(-1)^{i+j}$ 乘以原来行列式中划去第 i 行第 j 列后剩下元素构成的 $n-1$ 阶行列式,A_{ij} 称为元素 a_{ij} 对应的代数余子式.

定义 9.2 若

$$D=\begin{vmatrix} a_{11} & \cdots & a_{1,j-1} & a_{1j} & a_{1,j+1} & \cdots & a_{1n} \\ \vdots & & \vdots & \vdots & \vdots & & \vdots \\ a_{i-1,1} & \cdots & a_{i-1,j-1} & a_{i-1,j} & a_{i-1,j+1} & \cdots & a_{i-1,n} \\ a_{i1} & \cdots & a_{i,j-1} & a_{ij} & a_{i,j+1} & \cdots & a_{in} \\ a_{i+1,1} & \cdots & a_{i+1,j-1} & a_{i+1,j} & a_{i+1,j+1} & \cdots & a_{i+1,n} \\ \vdots & & \vdots & \vdots & \vdots & & \vdots \\ a_{n1} & \cdots & a_{n,j-1} & a_{nj} & a_{n,j+1} & \cdots & a_{nn} \end{vmatrix}. \tag{9.1.10}$$

去掉 a_{ij} 元素所在第 i 行和第 j 列的所有元素,剩下的元素组成的 $n-1$ 阶行列式称为 a_{ij} 的余子式,记作 M_{ij},即

$$M_{ij}=\begin{vmatrix} a_{11} & \cdots & a_{1,j-1} & a_{1,j+1} & \cdots & a_{1n} \\ \vdots & & \vdots & \vdots & & \vdots \\ a_{i-1,1} & \cdots & a_{i-1,j-1} & a_{i-1,j+1} & \cdots & a_{i-1,n} \\ a_{i+1,1} & \cdots & a_{i+1,j-1} & a_{i+1,j+1} & \cdots & a_{i+1,n} \\ \vdots & & \vdots & \vdots & & \vdots \\ a_{n1} & \cdots & a_{n,j-1} & a_{n,j+1} & \cdots & a_{nn} \end{vmatrix}. \tag{9.1.11}$$

令

$$A_{ij}=(-1)^{i+j}M_{ij}. \tag{9.1.12}$$

称 A_{ij} 为元素 a_{ij} 对应的代数余子式.

根据行列式的定义,展开三阶行列式

$$\begin{aligned} \begin{vmatrix} a_{11} & a_{12} & a_{13} \\ a_{21} & a_{22} & a_{23} \\ a_{31} & a_{32} & a_{33} \end{vmatrix} &= a_{11}A_{11}-a_{12}A_{12}+a_{13}A_{13} \\ &= a_{11}\begin{vmatrix} a_{22} & a_{23} \\ a_{32} & a_{33} \end{vmatrix}-a_{12}\begin{vmatrix} a_{21} & a_{23} \\ a_{31} & a_{33} \end{vmatrix}+a_{13}\begin{vmatrix} a_{21} & a_{22} \\ a_{31} & a_{32} \end{vmatrix} \\ &= a_{11}(a_{22}a_{33}-a_{23}a_{32})-a_{12}(a_{21}a_{33}-a_{23}a_{31})+a_{13}(a_{21}a_{32}-a_{22}a_{31}) \\ &= a_{11}a_{22}a_{33}+a_{12}a_{23}a_{31}+a_{13}a_{21}a_{32}-a_{13}a_{22}a_{31}-a_{11}a_{23}a_{32}-a_{12}a_{21}a_{33}. \end{aligned} \tag{9.1.13}$$

式(9.1.12)三阶行列式也可以用划线的方法确定,如图 9.2 所示.

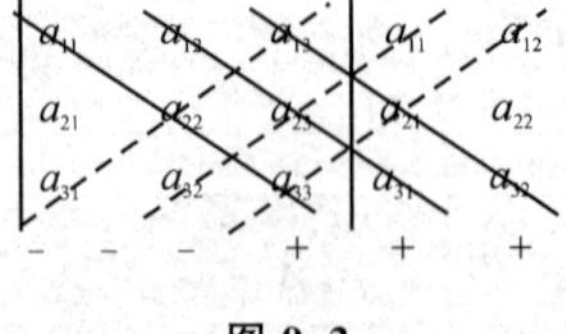

图 9.2

四阶及四阶以上的行列式不能使用划线的方法,只能根据定义降阶计算或者用其他方法

求解.

【例 9.1】 计算行列式

$$D=\begin{vmatrix}1 & 2 & -1\\3 & 1 & 4\\1 & -1 & 2\end{vmatrix}.$$

解　根据行列式的定义,可得

$$\begin{aligned}D&=\begin{vmatrix}1 & 2 & -1\\3 & 1 & 4\\1 & -1 & 2\end{vmatrix}=\begin{vmatrix}1 & 4\\-1 & 2\end{vmatrix}-2\begin{vmatrix}3 & 4\\1 & 2\end{vmatrix}-\begin{vmatrix}3 & 1\\1 & -1\end{vmatrix}\\&=6-16+4\\&=-6.\end{aligned}$$

【例 9.2】 四阶行列式

$$D=\begin{vmatrix}2 & 0 & 0 & 1\\1 & 1 & 3 & 4\\-1 & 2 & 0 & -1\\2 & 0 & 2 & 3\end{vmatrix}.$$

求元素 a_{11},a_{14} 对应的代数余子式,并计算行列式的值.

解　根据代数余子式的定义,可得

$$A_{11}=(-1)^{1+1}\begin{vmatrix}1 & 3 & 4\\2 & 0 & -1\\0 & 2 & 3\end{vmatrix}=-16.$$

$$A_{14}=(-1)^{1+4}\begin{vmatrix}1 & 1 & 3\\-1 & 2 & 0\\2 & 0 & 2\end{vmatrix}=6.$$

按行列式的定义展开可得

$$\begin{aligned}D&=2\times A_{11}+0\times A_{12}+0\times A_{13}+1\times A_{14}\\&=-32+0+0+12\\&=-20.\end{aligned}$$

定义 9.3　行列式的主对角线以上的元素全部为零,即

$$\begin{vmatrix}a_{11} & 0 & 0 & 0\\a_{21} & a_{22} & 0 & 0\\\vdots & \vdots & & \vdots\\a_{n1} & a_{n2} & \cdots & a_{nn}\end{vmatrix}. \tag{9.1.14}$$

称为下三角行列式.

行列式的主对角线以下的元素全部为零,即

$$\begin{vmatrix}a_{11} & a_{12} & \cdots & a_{1n}\\0 & a_{22} & \cdots & a_{2n}\\\vdots & \vdots & & \vdots\\0 & 0 & \cdots & a_{nn}\end{vmatrix}. \tag{9.1.15}$$

称为上三角行列式.

行列式的主对角线上下的元素全部为零,即

$$\begin{vmatrix} a_{11} & 0 & 0 & 0 \\ 0 & a_{22} & 0 & 0 \\ \vdots & \vdots & & \vdots \\ 0 & 0 & \cdots & a_{nn} \end{vmatrix}. \tag{9.1.16}$$

称为对角行列式,对角矩阵通常记作 $\operatorname{diag}(a_{11},a_{22},\cdots,a_{nn})$.

上三角行列式和下三角行列式统称三角行列式,对角行列式既是上三角行列式又是下三角行列式.

下三角行列式(9.1.14),第一行除了第一个元素外其他元素都为 0,按第一行展开,可得

$$\begin{vmatrix} a_{11} & 0 & 0 & 0 \\ a_{21} & a_{22} & 0 & 0 \\ \vdots & \vdots & & \vdots \\ a_{n1} & a_{n2} & \cdots & a_{nn} \end{vmatrix} = a_{11} \begin{vmatrix} a_{22} & 0 & 0 & 0 \\ a_{32} & a_{33} & 0 & 0 \\ \vdots & \vdots & & \vdots \\ a_{n1} & a_{n2} & \cdots & a_{nn} \end{vmatrix}.$$

a_{11} 的余子式仍然是下三角行列式,继续按第一行展开,依次类推,最后可得

$$\begin{vmatrix} a_{11} & 0 & 0 & 0 \\ a_{21} & a_{22} & 0 & 0 \\ \vdots & \vdots & & \vdots \\ a_{n1} & a_{n2} & \cdots & a_{nn} \end{vmatrix} = a_{11}a_{22}\cdots a_{nn} \tag{9.1.17}$$

同理,对角行列式(9.1.16)的值为

$$\begin{vmatrix} a_{11} & 0 & \cdots & 0 \\ 0 & a_{22} & \cdots & 0 \\ \vdots & \vdots & & \vdots \\ 0 & 0 & \cdots & a_{nn} \end{vmatrix} = a_{11}a_{22}\cdots a_{nn}. \tag{9.1.18}$$

9.1.2 行列式的性质

n 阶行列式表示一个特定的数,按照定义可以降阶计算行列式的值。行列式具有自身的性质,合理利用行列式的性质更容易计算行列式的值.

定义 9.4 将行列式 D 的行与列按顺序互换后得到的行列式称为行列式的转置行列式,记作 D^{T}.

$$D = \begin{vmatrix} a_{11} & a_{12} & \cdots & a_{1n} \\ a_{21} & a_{22} & \cdots & a_{2n} \\ \vdots & \vdots & & \vdots \\ a_{n1} & a_{n2} & \cdots & a_{nn} \end{vmatrix}. \tag{9.1.19}$$

$$D^{\mathrm{T}} = \begin{vmatrix} a_{11} & a_{21} & \cdots & a_{n1} \\ a_{12} & a_{22} & \cdots & a_{n2} \\ \vdots & \vdots & & \vdots \\ a_{1n} & a_{2n} & \cdots & a_{nn} \end{vmatrix}. \tag{9.1.20}$$

性质 9.1　将行列式转置,转置行列式与原行列式相等,即 $D^{\mathrm{T}}=D$.

二阶行列式

$$D=\begin{vmatrix} a_{11} & a_{12} \\ a_{21} & a_{22} \end{vmatrix}=a_{11}a_{22}=a_{12}a_{21}.$$

$$D^{\mathrm{T}}=\begin{vmatrix} a_{11} & a_{21} \\ a_{12} & a_{22} \end{vmatrix}=a_{11}a_{22}=a_{12}a_{21}.$$

显然二阶行列式 $D^{\mathrm{T}}=D$.

性质 9.1 对于任意的 n 阶行列式都是成立的,性质 9.1 表明了行列式的行与列的地位相同,对行的所有操作成立,同样对列的所有操作都成立.

性质 9.2　交换行列式的两行(列),行列式变号.

将行列式的第 i 行和第 j 行交换,记作 $r_i \leftrightarrow r_j$,即

$$\begin{vmatrix} a_{11} & a_{12} & \cdots & a_{1n} \\ \vdots & \vdots & & \vdots \\ a_{i1} & a_{i2} & \cdots & a_{in} \\ \vdots & \vdots & & \vdots \\ a_{j1} & a_{j2} & \cdots & a_{jn} \\ \vdots & \vdots & & \vdots \\ a_{n1} & a_{n2} & \cdots & a_{nn} \end{vmatrix} \xlongequal{r_i \leftrightarrow r_j} -\begin{vmatrix} a_{11} & a_{12} & \cdots & a_{1n} \\ \vdots & \vdots & & \vdots \\ a_{j1} & a_{j2} & \cdots & a_{jn} \\ \vdots & \vdots & & \vdots \\ a_{i1} & a_{i2} & \cdots & a_{in} \\ \vdots & \vdots & & \vdots \\ a_{n1} & a_{n2} & \cdots & a_{nn} \end{vmatrix}. \tag{9.1.21}$$

交换行列式的第 i 列和第 j 列,记作 $c_i \leftrightarrow c_j$.

推论 9.1　如果行列式中有某一行(列)全为零,则行列式为零.

若行列式的某一行为零,将这一行与第一行互换,互换后的行列式第一行全为零,行列式的值为零。又因为与原行列式的符号相反,所以原行列式为零.

若某一列全为零,将行列式转置,转置行列式则有一行全为零,则转置行列式值为零,再根据性质 1 转置行列式与原行列式相等,所以原行列式为零.

推论 9.2　如果行列式有两行(列)的元素对应相等,则行列式为零.

由于有两行(列)完全相同,将两行互换,行列式各个位置的元素仍然没有变化,显然行列式的值没有变化,但根据性质 9.2 行列式要变号,则 $D=-D$,所以 $D=0$.

性质 9.3　数 k 乘以行列式的某一行(列),等于数乘以这个行列式.

$$\begin{vmatrix} a_{11} & a_{12} & \cdots & a_{1n} \\ \vdots & \vdots & & \vdots \\ ka_{i1} & ka_{i2} & \cdots & ka_{in} \\ \vdots & \vdots & & \vdots \\ a_{n1} & a_{n2} & \cdots & a_{nn} \end{vmatrix}=k\begin{vmatrix} a_{11} & a_{12} & \cdots & a_{1n} \\ \vdots & \vdots & & \vdots \\ a_{i1} & a_{i2} & \cdots & a_{in} \\ \vdots & \vdots & & \vdots \\ a_{n1} & a_{n2} & \cdots & a_{nn} \end{vmatrix}. \tag{9.1.22}$$

性质 9.4　表明行列式某行(列)有公因了,公因子可以提到行列式的外面.

推论 9.3　若行列式有两行(列)对应元素成比例,则行列式为零.

行列式两行(列)对应成比例,则其中某一行(列)可以表示成另外一行(列)的 k 倍,将倍数 k 提到行列式的外面,行列式就有两行(列)完全相同,所以行列式为零.

性质 9.5　若行列式的某一行(列)可以写成两项之和,则行列式可以写成两个行列式

之和.

$$\begin{vmatrix} a_{11} & a_{12} & \cdots & a_{1n} \\ \vdots & \vdots & & \vdots \\ b_{i1}+c_{i1} & b_{i2}+c_{i2} & \cdots & b_{in}+c_{in} \\ \vdots & \vdots & & \vdots \\ a_{n1} & a_{n2} & \cdots & a_{nn} \end{vmatrix} = \begin{vmatrix} a_{11} & a_{12} & \cdots & a_{1n} \\ \vdots & \vdots & & \vdots \\ b_{i1} & b_{i2} & \cdots & b_{in} \\ \vdots & \vdots & & \vdots \\ a_{n1} & a_{n2} & \cdots & a_{nn} \end{vmatrix} + \begin{vmatrix} a_{11} & a_{12} & \cdots & a_{1n} \\ \vdots & \vdots & & \vdots \\ c_{i1} & c_{i2} & \cdots & c_{in} \\ \vdots & \vdots & & \vdots \\ a_{n1} & a_{n2} & \cdots & a_{nn} \end{vmatrix}. \tag{9.1.23}$$

同理,如果某一行(列)的所有元素可以写成 m 项之和,则行列式可以表示成 m 个行列式之和.

性质 9.6 将行列式的某一行(列)乘上一个数加到另外一行去,行列式不变.

行列式的第 j 行乘以一个数 k 加到第 i 行上去,记作 r_i+kr_j.

$$\begin{vmatrix} a_{11} & a_{12} & \cdots & a_{1n} \\ \vdots & \vdots & & \vdots \\ a_{i1} & a_{i2} & \cdots & a_{in} \\ \vdots & \vdots & & \vdots \\ a_{j1} & a_{j2} & \cdots & a_{jn} \\ \vdots & \vdots & & \vdots \\ a_{n1} & a_{n2} & \cdots & a_{nn} \end{vmatrix} \overset{r_i+kr_j}{=} \begin{vmatrix} a_{11} & a_{12} & \cdots & a_{1n} \\ \vdots & \vdots & & \vdots \\ a_{i1}+ka_{j1} & a_{i2}+ka_{j2} & \cdots & a_{in}+ka_{jn} \\ \vdots & \vdots & & \vdots \\ a_{j1} & a_{j2} & \cdots & a_{jn} \\ \vdots & \vdots & & \vdots \\ a_{n1} & a_{n2} & \cdots & a_{nn} \end{vmatrix}. \tag{9.1.24}$$

行列式的第 j 列乘以一个数 k 加到第 i 列上去,记作 c_i+kc_j.

定理 9.1 行列式等于任意一行(列)的元素与对应的代数余子式的乘积之和,即

$$\begin{vmatrix} a_{11} & a_{12} & \cdots & a_{1n} \\ a_{21} & a_{22} & \cdots & a_{2n} \\ \vdots & \vdots & & \vdots \\ a_{n1} & a_{n2} & \cdots & a_{nn} \end{vmatrix} = a_{i1}A_{i1}+a_{i2}A_{i2}+\cdots+a_{in}A_{in},\ i=1,2,\cdots,n. \tag{9.1.25}$$

$$\begin{vmatrix} a_{11} & a_{12} & \cdots & a_{1n} \\ a_{21} & a_{22} & \cdots & a_{2n} \\ \vdots & \vdots & & \vdots \\ a_{n1} & a_{n2} & \cdots & a_{nn} \end{vmatrix} = a_{1j}A_{1j}+a_{2j}A_{2j}+\cdots+a_{nj}A_{nj},\ j=1,2,\cdots,n. \tag{9.1.26}$$

证明 将行列式的第 i 行依次与第 $i-1,i-2,\cdots,2,1$ 行互换,共互换 $i-1$ 次,得

$$D=\begin{vmatrix} a_{11} & a_{12} & \cdots & a_{1n} \\ \vdots & \vdots & & \vdots \\ a_{i1} & a_{i2} & \cdots & a_{in} \\ \vdots & \vdots & & \vdots \\ a_{n1} & a_{n2} & \cdots & a_{nn} \end{vmatrix} = (-1)^{i-1}\begin{vmatrix} a_{i1} & a_{i2} & \cdots & a_{in} \\ a_{11} & a_{12} & \cdots & a_{1n} \\ \vdots & \vdots & & \vdots \\ a_{i-1,1} & a_{i-1,2} & \cdots & a_{i-1,n} \\ a_{i+1,1} & a_{i+1,2} & \cdots & a_{i+1,n} \\ \vdots & \vdots & & \vdots \\ a_{n1} & a_{n2} & \cdots & a_{nn} \end{vmatrix}.$$

容易看出,原行列式第 i 行各元素的余子式($M_{i1},M_{i2},\cdots,M_{in}$)与交换后行列式第一行各元素的余子式($M'_{11},M'_{12},\cdots,M'_{1n}$)相等,则交换后第一行各元素的代数余子式为

$$A'_{1j}=(-1)^{1+j}M'_{1j}=(-1)^{1+j}M_{ij},\quad j=1,2,\cdots,n.$$

则行列式的值可表示为

$$\begin{aligned}D&=(-1)^{i-1}(a_{i1}A'_{11}+a_{i1}A'_{12}+\cdots+a_{in}A'_{1n})\\&=(-1)^{i-1}[a_{i1}(-1)^{1+1}M_{i1}+a_{i1}(-1)^{1+2}M_{i2}+\cdots+a_{in}(-1)^{1+n}M_{in}]\\&=a_{i1}(-1)^{i+1}M_{i1}+a_{i1}(-1)^{i+2}M_{i2}+\cdots+a_{in}(-1)^{i+n}M_{in}\\&=a_{i1}A_{i1}+a_{i1}A_{i2}+\cdots+a_{in}A_{in}.\end{aligned}$$

根据性质 9.1 转置行列式值不变，易证

$$\begin{vmatrix}a_{11}&a_{12}&\cdots&a_{1n}\\a_{21}&a_{22}&\cdots&a_{2n}\\\vdots&\vdots&&\vdots\\a_{n1}&a_{n2}&\cdots&a_{nn}\end{vmatrix}=a_{1j}A_{1j}+a_{2j}A_{2j}+\cdots+a_{nj}A_{nj},\quad j=1,2,\cdots,n.$$

证毕.

定理 9.1 表明了行列式可以按任意一行或者任意一列展开，通常展开行列式是按照零元素最多的行(列)展开.

定理 9.2　n 阶行列式中任意一行(列)的元素与其他行(列)对应元素的代数余子式的乘积之和为零，即

$$a_{i1}A_{k1}+a_{i1}A_{k2}+\cdots+a_{in}A_{kn}=0,\quad i\neq k. \tag{9.1.27}$$

$$a_{1j}A_{1l}+a_{2j}A_{2l}+\cdots+a_{nj}A_{nl}=0,\quad j\neq l. \tag{9.1.28}$$

证明　将行列式的第 k 行的元素全部用第 i 行的元素替换，得到的行列式有两行完全一样，则行列式的值为零，但第 k 行各元素的代数余子式与原行列式第 k 行元素的代数余子式完全相同，即

$$\begin{vmatrix}a_{11}&a_{12}&\cdots&a_{1n}\\\vdots&\vdots&&\vdots\\a_{i1}&a_{i2}&\cdots&a_{in}\\\vdots&\vdots&&\vdots\\a_{i1}&a_{i2}&\cdots&a_{in}\\\vdots&\vdots&&\vdots\\a_{n1}&a_{n2}&\cdots&a_{nn}\end{vmatrix}=a_{i1}A_{k1}+a_{i2}A_{k2}+\cdots+a_{in}A_{kn}=0.$$

同理可证

$$a_{1j}A_{1l}+a_{2j}A_{2l}+\cdots+a_{nj}A_{nl}=0.$$

证毕.

【例 9.3】　计算上三角行列式

$$D=\begin{vmatrix}a_{11}&a_{12}&\cdots&a_{1n}\\0&a_{22}&\cdots&a_{2n}\\\vdots&\vdots&&\vdots\\0&0&\cdots&a_{nn}\end{vmatrix}.$$

解　将上三角行列式转置

$$D^{\mathrm{T}}=\begin{vmatrix} a_{11} & 0 & \cdots & 0 \\ a_{12} & a_{22} & \cdots & 0 \\ \vdots & \vdots & & \vdots \\ a_{1n} & a_{2n} & \cdots & a_{nn} \end{vmatrix}=a_{11}a_{22}\cdots a_{nn}.$$

则

$$D=\begin{vmatrix} a_{11} & a_{12} & \cdots & a_{1n} \\ 0 & a_{22} & \cdots & a_{2n} \\ \vdots & \vdots & & \vdots \\ 0 & 0 & \cdots & a_{nn} \end{vmatrix}=D^{\mathrm{T}}=a_{11}a_{22}\cdots a_{nn}.$$

例9.3表明上三角行列式的值仍然是主对角线元素的乘积,即

$$\begin{vmatrix} a_{11} & a_{12} & \cdots & a_{1n} \\ 0 & a_{22} & \cdots & a_{2n} \\ \vdots & \vdots & & \vdots \\ 0 & 0 & \cdots & a_{nn} \end{vmatrix}=a_{11}a_{22}\cdots a_{nn}. \tag{9.1.29}$$

至此,三角行列式的值都等于主对角线的元素之积,与对角线以外的元素无关.

【例9.4】 计算行列式

$$D=\begin{vmatrix} 0 & 0 & 0 & a \\ 0 & 0 & b & 0 \\ 0 & c & 0 & 0 \\ d & 0 & 0 & 0 \end{vmatrix}.$$

解 利用行列式的性质,交换第1、4行和第2、3行,则

$$D=\begin{vmatrix} 0 & 0 & 0 & a \\ 0 & 0 & b & 0 \\ 0 & c & 0 & 0 \\ d & 0 & 0 & 0 \end{vmatrix}\xlongequal{r_1\leftrightarrow r_4}-\begin{vmatrix} d & 0 & 0 & 0 \\ 0 & 0 & b & 0 \\ 0 & c & 0 & 0 \\ 0 & 0 & 0 & a \end{vmatrix}\xlongequal{r_2\leftrightarrow r_3}\begin{vmatrix} d & 0 & 0 & 0 \\ 0 & c & 0 & 0 \\ 0 & 0 & b & 0 \\ 0 & 0 & 0 & a \end{vmatrix}=abcd.$$

【例9.5】 计算行列式

$$D=\begin{vmatrix} 1 & 3 & 2 \\ 101 & 199 & 102 \\ 2 & 1 & 0 \end{vmatrix}.$$

解 根据行列式的性质,可得

$$\begin{aligned} D&=\begin{vmatrix} 1 & 3 & 2 \\ 100+1 & 200-1 & 100+2 \\ 2 & 1 & 0 \end{vmatrix}=\begin{vmatrix} 1 & 3 & 2 \\ 100 & 200 & 100 \\ 2 & 1 & 0 \end{vmatrix}+\begin{vmatrix} 1 & 3 & 2 \\ 1 & 1 & 2 \\ 2 & 1 & 0 \end{vmatrix} \\ &=100\begin{vmatrix} 1 & 3 & 2 \\ 1 & 2 & 1 \\ 2 & 1 & 0 \end{vmatrix}+\begin{vmatrix} 1 & 3 & 2 \\ 1 & 1 & 2 \\ 2 & 1 & 0 \end{vmatrix}=100\times(-1)+2 \\ &=-98. \end{aligned}$$

【例9.6】 计算行列式

$$D=\begin{vmatrix}1&-1&2&2\\2&3&1&5\\-1&1&4&2\\3&-3&6&2\end{vmatrix}.$$

解　根据行列式的性质

$$D=\begin{vmatrix}1&-1&2&2\\2&3&1&5\\-1&1&4&2\\3&-3&6&2\end{vmatrix}\xlongequal[r_4-3r_1]{r_2-2r_1\atop r_3+r_1}\begin{vmatrix}1&-1&2&2\\0&5&-3&-1\\0&0&6&4\\0&0&0&-4\end{vmatrix}=1\times5\times6\times(-4)$$

$$=-120.$$

9.1.3　行列式的计算

当行列式的阶数不大时($n<4$)，可以根据行列式的定义或者划线计算行列式的值，但当 $n\geqslant4$ 时按降阶展开计算行列式，就显得非常烦琐，下面介绍计算行列式通常采用的化三角形法.

三角行列式的值等于主对角线上元素的乘积，与其他的元素无关，所以合理应用行列式的性质将行列式变换成三角行列式计算，这种方法称为化三角形法.

化三角形法习惯上使用行的变换，通常化成上三角行列式，一般步骤如下：

① 将 a_{11} 位置的元素变成非零，通过倍加变换使 a_{11} 位置以下的元素全部为零；

② 将 a_{22} 位置的元素变成非零，通过倍加变换使 a_{22} 位置以下的元素全部为零；

③ 依次类推，使得 $a_{ii}(i=1,2,\cdots,n-1)$ 以下的元素全部为零，变换成上三角行列式；

④ 行列式的值等于上三角行列式主对角线元素的乘积.

【例 9.7】　计算行列式

$$D=\begin{vmatrix}0&1&1&7\\1&2&0&2\\10&5&2&1\\4&1&2&4\end{vmatrix}.$$

解　$$D=\begin{vmatrix}0&1&1&7\\1&2&0&2\\10&5&2&0\\4&1&2&4\end{vmatrix}\xlongequal{r_1\leftrightarrow r_2}-\begin{vmatrix}1&2&0&2\\0&1&1&7\\10&5&2&1\\4&1&2&4\end{vmatrix}\xlongequal[r_4-4r_1]{r_3-10r_1}-\begin{vmatrix}1&2&0&2\\0&1&1&7\\0&-15&2&-19\\0&-7&2&-4\end{vmatrix}$$

$$\xlongequal[r_4+7r_2]{r_3+15r_2}-\begin{vmatrix}1&2&0&2\\0&1&1&7\\0&0&17&86\\0&0&9&45\end{vmatrix}=-9\begin{vmatrix}1&2&0&2\\0&1&1&7\\0&0&17&86\\0&0&1&5\end{vmatrix}\xlongequal{r_3\leftrightarrow r_4}-9\begin{vmatrix}1&2&0&2\\0&1&1&7\\0&0&1&5\\0&0&17&86\end{vmatrix}$$

$$\xlongequal{r_4-17r_3}-9\begin{vmatrix}1&2&0&2\\0&1&1&7\\0&0&1&5\\0&0&0&-1\end{vmatrix}=(-9)\times(-1)=9.$$

化三角形的变换过程中,要注意:① 行列式中最好不出现分数,a_{ii} 尽可能变换为 1;② 善于观察行列式各行(列)的特点,若有公因子应提到行列式外面,若两行两列成比例,则行列式为零等.

【例 9.8】 解下列方程

$$\begin{vmatrix} 1 & 1 & 1 & 1 \\ 2 & x & 2 & 2 \\ 3 & 3 & x & 3 \\ 4 & 4 & 4 & x \end{vmatrix}=0.$$

解 把方程等号左端的行列式化成多项式求解,即

$$\begin{vmatrix} 1 & 1 & 1 & 1 \\ 2 & x & 2 & 2 \\ 3 & 3 & x & 3 \\ 4 & 4 & 4 & x \end{vmatrix} \xlongequal[r_4-4r_1]{\substack{r_2-2r_1 \\ r_3-3r_1}} \begin{vmatrix} 1 & 1 & 1 & 1 \\ 0 & x-2 & 0 & 0 \\ 0 & 0 & x-3 & 0 \\ 0 & 0 & 0 & x-4 \end{vmatrix}=(x-2)(x-3)(x-4)=0.$$

因此方程的解为 $x_1=2,x_2=3,x_3=4$.

解行列式方程也可以用观察法,例 9.8 中,当 $x=2$ 时,第 1、2 行对应成比例,则行列式为零,故 $x=2$ 是方程的解,同样可以观察出 $x=3,x=4$ 也是方程的解.左端行列式最多是三次多项式,方程也最多有三个解,所以 $x_1=2$,$x_2=3,x_3=4$ 就是方程的全部解.

【例 9.9】 计算 n 阶行列式

$$D=\begin{vmatrix} b & a & \cdots & a & a \\ a & b & \cdots & a & a \\ \vdots & \vdots & \vdots & & \vdots \\ a & a & \cdots & b & a \\ a & a & \cdots & a & b \end{vmatrix}.$$

解 行列式各行的元素之和都是$(n-1)a+b$,故把第 2~n 列全部加到第 1 列上,即

$$D \xlongequal[c_1+c_n]{\substack{c_1+c_2 \\ c_1+c_3 \\ \vdots}} \begin{vmatrix} (n-1)a+b & a & \cdots & a & a \\ (n-1)a+b & b & \cdots & a & a \\ \vdots & \vdots & & \vdots & \vdots \\ (n-1)a+b & a & \cdots & b & a \\ (n-1)a+b & a & \cdots & a & b \end{vmatrix} \xlongequal[r_n-r_1]{\substack{r_2-r_1 \\ r_3-r_1 \\ \vdots}} \begin{vmatrix} (n-1)a+b & a & \cdots & a & a \\ 0 & b-a & \cdots & 0 & 0 \\ \vdots & \vdots & & \vdots & \vdots \\ 0 & 0 & \cdots & b-a & 0 \\ 0 & 0 & \cdots & 0 & b-a \end{vmatrix}$$

$$=[(n-1)a+b](b-a)^{n-1}.$$

【例 9.10】 计算范德蒙行列式

$$D=\begin{vmatrix} 1 & 1 & 1 & \cdots & 1 \\ a_1 & a_2 & a_3 & \cdots & a_n \\ a_1^2 & a_2^2 & a_3^2 & \cdots & a_n^2 \\ \vdots & \vdots & \vdots & & \vdots \\ a_1^{n-1} & a_2^{n-1} & a_3^{n-1} & \cdots & a_n^{n-1} \end{vmatrix}.$$

解 依次将第 $k(k=n-1,n-2,\cdots,3,2)$行乘以$-a_1$ 加到第 $k+1$ 行上去,可得

$$D=\begin{vmatrix}1 & 1 & 1 & \cdots & 1\\0 & a_2-a_1 & a_3-a_1 & \cdots & a_n-a_1\\0 & a_2^2-a_1a_2 & a_3^2-a_1a_3 & \cdots & a_n^2-a_1a_n\\\vdots & \vdots & \vdots & & \vdots\\0 & a_2^{n-1}-a_1a_2^{n-2} & a_3^{n-1}-a_1a_3^{n-2} & \cdots & a_n^{n-1}-a_1a_n^{n-2}\end{vmatrix}.$$

将第 $l(l=2,3,\cdots,n)$列的公因子 a_j-a_1 提到行列式外面，再按第一列展开

$$D=(a_2-a_1)(a_3-a_1)\cdots(a_n-a_1)\begin{vmatrix}1 & 1 & 1 & 1\\a_2 & a_3 & \cdots & a_n\\\vdots & \vdots & & \vdots\\a_2^{n-2} & a_3^{n-2} & \cdots & a_n^{n-2}\end{vmatrix}.$$

展开后的行列式是 $n-1$ 阶范德蒙行列式，按相同的方法继续降阶，可得

$$\begin{aligned}D&=[(a_2-a_1)(a_3-a_1)\cdot\cdots\cdot(a_n-a_1)]\cdot\\&\quad[(a_3-a_2)(a_4-a_2)\cdot\cdots\cdot(a_n-a_2)]\cdot\cdots\cdot(a_n-a_{n-1})\\&=\prod_{1\leqslant j<i\leqslant n}(a_i-a_j).\end{aligned}$$

9.1.4　克莱姆法则

行列式是在解方程组中抽象出来的，行列式的应用之一就是解 n 元 n 个方程的线性方程组. 克莱姆法则给出了用行列式解线性方程组的求解公式.

n 元线性方程组(n 个方程)的一般形式为

$$\begin{cases}a_{11}x_1+a_{12}x_2+\cdots+a_{1n}x_n=b_1\\a_{21}x_1+a_{22}x_2+\cdots+a_{2n}x_n=b_2\\\qquad\qquad\vdots\\a_{n1}x_1+a_{n2}x_2+\cdots+a_{nn}x_n=b_n\end{cases}. \tag{9.1.30}$$

将未知元的系数 $a_{ij}(i,j=1,2,\cdots,n)$组成 n 阶行列式，即

$$D=\begin{vmatrix}a_{11} & a_{12} & \cdots & a_{1n}\\a_{21} & a_{22} & \cdots & a_{2n}\\\vdots & \vdots & & \vdots\\a_{n1} & a_{n2} & \cdots & a_{nn}\end{vmatrix}. \tag{9.1.31}$$

称为方程组(9.1.30)的系数行列式.

将 $b_1,b_2,\cdots,b_n$ 对应替代式(9.1.31)第 j 列的元素 $a_{1j},a_{2j},\cdots,a_{nj}$，组成的行列式记为

$$D_j=\begin{vmatrix}a_{11} & \cdots & a_{1,j-1} & b_1 & a_{1,j+1} & \cdots & a_{1n}\\a_{21} & \cdots & a_{2,j-1} & b_2 & a_{2,j+1} & \cdots & a_{2n}\\\vdots & & \vdots & \vdots & \vdots & & \vdots\\a_{n1} & \cdots & a_{n,j-1} & b_n & a_{n,j+1} & \cdots & a_{nn}\end{vmatrix}. \tag{9.1.32}$$

定理 9.3(克莱姆法则)　n 元线性方程组(9.1.30)当系数行列式 $D\neq0$ 时，方程组有唯一解，且

$$x_j=\frac{D_j}{D},\quad j=1,2,\cdots,n. \tag{9.1.33}$$

证明 ① 存在性.

将公式(9.1.33)代入方程组(9.1.30),第 i 个方程的等号左边为

$$\text{左边}=\sum_{j=1}^{n}a_{ij}\ \frac{D_j}{D}=\frac{1}{D}\sum_{j=1}^{n}a_{ij}D_j.$$

由于 $D_j=b_1A_{1j}+b_2A_{2j}+\cdots+b_nA_{nj}=\sum\limits_{k=1}^{n}b_kA_{kj}$,则

$$\begin{aligned}\text{左边}&=\sum_{j=1}^{n}a_{ij}\ \frac{D_j}{D}=\frac{1}{D}\sum_{j=1}^{n}a_{ij}D_j=\frac{1}{D}\sum_{j=1}^{n}a_{ij}\Big(\sum_{k=1}^{n}b_kA_{kj}\Big)=\frac{1}{D}\sum_{j=1}^{n}\sum_{k=1}^{n}a_{ij}b_kA_{kj}\\&=\frac{1}{D}\sum_{k=1}^{n}\Big(\sum_{j=1}^{n}a_{ij}A_{kj}\Big)b_k=\frac{1}{D}Db_i=b_i=\text{右边}.\end{aligned}$$

所以公式(9.1.33)是方程组(9.1.30)的解.

② 唯一性.

设$(x_1,x_2,\cdots,x_n)$是方程组(9.1.28)的解,则

$$Dx_j=\begin{vmatrix}a_{11}&\cdots&a_{1,j-1}&a_{1j}x_j&a_{1,j+1}&\cdots&a_{1n}\\a_{21}&\cdots&a_{2,j-1}&a_{2j}x_j&a_{2,j+1}&\cdots&a_{2n}\\\vdots&&\vdots&\vdots&\vdots&&\vdots\\a_{n1}&\cdots&a_{n,j-1}&a_{nj}x_j&a_{n,j+1}&\cdots&a_{nn}\end{vmatrix}$$

$$=\begin{vmatrix}a_{11}&\cdots&a_{1,j-1}&a_{11}x_1+a_{12}x_2+\cdots+a_{1n}x_n&a_{1,j+1}&\cdots&a_{1n}\\a_{21}&\cdots&a_{2,j-1}&a_{21}x_1+a_{22}x_2+\cdots+a_{2n}x_n&a_{2,j+1}&\cdots&a_{2n}\\\vdots&&\vdots&&\vdots&&\vdots\\a_{n1}&\cdots&a_{n,j-1}&a_{n1}x_1+a_{n2}x_2+\cdots+a_{nn}x_n&a_{n,j+1}&\cdots&a_{nn}\end{vmatrix}$$

$$=\begin{vmatrix}a_{11}&\cdots&a_{1,j-1}&b_1&a_{1,j+1}&\cdots&a_{1n}\\a_{21}&\cdots&a_{2,j-1}&b_2&a_{2,j+1}&\cdots&a_{2n}\\\vdots&&\vdots&\vdots&\vdots&&\vdots\\a_{n1}&\cdots&a_{n,j-1}&b_n&a_{n,j+1}&\cdots&a_{nn}\end{vmatrix}=D_j.$$

因为 $D\neq0$ 则 $x_j=\dfrac{D_j}{D}(D\neq0,j=1,2,\cdots,n)$,$x_j$ 是唯一的.所以,若 $D\neq0$,方程组有唯一解

$x_j=\dfrac{D_j}{D}(j=1,2,\cdots,n)$.证毕.

【例9.11】 用克莱姆法则解线性方程组

$$\begin{cases}2x_1+x_2-2x_3+3x_4=3\\x_1-2x_2+x_3+x_4=0\\x_1+x_2-x_3+2x_4=2\\x_1+x_2+x_3+3x_4=3\end{cases}.$$

解 系数行列式

$$D=\begin{vmatrix}2&1&-2&3\\1&-2&1&1\\1&1&-1&2\\1&1&1&3\end{vmatrix}=2\neq0.$$

方程可以应用克莱姆法则,由于

$$D_1=\begin{vmatrix}3&1&-2&3\\0&-2&1&1\\2&1&-1&2\\3&1&1&3\end{vmatrix}=3,\qquad D_2=\begin{vmatrix}2&3&-2&3\\1&0&1&1\\1&2&-1&2\\1&3&1&3\end{vmatrix}=2.$$

$$D_3=\begin{vmatrix}2&1&3&3\\1&-2&0&1\\1&1&2&2\\1&1&3&3\end{vmatrix}=1,\qquad D_4=\begin{vmatrix}2&1&-2&3\\1&-2&1&0\\1&1&-1&2\\1&1&1&3\end{vmatrix}=0.$$

所以,方程组有唯一解

$$x_1=\frac{D_1}{D}=\frac{3}{2},\ x_2=\frac{D_2}{D}=1,\ x_3=\frac{D_3}{D}=\frac{1}{2},\ x_4=\frac{D_4}{D}=0.$$

克莱姆法则只适用于系数行列式 $D\neq 0$ 的情况,若 $D=0$,方程组可能有解可能无解,将在后面继续学习讨论.

定义 9.5　n 元线性方程组的等号右端常数全为零,即

$$\begin{cases}a_{11}x_1+a_{12}x_2+\cdots+a_{1n}x_n=0\\a_{21}x_1+a_{22}x_2+\cdots+a_{2n}x_n=0\\\qquad\vdots\\a_{n1}x_1+a_{n2}x_2+\cdots+a_{nn}x_n=0\end{cases}.\tag{9.1.34}$$

称为 n 元线性齐次方程组. 方程组(9.1.30)称为非齐次线性方程组.

齐次线性方程组(9.1.34)一定有解 $x_1=x_2=\cdots=x_n=0$,称为零解,那么齐次线性方程组还有没有其他的解呢?

定理 9.4　若齐次线性方程组(9.1.34)的系数行列式 $D\neq 0$,则只有零解.

证明　因为 $D\neq 0$,所以适用克莱姆法则,由于

$$D_j=0,\quad j=1,2,\cdots,n.$$

则存在唯一解,$x_j=\dfrac{D_j}{D}=0(j=1,2,\cdots,n)$. 所以方程组只有零解.

推论 9.4　若齐次线性方程组(9.1.34)的系数行列式 $D=0$,则有非零解.

【例 9.12】　当 λ 为何值时,方程组

$$\begin{cases}\lambda x_1+x_2+x_3=0\\x_1+\lambda x_2-x_3=0\\2x_1-x_2+x_3=0\end{cases}.$$

有非零解.

解　系数行列式

$$D=\begin{vmatrix}\lambda&1&1\\1&\lambda&-1\\2&-1&1\end{vmatrix}=(\lambda-2)^2.$$

当 $D=0$ 时有非零解,即 $\lambda=2$. 所以,当 $\lambda=2$ 时方程有非零解.

习题9.1

1. 计算下列行列式.

(1) $\begin{vmatrix} 1 & -1 \\ 2 & 2 \end{vmatrix}$;　(2) $\begin{vmatrix} a & a^2 \\ b & ab \end{vmatrix}$;　(3) $\begin{vmatrix} 1 & 2 & 3 \\ 3 & 1 & 2 \\ 2 & 3 & 1 \end{vmatrix}$;　(4) $\begin{vmatrix} 1 & 0 & 5 \\ 2 & 3 & 0 \\ 4 & 2 & 0 \end{vmatrix}$;

(5) $\begin{vmatrix} 0 & 0 & 1 & 2 \\ 0 & 1 & 2 & 1 \\ 1 & 2 & 1 & 0 \\ 2 & 1 & 0 & 0 \end{vmatrix}$;　(6) $\begin{vmatrix} 5 & -3 & 0 & 1 \\ 0 & -2 & -1 & 0 \\ 1 & 0 & 4 & 7 \\ 0 & 0 & 2 & 0 \end{vmatrix}$;

(7) $\begin{vmatrix} 1 & 3 & 2 \\ 100 & 297 & 201 \\ 2 & 1 & 1 \end{vmatrix}$;　(8) $\begin{vmatrix} 4 & 0 & 3 \\ -1 & 1 & -2 \\ 2 & -2 & 4 \end{vmatrix}$;

(9) $\begin{vmatrix} 1 & 2 & 3 & 4 \\ 2 & 3 & 4 & 1 \\ 3 & 4 & 2 & 1 \\ 4 & 1 & 2 & 3 \end{vmatrix}$;　(10) $\begin{vmatrix} 3 & 2 & 2 & 2 \\ 2 & 3 & 2 & 2 \\ 2 & 2 & 3 & 2 \\ 2 & 2 & 2 & 3 \end{vmatrix}$.

2. 解下列方程组.

(1) $\begin{cases} 2x_1+x_2=1 \\ 3x_1+2x_2=3 \end{cases}$;　(2) $\begin{cases} x_1+2x_2+x_3=7 \\ 3x_1+x_2-x_3=4 \\ x_1-2x_2+x_3=3 \end{cases}$.

3. 思考题:如何计算行列式?

9.2 矩　阵

9.2.1 矩阵的概念

在实际问题中,常常会处理很多数据,矩阵就是处理数据抽象出来的数学概念.

引例2 某贸易公司全年调运产品的数量如表9-1所列.

表9-1 产品调运统计表

单位:件

产品名	地区			
	B_1	B_2	B_3	B_4
A_1	100	80	95	70
A_2	50	55	60	70
A_3	30	30	35	25

表中第1行第1列的数据为100,表示 A_1 产品调运到 B_1 地区的数量为100件.其他位置

的数据都是相同的含义,第 m 行第 n 列的数据表示 A_m 产品调运到 B_n 地区的数量.

在社会生活和科学研究中,数据表格被大量使用,矩阵就是处理大量的数据而产生的数学概念.

定义 9.6　由 $m\times n$ 个数 $a_{ij}(i=1,2,\cdots,m;j=1,2,\cdots,n)$ 按一定的次序排成 m 行 n 列的矩形数表

$$\boldsymbol{A}=\begin{bmatrix} a_{11} & a_{12} & \cdots & a_{1n} \\ a_{21} & a_{22} & \cdots & a_{2n} \\ \vdots & \vdots & & \vdots \\ a_{m1} & a_{m2} & \cdots & a_{mn} \end{bmatrix} \tag{9.2.1}$$

称为 m 行 n 列矩阵.

通常用大写字母 $\boldsymbol{A}$, $\boldsymbol{B}$, $\boldsymbol{C}\cdots$表示矩阵,用 a_{ij} 表示矩阵第 i 行第 j 列的元素,矩阵可以简记为 $\boldsymbol{A}=(a_{ij})$,有时为了表示矩阵有行数和列数,也记为 $\boldsymbol{A}_{m\times n}=(a_{ij})_{m\times n}$.

【例 9.13】　将表 9-1 的数据写成矩阵,并说明矩阵中元素的意义.

解　根据数据表的实际排列写成矩阵如下:

$$\boldsymbol{A}=\begin{bmatrix} 100 & 80 & 95 & 70 \\ 50 & 55 & 60 & 70 \\ 30 & 30 & 35 & 25 \end{bmatrix}.$$

元素 a_{ij} 表示 A_i 产品调运到 B_j 地区的数量为 a_{ij} 件.

下面介绍一些特殊的矩阵:

定义 9.7(零矩阵)　矩阵的元素全为 0 的矩阵称为零矩阵,记作 $\mathbf{0}$.

定义 9.8(行矩阵)　只有一行的矩阵

$$\boldsymbol{\alpha}=\begin{bmatrix} a_1 & a_2 & \cdots & a_n \end{bmatrix}. \tag{9.2.2}$$

称为行矩阵,也称为行向量.

定义 9.9(列矩阵)　只有一列的矩阵

$$\boldsymbol{\beta}=\begin{bmatrix} b_1 \\ b_2 \\ \vdots \\ b_m \end{bmatrix}. \tag{9.2.3}$$

称为列矩阵,也称为列向量.

定义 9.10(n 阶方阵)　行数和列数相同的矩阵

$$\boldsymbol{A}=\begin{bmatrix} a_{11} & \cdots & a_{1n} \\ \vdots & \ddots & \vdots \\ a_{nn} & \cdots & a_{nn} \end{bmatrix}. \tag{9.2.4}$$

称为 n 阶方阵,通常记作 $\boldsymbol{A}_n$.

方阵左上角到右下角的元素 $a_{11},a_{22},\cdots,a_{nn}$ 构成一条对角线,称为主对角线,a_{ii} 称为第 i 个主对角线元素.

定义 9.11(对角矩阵)　主对角线上以外的元素全为 0 的方阵

$$A=\begin{bmatrix} d_1 & 0 & \cdots & 0 \\ 0 & d_2 & \cdots & 0 \\ \vdots & \vdots & \ddots & \vdots \\ 0 & 0 & \cdots & d_n \end{bmatrix}. \tag{9.2.5}$$

称为对角矩阵.

定义 9.12(数量矩阵) 主对角线上的元素全为 a 的对角矩阵

$$A=\begin{bmatrix} a & 0 & \cdots & 0 \\ 0 & a & \cdots & 0 \\ \vdots & \vdots & \ddots & \vdots \\ 0 & 0 & \cdots & a \end{bmatrix}. \tag{9.2.6}$$

称为数量矩阵.

定义 9.13(单位矩阵) 主对角线上的元素全为1的对角矩阵

$$I=\begin{bmatrix} 1 & 0 & \cdots & 0 \\ 0 & 1 & \cdots & 0 \\ \vdots & \vdots & \ddots & \vdots \\ 0 & 0 & \cdots & 1 \end{bmatrix}. \tag{9.2.7}$$

称为单位矩阵,记作 I 或者 E.

9.2.2 矩阵的运算

(1) 矩阵相等

定义 9.14 设矩阵 $A=(a_{ij})$,$B=(b_{ij})$都是 $m\times n$ 矩阵,如果

$$a_{ij}=b_{ij}, \quad i=1,2,\cdots,m, j=1,2,\cdots,n.$$

则称矩阵 A 和矩阵 B 相等,记作 $A=B$.

行数和列数相同的矩阵称为同型矩阵. 两个矩阵相等,当且仅当它们是同型矩阵且每一个元素都对应相等.

(2) 矩阵加法与减法

引例 3 甲乙两公司一月份销售产品的数量如表 9-2 所列,二月份销售产品的数量如表 9-3 所列,问两个月一共销售产品的数量为多少?

记一月份销售产品的矩阵为 A,二月份销售产品的矩阵为 B,则

$$A=\begin{bmatrix} 100 & 80 & 95 \\ 50 & 55 & 60 \end{bmatrix}, \qquad B=\begin{bmatrix} 90 & 90 & 85 \\ 55 & 65 & 70 \end{bmatrix}.$$

表 9-2 一月份销售表

类　别	产品 A	产品 B	产品 C
甲	100	80	95
乙	50	55	60

表 9－3　二月份销售表

类　别	产品 A	产品 B	产品 C
甲	90	90	85
乙	55	65	70

统计两个月一共销售产品的数据，显然把 $\boldsymbol{A}$，$\boldsymbol{B}$ 矩阵中对应的元素相加即可，结果仍然是具有相同行数和列数的矩阵，记两个月一共销售产品为 $\boldsymbol{C}$，则

$$\boldsymbol{C}=\begin{bmatrix}100+90 & 80+90 & 95+85\\ 50+55 & 55+65 & 60+70\end{bmatrix}=\begin{bmatrix}190 & 170 & 180\\ 105 & 120 & 130\end{bmatrix}.$$

由此定义矩阵的加法.

定义 9.15　若矩阵 $\boldsymbol{A}=(a_{ij})$，$\boldsymbol{B}=(b_{ij})$ 都是 $m\times n$ 矩阵，$\boldsymbol{A}$ 与 $\boldsymbol{B}$ 的和仍然是 $m\times n$ 矩阵，记 $\boldsymbol{C}=\boldsymbol{A}+\boldsymbol{B}$，且

$$\boldsymbol{C}=(c_{ij})_{m\times n}=(a_{ij}+b_{ij})_{m\times n}=\begin{bmatrix}a_{11}+b_{11} & a_{12}+b_{12} & \cdots & a_{1n}+b_{1n}\\ a_{21}+b_{21} & a_{22}+b_{22} & \cdots & a_{2n}+b_{2n}\\ \vdots & \vdots & & \vdots\\ a_{m1}+b_{m1} & a_{m2}+b_{m2} & \cdots & a_{mn}+b_{mn}\end{bmatrix}. \tag{9.2.8}$$

设矩阵 $\boldsymbol{A}=(a_{ij})$，记 $-\boldsymbol{A}=(-a_{ij})$，称 $-\boldsymbol{A}$ 为矩阵 $\boldsymbol{A}$ 的负矩阵.

矩阵的减法为 $\boldsymbol{A}-\boldsymbol{B}=\boldsymbol{A}+(-\boldsymbol{B})=(a_{ij}-b_{ij})_{m\times n}$.

只有两个矩阵是同型矩阵时，才能进行矩阵的加减运算. 两个同型矩阵的和差，即为两个矩阵对应位置元素进行和差得到的矩阵.

矩阵的加法满足以下规律(假设 $\boldsymbol{A}$，$\boldsymbol{B}$，$\boldsymbol{C}$ 都是同型矩阵)：

① $\boldsymbol{A}+\boldsymbol{B}=\boldsymbol{B}+\boldsymbol{A}$；

② $(\boldsymbol{A}+\boldsymbol{B})+\boldsymbol{C}=\boldsymbol{A}+(\boldsymbol{B}+\boldsymbol{C})$；

③ $\boldsymbol{A}+\boldsymbol{0}=\boldsymbol{A}$；

④ $\boldsymbol{A}+(-\boldsymbol{A})=\boldsymbol{0}$.

(3) 矩阵的数乘

定义 9.16　设矩阵 $\boldsymbol{A}=(a_{ij})$ 是 $m\times n$ 矩阵，k 为一个数，$\boldsymbol{A}$ 和 λ 的乘积仍然是 $m\times n$ 矩阵，记作 $k\boldsymbol{A}$ 或 $\boldsymbol{A}k$，且

$$k\boldsymbol{A}=\boldsymbol{A}k=(ka_{ij})=\begin{bmatrix}ka_{11} & ka_{12} & \cdots & ka_{1n}\\ ka_{21} & ka_{22} & & ka_{2n}\\ \vdots & \vdots & & \vdots\\ ka_{m1} & ka_{m2} & \cdots & ka_{mn}\end{bmatrix}. \tag{9.2.9}$$

矩阵的数乘满足以下运算律($\boldsymbol{A}$，$\boldsymbol{B}$ 都是同型矩阵，k，l 为常数)：

① $(kl)\boldsymbol{A}=k(l\boldsymbol{A})$；

② $(k+l)\boldsymbol{A}=k\boldsymbol{A}+l\boldsymbol{A}$；

③ $k(\boldsymbol{A}+\boldsymbol{B})=k\boldsymbol{A}+k\boldsymbol{B}$.

【例 9.14】　设 $\boldsymbol{A}=\begin{bmatrix}2 & -1 & 3\\ 1 & 3 & -2\end{bmatrix}$，$\boldsymbol{B}=\begin{bmatrix}-1 & 1 & 3\\ 2 & -2 & 1\end{bmatrix}$，求 $\boldsymbol{A}+2\boldsymbol{B}$，$2\boldsymbol{A}-\boldsymbol{B}$.

解　$$\boldsymbol{A}+2\boldsymbol{B}=\begin{bmatrix}2 & -1 & 3\\1 & 3 & -2\end{bmatrix}+\begin{bmatrix}-2 & 2 & 6\\4 & -4 & 2\end{bmatrix}=\begin{bmatrix}0 & 1 & 9\\5 & -1 & 0\end{bmatrix}.$$

$$2\boldsymbol{A}-\boldsymbol{B}=\begin{bmatrix}4 & -2 & 6\\2 & 6 & -4\end{bmatrix}-\begin{bmatrix}-1 & 1 & 3\\2 & -2 & 1\end{bmatrix}=\begin{bmatrix}5 & -3 & 3\\0 & 8 & -5\end{bmatrix}.$$

(4) 矩阵的乘法

引例 4　某高校运动会中 A,B 两个班的比赛结果如表 9-4 所列,第一名到第三名颁发的奖金和团体评分标准如表 9-5 所列,现在需要计算各班获得的奖金总数和团体总分.

表 9-4　校运动会中比赛结果表

班　级	第一名	第二名	第三名
A 班	3	1	2
B 班	1	4	2

表 9-5　校运动会奖金和团体评分标准

名　次	奖金/元	评　分
第一名	300	5
第二名	200	3
第三名	150	1

记比赛结果矩阵为 $\boldsymbol{A}$,评分标准结果矩阵为 $\boldsymbol{B}$,则

$$\boldsymbol{A}=\begin{bmatrix}3 & 1 & 2\\1 & 4 & 2\end{bmatrix},\qquad \boldsymbol{B}=\begin{bmatrix}300 & 5\\200 & 3\\150 & 1\end{bmatrix}.$$

容易统计两班的奖金数和团体总分,记为矩阵 $\boldsymbol{C}$,则

$$\boldsymbol{C}=\begin{matrix}\text{A 班}\\\text{B 班}\end{matrix}\overset{\qquad\qquad\text{奖金}\qquad\qquad\qquad\text{总分}}{\begin{bmatrix}3\times300+1\times200+2\times150 & 3\times5+1\times3+2\times1\\1\times300+4\times200+2\times150 & 1\times5+4\times3+2\times1\end{bmatrix}}.$$

记上述统计表为矩阵 $\boldsymbol{C}$,并且定义为矩阵 $\boldsymbol{A}$ 和矩阵 $\boldsymbol{B}$ 的乘积,即

$$\begin{bmatrix}3\times300+1\times200+2\times150 & 3\times5+1\times3+2\times1\\1\times300+4\times200+2\times150 & 1\times5+4\times3+2\times1\end{bmatrix}=\begin{bmatrix}3 & 1 & 2\\1 & 4 & 2\end{bmatrix}\times\begin{bmatrix}300 & 5\\200 & 3\\150 & 1\end{bmatrix}.$$

由此定义矩阵的乘法.

定义 9.17　设矩阵 $\boldsymbol{A}=(a_{ij})$ 是 $m\times s$ 矩阵,$\boldsymbol{B}=(b_{ij})$ 是 $s\times n$ 矩阵,$\boldsymbol{A}$ 乘以 $\boldsymbol{B}$ 的乘积是 $m\times n$ 矩阵,记 $\boldsymbol{C}=\boldsymbol{AB}$,且

$$c_{ij}=a_{i1}b_{1j}+a_{i2}b_{2j}+\cdots+a_{is}b_{sj}=\sum_{k=1}^{s}a_{is}b_{sj}. \tag{9.2.10}$$

矩阵的乘法,务必注意：

① 只有等号左边矩阵的列数等于等号右边矩阵的行数,矩阵才能相乘；

② $\boldsymbol{A}$ 乘以 $\boldsymbol{B}$ 的乘积的矩阵,以等号左边矩阵的行数为行,以等号右边矩阵的列数为列.乘积的(i,j)元素是等号左边矩阵的第 i 行和等号右边矩阵的第 j 列对应元素的乘积之和.

【例 9.15】 设矩阵

$$\boldsymbol{A}=\begin{bmatrix}1&2&0\\2&1&3\end{bmatrix},\quad \boldsymbol{B}=\begin{bmatrix}2&3\\1&-2\\3&1\end{bmatrix}.$$

求 $\boldsymbol{AB}$ 和 $\boldsymbol{BA}$.

解 $$\boldsymbol{AB}=\begin{bmatrix}1&2&0\\2&1&3\end{bmatrix}\begin{bmatrix}2&3\\1&-2\\3&1\end{bmatrix}=\begin{bmatrix}4&-1\\14&7\end{bmatrix}.$$

$$\boldsymbol{BA}=\begin{bmatrix}2&3\\1&-2\\3&1\end{bmatrix}\begin{bmatrix}1&2&0\\2&1&3\end{bmatrix}=\begin{bmatrix}8&7&9\\-3&0&-6\\5&7&3\end{bmatrix}.$$

【例 9.16】 设矩阵

$$\boldsymbol{A}=\begin{bmatrix}1&-2\\-1&2\end{bmatrix},\quad \boldsymbol{B}=\begin{bmatrix}2&4\\1&2\end{bmatrix}.$$

求 $\boldsymbol{AB}$.

解 $$\boldsymbol{AB}=\begin{bmatrix}1&-2\\-1&2\end{bmatrix}\begin{bmatrix}2&4\\1&2\end{bmatrix}=\begin{bmatrix}0&0\\0&0\end{bmatrix}.$$

【例 9.17】 设矩阵

$$\boldsymbol{A}=\begin{bmatrix}-1&2\\2&-4\end{bmatrix},\quad \boldsymbol{B}=\begin{bmatrix}-2&2\\-1&1\end{bmatrix},\quad \boldsymbol{C}=\begin{bmatrix}4&-6\\2&3\end{bmatrix}.$$

求 $\boldsymbol{AB}$ 和 $\boldsymbol{BC}$.

解 $$\boldsymbol{AB}=\begin{bmatrix}-1&2\\2&-4\end{bmatrix}\begin{bmatrix}-2&2\\-1&1\end{bmatrix}=\begin{bmatrix}0&0\\0&0\end{bmatrix}.$$

$$\boldsymbol{AC}=\begin{bmatrix}-1&2\\2&-4\end{bmatrix}\begin{bmatrix}4&-6\\2&3\end{bmatrix}=\begin{bmatrix}0&0\\0&0\end{bmatrix}.$$

【例 9.18】 设矩阵

$$\boldsymbol{I}=\begin{bmatrix}1&0&0\\0&1&0\\0&0&1\end{bmatrix},\quad \boldsymbol{A}=\begin{bmatrix}2&-2&3\\3&1&5\\-4&2&1\end{bmatrix}.$$

求 $\boldsymbol{IA}$ 和 $\boldsymbol{AI}$.

解 $$\boldsymbol{IA}=\begin{bmatrix}1&0&0\\0&1&0\\0&0&1\end{bmatrix}\begin{bmatrix}2&-2&3\\3&1&5\\-4&2&1\end{bmatrix}=\begin{bmatrix}2&-2&3\\3&1&5\\-4&2&1\end{bmatrix}.$$

$$AI=\begin{bmatrix}2&-2&3\\3&1&5\\-4&2&1\end{bmatrix}\begin{bmatrix}1&0&0\\0&1&0\\0&0&1\end{bmatrix}=\begin{bmatrix}2&-2&3\\3&1&5\\-4&2&1\end{bmatrix}.$$

由例9.15可见,矩阵乘法一般不满足交换律,即$\boldsymbol{AB}\neq\boldsymbol{BA}$.

由例9.16可见,若$\boldsymbol{AB}=\boldsymbol{0}$,不一定存在$\boldsymbol{A}=\boldsymbol{0}$或$\boldsymbol{B}=\boldsymbol{0}$.

由例9.17可见,若$\boldsymbol{AB}=\boldsymbol{AC}$,不一定存在$\boldsymbol{B}=\boldsymbol{C}$.

矩阵的乘法满足以下运算律:

① $(\boldsymbol{AB})\boldsymbol{C}=\boldsymbol{A}(\boldsymbol{BC})$;

② $\boldsymbol{A}(\boldsymbol{B}+\boldsymbol{C})=\boldsymbol{AB}+\boldsymbol{AC}$;

$(\boldsymbol{A}+\boldsymbol{B})\boldsymbol{C}=\boldsymbol{AC}+\boldsymbol{BC}$;

③ $k(\boldsymbol{AB})=(k\boldsymbol{A})\boldsymbol{B}=\boldsymbol{A}(k\boldsymbol{B})$;

④ $\boldsymbol{IA}=\boldsymbol{AI}=\boldsymbol{A}$.

(5) 矩阵的转置

定义9.18 设矩阵$\boldsymbol{A}=(a_{ij})$是$m\times n$矩阵,将元素的行列位置互换,形成的$n\times m$矩阵称为转置矩阵,记作$\boldsymbol{A}^{\mathrm{T}}$.

设

$$\boldsymbol{A}=\begin{bmatrix}a_{11}&a_{12}&\cdots&a_{1n}\\a_{21}&a_{22}&\cdots&a_{2n}\\\vdots&\vdots&&\vdots\\a_{m1}&a_{m2}&\cdots&a_{mn}\end{bmatrix}.\tag{9.2.1}$$

则

$$\boldsymbol{A}^{\mathrm{T}}=\begin{bmatrix}a_{11}&a_{21}&\cdots&a_{m1}\\a_{12}&a_{22}&\cdots&a_{m2}\\\vdots&\vdots&&\vdots\\a_{1n}&a_{2n}&\cdots&a_{mn}\end{bmatrix}.\tag{9.2.11}$$

由上述定义可以看出,转置矩阵的(i,j)元素实际上是原矩阵的(j,i)元素,转置矩阵的第i行实际上是原矩阵的第i列,通常求转置矩阵是按行转列.

矩阵的转置满足以下一些规律:

① $(\boldsymbol{A}^{\mathrm{T}})^{\mathrm{T}}=\boldsymbol{A}$;

② $(\boldsymbol{A}+\boldsymbol{B})^{\mathrm{T}}=\boldsymbol{A}^{\mathrm{T}}+\boldsymbol{B}^{\mathrm{T}}$;

③ $(k\boldsymbol{A})^{\mathrm{T}}=k\boldsymbol{A}^{\mathrm{T}}$;

④ $(\boldsymbol{AB})^{\mathrm{T}}=\boldsymbol{B}^{\mathrm{T}}\boldsymbol{A}^{\mathrm{T}}$.

【例9.19】 设$x=(1,2,3)$,$y=(-1,0,2)$,求xy^{T}和$x^{\mathrm{T}}y$.

解 $xy^{\mathrm{T}}=(1,2,3)\begin{bmatrix}-1\\0\\2\end{bmatrix}=5.$

$$x^{\mathrm{T}}y=\begin{bmatrix}1\\2\\3\end{bmatrix}(-1,0,2)=\begin{bmatrix}-1&0&2\\-2&0&4\\-3&0&6\end{bmatrix}.$$

定义 9.19　若 $\boldsymbol{A}^{\mathrm{T}}=\boldsymbol{A}$,称矩阵 $\boldsymbol{A}$ 为对称矩阵,对称矩阵满足 $a_{ij}=a_{ji}$.

定义 9.20　若 $\boldsymbol{A}^{\mathrm{T}}=-\boldsymbol{A}$,称矩阵 $\boldsymbol{A}$ 为反对称矩阵,反对称矩阵满足 $a_{ij}=-a_{ji}$,特别的 $a_{ii}=0$.

【例 9.20】　证明:$\boldsymbol{A}^{\mathrm{T}}\boldsymbol{A}$ 是对称矩阵.

证明　因为 $(\boldsymbol{A}^{\mathrm{T}}\boldsymbol{A})^{\mathrm{T}}=\boldsymbol{A}^{\mathrm{T}}(\boldsymbol{A}^{\mathrm{T}})^{\mathrm{T}}=\boldsymbol{A}^{\mathrm{T}}\boldsymbol{A}$. 所以 $\boldsymbol{A}^{\mathrm{T}}\boldsymbol{A}$ 为对称矩阵.

9.2.3　矩阵的应用

学习了矩阵的概念和运算后,许多实际问题都可以建立相应的矩阵并利用矩阵的运算处理,使问题能方便有效处理解决,以下通过一些例子说明矩阵的应用.

【例 9.21】　某人每天吃三种食物 A_1,A_2,A_3 各 150 g,250 g,100 g,这三种食物的成分含量如表 9-6 所列. 请问这个人摄取了脂肪、糖、蛋白质各多少?

表 9-6　三种食物的成分含量

单位:%

食物	A_1	A_2	A_3
脂肪	20	15	18
糖	15	30	25
蛋白质	10	7	40

解　建立三种食物的成分含量矩阵

$$\boldsymbol{A}=\begin{bmatrix}20\% & 15\% & 18\% \\ 15\% & 30\% & 25\% \\ 10\% & 7\% & 40\%\end{bmatrix}.$$

建立吃掉食物的数量矩阵

$$\boldsymbol{B}=\begin{bmatrix}150 \\ 250 \\ 100\end{bmatrix}.$$

摄取的脂肪、糖、蛋白质的含量为

$$\boldsymbol{C}=\boldsymbol{AB}=\begin{bmatrix}20\% & 15\% & 18\% \\ 15\% & 30\% & 25\% \\ 10\% & 7\% & 40\%\end{bmatrix}\begin{bmatrix}150 \\ 250 \\ 100\end{bmatrix}=\begin{bmatrix}85.5 \\ 122.5 \\ 72.5\end{bmatrix}.$$

则摄入的脂肪为 85.5 g,糖 122.5 g,蛋白质 72.5 g.

【例 9.22】　甲乙两连锁店销售商品 A,B,C 的数量如表 9-7 所列,每一件商品的销售价格和利润如表 9-8 所列,求两连锁店销售商品的总收入和总利润.

表 9-7　销售数量表

单位:件

类别	A	B	C
甲	75	48	15
乙	62	90	40

表9-8 价格和利润表

单位:元/件

类别	价格	利润
A	20	5
B	15	7
C	80	27

解 建立销售数量矩阵

$$\boldsymbol{A}=\begin{bmatrix}75 & 48 & 15\\62 & 90 & 40\end{bmatrix}.$$

建立价格和利润矩阵

$$\boldsymbol{B}=\begin{bmatrix}20 & 5\\15 & 7\\80 & 27\end{bmatrix}.$$

甲乙两连锁店的总收入和总利润为

$$\boldsymbol{C}=\begin{bmatrix}75 & 48 & 15\\62 & 90 & 40\end{bmatrix}\begin{bmatrix}20 & 5\\15 & 7\\80 & 27\end{bmatrix}=\begin{bmatrix}3\ 420 & 1\ 116\\5\ 790 & 2\ 020\end{bmatrix}.$$

则甲连锁店总收入为3 420元,总利润为1 116元,乙连锁店总收入为5 790元,总利润为2 020元.

【例9.23】 自然保护区有某种动物10 000只,其中有2 000只已经患病。每年健康的动物中有20%会患病,患病的动物中有50%会治愈 ,两年后这种动物健康和患病的各有多少?

解 健康的动物来源于两部分,健康的80%和患病的50%,患病的也来源于两部分,健康的20%和患病的50%,建立矩阵如下(称为状态转移矩阵):

$$\boldsymbol{A}=\begin{bmatrix}0.8 & 0.5\\0.2 & 0.5\end{bmatrix}.$$

现在健康的有8 000只,患病的有2 000只,建立矩阵如下:

$$\boldsymbol{b}=\begin{bmatrix}8\ 000\\2\ 000\end{bmatrix}.$$

第一年后动物的状况为

$$\boldsymbol{Ab}=\begin{bmatrix}0.8 & 0.5\\0.2 & 0.5\end{bmatrix}\begin{bmatrix}8\ 000\\2\ 000\end{bmatrix}=\begin{bmatrix}7\ 400\\2\ 600\end{bmatrix}.$$

第二年后动物的状况为

$$\boldsymbol{A}(\boldsymbol{Ab})=\begin{bmatrix}0.8 & 0.5\\0.2 & 0.5\end{bmatrix}\begin{bmatrix}7\ 400\\2\ 600\end{bmatrix}=\begin{bmatrix}7\ 220\\2\ 780\end{bmatrix}.$$

则两年后有7 220只健康的动物和2 780只患病的动物.

9.2.4 初等行变换的定义

定义9.21 对矩阵实施下列三种变换:

① 交换矩阵两行;

② 非零的数乘以某一行的所有元素；

③ 某一行乘以一个数加到另外一行上去.

称为初等行变换.

变换①称为交换，若交换矩阵的第 i,j 行，记作 $r_i \leftrightarrow r_j$；变换②称为倍乘，若矩阵的第 i 行乘以非零的数 k，记作 kr_i；变换③称为倍加，若矩阵的第 i 行乘以数 k 加到第 j 行上去，记作 $r_j + kr_i$.

如果将定义 9.21 中的行改为列，称为矩阵的初等列变换. 初等行变换和初等列变换统称为初等变换，通常我们应用初等行变换.

矩阵 $\boldsymbol{A}$ 经过一系列初等变换为矩阵 $\boldsymbol{B}$，矩阵 $\boldsymbol{A}$ 和矩阵 $\boldsymbol{B}$ 一般不相等，记作 $\boldsymbol{A} \to \boldsymbol{B}$，并称 $\boldsymbol{A}$ 和 $\boldsymbol{B}$ 为等价矩阵.

定义 9.22 单位矩阵经过一次初等变换得到的矩阵，称为初等矩阵.

初等行变换有三种情况，初等矩阵也就对应了三种类型，即

① 交换单位矩阵的第 i,j 列，记作 $\boldsymbol{I}(i,j)$；

② 单位矩阵的第 i 行乘以数 k，记作 $\boldsymbol{I}(i(k))$；

③ 单位矩阵的第 j 行乘以数 k 加到第 i 行上去，记作 $\boldsymbol{I}(i,j(k))$.

【例 9.24】 对于 4 阶单位矩阵，请写出初等矩阵 $\boldsymbol{I}(1,3)$，$\boldsymbol{I}(2(2))$，$\boldsymbol{I}(1,4(-1))$.

解 $$\boldsymbol{I}(1,3)=\begin{bmatrix}0&0&1&0\\0&1&0&0\\1&0&0&0\\0&0&0&1\end{bmatrix}.$$

$$\boldsymbol{I}(2(2))=\begin{bmatrix}1&0&0&0\\0&2&0&0\\0&0&1&0\\0&0&0&1\end{bmatrix}.$$

$$\boldsymbol{I}(1,4(-1))=\begin{bmatrix}1&0&0&-1\\0&1&0&0\\0&0&1&0\\0&0&0&1\end{bmatrix}.$$

【例 9.25】 三阶初等矩阵 $\boldsymbol{I}(1,3)$，$\boldsymbol{I}(2(2))$，$\boldsymbol{I}(1,2(-1))$，以及矩阵

$$\boldsymbol{A}=\begin{bmatrix}a_{11}&a_{12}&a_{13}&a_{14}\\a_{21}&a_{22}&a_{23}&a_{24}\\a_{31}&a_{32}&a_{33}&a_{34}\end{bmatrix}.$$

求 $\boldsymbol{I}(1,3)\boldsymbol{A}$，$\boldsymbol{I}(2(2))\boldsymbol{A}$，$\boldsymbol{I}(1,2(-1))\boldsymbol{A}$.

解 $$\boldsymbol{I}(1,3)\boldsymbol{A}=\begin{bmatrix}0&0&1\\0&1&0\\1&0&0\end{bmatrix}\begin{bmatrix}a_{11}&a_{12}&a_{13}&a_{14}\\a_{21}&a_{22}&a_{23}&a_{24}\\a_{31}&a_{32}&a_{33}&a_{34}\end{bmatrix}=\begin{bmatrix}a_{31}&a_{32}&a_{33}&a_{34}\\a_{21}&a_{22}&a_{23}&a_{24}\\a_{11}&a_{12}&a_{13}&a_{14}\end{bmatrix}.$$

$$\boldsymbol{I}(2(2))\boldsymbol{A}=\begin{bmatrix}1&0&0\\0&2&0\\0&0&1\end{bmatrix}\begin{bmatrix}a_{11}&a_{12}&a_{13}&a_{14}\\a_{21}&a_{22}&a_{23}&a_{24}\\a_{31}&a_{32}&a_{33}&a_{34}\end{bmatrix}=\begin{bmatrix}a_{11}&a_{12}&a_{13}&a_{14}\\2a_{21}&2a_{22}&2a_{23}&2a_{24}\\a_{31}&a_{32}&a_{33}&a_{34}\end{bmatrix}.$$

$$I(1,2(-1))A=\begin{bmatrix}1&-1&0\\0&1&0\\0&0&1\end{bmatrix}\begin{bmatrix}a_{11}&a_{12}&a_{13}&a_{14}\\a_{21}&a_{22}&a_{23}&a_{24}\\a_{31}&a_{32}&a_{33}&a_{34}\end{bmatrix}$$

$$=\begin{bmatrix}a_{11}-a_{21}&a_{12}-a_{22}&a_{13}-a_{23}&a_{14}-a_{24}\\a_{21}&a_{22}&a_{23}&a_{24}\\a_{31}&a_{32}&a_{33}&a_{34}\end{bmatrix}.$$

由例9.25可以看出,矩阵进行初等行变换相当于在矩阵左边乘以一个对应的初等矩阵.

定义9.23 若矩阵的零行全部在下方,并且每行首个非零元素的列标依次增加的矩阵,称为阶梯矩阵.

下列矩阵都是阶梯矩阵:

$$\begin{bmatrix}a_{11}&a_{12}&a_{13}&a_{14}\\0&a_{22}&a_{23}&a_{24}\\0&0&a_{31}&a_{32}\\0&0&0&a_{44}\end{bmatrix},\quad\begin{bmatrix}a_{11}&a_{12}&a_{13}&a_{14}\\0&a_{22}&a_{23}&a_{24}\\0&0&a_{33}&a_{32}\\0&0&0&0\end{bmatrix}.$$

$$\begin{bmatrix}a_{11}&a_{12}&a_{13}&a_{14}\\0&a_{22}&a_{23}&a_{24}\\0&0&0&a_{34}\\0&0&0&0\end{bmatrix},\quad\begin{bmatrix}a_{11}&a_{12}&a_{13}&a_{14}\\0&0&0&0\\0&0&0&0\\0&0&0&0\end{bmatrix}.$$

任何一个矩阵都可以进行初等行变换化为阶梯矩阵.

【例9.26】 将下列矩阵化为阶梯矩阵:

$$\begin{bmatrix}2&1&3&1&1\\1&2&1&0&3\\3&3&4&1&4\\2&1&1&2&1\end{bmatrix}.$$

解
$$\begin{bmatrix}2&1&3&1&1\\1&2&1&0&3\\3&3&4&1&4\\2&1&1&2&1\end{bmatrix}\xrightarrow{r_1\leftrightarrow r_2}\begin{bmatrix}1&2&1&0&3\\2&1&3&1&1\\3&3&4&1&4\\2&1&1&2&1\end{bmatrix}\xrightarrow[r_4-2r_1]{\substack{r_2-2r_1\\r_3-3r_1}}\begin{bmatrix}1&2&1&0&3\\0&-3&1&1&-5\\0&-3&1&1&-5\\0&-3&-1&2&-5\end{bmatrix}$$

$$\xrightarrow[r_4-r_2]{r_3-r_2}\begin{bmatrix}1&2&1&0&3\\0&-3&1&1&-5\\0&0&0&0&0\\0&0&-2&1&0\end{bmatrix}\xrightarrow{r_4\leftrightarrow r_3}\begin{bmatrix}1&2&1&0&3\\0&-3&1&1&-5\\0&0&-2&1&0\\0&0&0&0&0\end{bmatrix}.$$

定义9.24 若矩阵为阶梯矩阵,每行首个非零元素等于1且上下的元素全为零,称为行简化阶梯矩阵.

下列矩阵都是行简化阶梯矩阵:

$$\begin{bmatrix}1&0&0&0\\0&1&0&0\\0&0&1&0\\0&0&0&1\end{bmatrix},\quad\begin{bmatrix}1&0&a_{13}&0\\0&1&a_{23}&0\\0&0&0&1\\0&0&0&0\end{bmatrix},\quad\begin{bmatrix}1&0&0&a_{14}\\0&1&0&a_{24}\\0&0&1&a_{34}\\0&0&0&0\end{bmatrix}.$$

同样的道理,任何一个矩阵都可以经过初等行变换化成行简化阶梯矩阵.

【例 9.27】 将下列矩阵化为行简化阶梯矩阵：

$$\begin{bmatrix}1&2&1&0&3\\0&-3&1&1&-5\\0&0&-2&1&0\\0&0&0&0&0\end{bmatrix}.$$

解

$$\begin{bmatrix}1&2&1&0&3\\0&-3&1&1&-5\\0&0&-2&1&0\\0&0&0&0&0\end{bmatrix}\xrightarrow[-\frac{1}{2}r_3]{-\frac{1}{3}r_2}\begin{bmatrix}1&2&1&0&3\\0&1&-\frac{1}{3}&-\frac{1}{3}&\frac{5}{3}\\0&0&1&-\frac{1}{2}&0\\0&0&0&0&0\end{bmatrix}$$

$$\xrightarrow{r_1-2r_2}\begin{bmatrix}1&0&\frac{5}{3}&\frac{2}{3}&-\frac{1}{3}\\0&1&-\frac{1}{3}&-\frac{1}{3}&\frac{5}{3}\\0&0&1&-\frac{1}{2}&0\\0&0&0&0&0\end{bmatrix}\xrightarrow[r_2+\frac{1}{3}r_3]{r_1-\frac{5}{3}r_3}\begin{bmatrix}1&0&0&-\frac{1}{6}&-\frac{1}{3}\\0&1&0&-\frac{1}{2}&\frac{5}{3}\\0&0&1&-\frac{1}{2}&0\\0&0&0&0&0\end{bmatrix}.$$

将矩阵化为阶梯矩阵和简化阶梯矩阵,是线性代数中必备的技能,矩阵很多运算都需要用到这种等价变换.

9.2.5　矩阵秩的定义

定义 9.25　在矩阵中,任取 k 行 k 列的交叉元素按原顺序排列成 k 阶行列式(称为 k 阶子式),最大阶子式不为零的阶,称为矩阵的秩.

矩阵的秩记作 $r(\boldsymbol{A})$.

【例 9.28】 矩阵

$$\boldsymbol{A}=\begin{bmatrix}1&2&3&2\\0&0&0&0\\10&20&30&10\end{bmatrix}.$$

求矩阵的秩.

解　矩阵 $\boldsymbol{A}$ 存在二阶阶子式

$$\begin{vmatrix}3&2\\30&10\end{vmatrix}=-30.$$

而大于二阶的所有三阶子式全为零,所以矩阵的秩为 $r(\boldsymbol{A})=2$.

【例 9.29】 阶梯矩阵

$$A=\begin{bmatrix}3&4&0&1&3\\0&2&1&4&2\\0&0&0&1&2\\0&0&0&0&0\end{bmatrix}.$$

求矩阵的秩.

解 矩阵 A 存在三阶子式

$$\begin{vmatrix}3&4&1\\0&2&4\\0&0&1\end{vmatrix}=6.$$

而大于三阶的所有四阶子式全为零,故矩阵的秩为 $r(A)=3$.

例 9.29 表明,阶梯矩阵中找最大不为零的 k 阶子式是很容易的,取每行首个非零元素所在的列构成. 阶梯矩阵的秩更可简单地看成非零行的行数,例 9.29 中有 3 行非零行,故矩阵的秩为 3.

定理 9.5 若矩阵的秩为 r,充要条件为存在一个 r 阶子式不为零,而所有的 $r+1$ 阶子式全为零.

按照定理 9.5 去求矩阵的秩,需要计算很多的行列式,当矩阵的行和列非常大的时候,子式是非常多的,普通矩阵用这种方法求矩阵的秩显得特别困难.

定理 9.6 矩阵经过初等行变换后,矩阵的秩不变.

由于阶梯矩阵的秩等于非零行的行数,根据定理 9.6,求矩阵的秩的一般变换为阶梯矩阵求秩.

【例 9.30】 矩阵

$$A=\begin{bmatrix}1&1&3&2\\-2&1&0&-1\\-1&2&3&1\end{bmatrix}.$$

求矩阵的秩.

解 $A=\begin{bmatrix}1&1&3&2\\-2&1&0&-1\\-1&2&3&1\end{bmatrix}\xrightarrow[r_3+r_1]{r_2+2r_1}\begin{bmatrix}1&1&3&2\\0&3&3&3\\0&3&3&3\end{bmatrix}$.

$$\xrightarrow{r_3-r_2}\begin{bmatrix}1&1&3&2\\0&3&3&3\\0&0&0&0\end{bmatrix}.$$

故矩阵的秩 $r(A)=2$.

9.2.6 逆矩阵的定义

定义 9.26 对于 n 阶矩阵 A,存在 n 阶矩阵 B,使得 $AB=BA=I$,则矩阵 A 可逆,称矩阵 B 是矩阵 A 的逆矩阵,记作 $A^{-1}=B$.

定理 9.7 若矩阵 A 存在逆矩阵,则逆矩阵是唯一的.

证明 若矩阵 A 存在两个逆矩阵 B,C,则

$$AB=BA=I,\quad AC=CA=I.$$

由
$$B=BI=B(AC)=(BA)C=IC=C.$$
得 B,C 是同一个矩阵,则逆矩阵是唯一的. 证毕

逆矩阵具有以下性质:

① 如果矩阵 A 可逆,则 A^{-1} 也可逆,且 $(A^{-1})^{-1}=A$.

② 如果矩阵 A 可逆,则 kA 也可逆,且 $(kA)^{-1}=\frac{1}{k}A^{-1}$.

③ 如果 n 阶矩阵 A,B 可逆,则 AB 也可逆,且 $(AB)^{-1}=B^{-1}A^{-1}$.

④ 如果矩阵 A 可逆,则 A^{T} 也可逆,且 $(A^{\mathrm{T}})^{-1}=(A^{-1})^{\mathrm{T}}$.

9.2.7　伴随矩阵

定义 9.27　设 A_{ij} 为方阵 A 的行列式 $|A|$ 中元素 a_{ij} 对应的代数余子式,矩阵
$$A^{*}=\begin{bmatrix} A_{11} & A_{21} & \cdots & A_{n1} \\ A_{12} & A_{22} & \cdots & A_{n2} \\ \vdots & \vdots & & \vdots \\ A_{1n} & A_{2n} & \cdots & A_{nn} \end{bmatrix}. \tag{9.2.12}$$
称为矩阵 A 的伴随矩阵.

定理 9.8　若方阵 A 对应的行列式 $|A|\neq 0$,则 A 可逆,且
$$A^{-1}=\frac{1}{|A|}A^{*} \tag{9.2.13}$$

证明　行列式按行(列)展开易得
$$AA^{*}=A^{*}A=\begin{bmatrix} |A| & 0 & \cdots & 0 \\ 0 & |A| & \cdots & 0 \\ \vdots & \vdots & & \vdots \\ 0 & 0 & \cdots & |A| \end{bmatrix}=|A|I.$$
因为 $|A|\neq 0$,则
$$A\left(\frac{1}{|A|}A^{*}\right)=\left(\frac{1}{|A|}A^{*}\right)A=I.$$
即 $A^{-1}=\frac{1}{|A|}A^{*}$,证毕.

【例 9.31】　矩阵
$$A=\begin{bmatrix} 1 & 0 & 2 \\ 2 & 2 & 1 \\ 1 & 1 & 1 \end{bmatrix}.$$
求 A^{-1}.

解　因为
$$|A|=\begin{vmatrix} 1 & 0 & 2 \\ 2 & 2 & 1 \\ 1 & 1 & 1 \end{vmatrix}=1\neq 0.$$
所以矩阵 A 可逆.

$$A_{11}=\begin{vmatrix}2&1\\1&1\end{vmatrix}=1,\quad A_{12}=-\begin{vmatrix}2&1\\1&1\end{vmatrix}=-1,\quad A_{13}=\begin{vmatrix}2&2\\1&1\end{vmatrix}=0.$$

$$A_{21}=-\begin{vmatrix}0&2\\1&1\end{vmatrix}=2,\quad A_{22}=\begin{vmatrix}1&2\\1&1\end{vmatrix}=-1,\quad A_{23}=-\begin{vmatrix}1&0\\1&1\end{vmatrix}=-1.$$

$$A_{31}=\begin{vmatrix}0&2\\2&1\end{vmatrix}=-4,\quad A_{32}=-\begin{vmatrix}1&2\\2&1\end{vmatrix}=3,\quad A_{33}=\begin{vmatrix}1&0\\2&2\end{vmatrix}=2.$$

所以

$$\boldsymbol{A}^{-1}=\frac{1}{|\boldsymbol{A}|}\boldsymbol{A}^{*}=\begin{bmatrix}1&2&-4\\-1&-1&3\\0&-1&2\end{bmatrix}.$$

方阵的阶非常大的时候,计算方阵的行列式和求伴随矩阵都要计算大量的行列式,所以求逆矩阵通常不用伴随矩阵的方法.

9.2.8 用初等行变换求逆矩阵

定理 9.9 若矩阵 $\boldsymbol{A}$ 经过多次初等行变换化为单位矩阵 $\boldsymbol{I}$,则矩阵 $\boldsymbol{A}$ 可逆,且单位矩阵 I 经过相同的初等行变换即为 $\boldsymbol{A}^{-1}$.

定理 9.9 给出了求逆矩阵的一般方法,将矩阵 $\boldsymbol{A}$ 和单位矩阵 $\boldsymbol{I}$ 拼接在一起,形成一个 $n\times 2n$ 的矩阵,对拼接矩阵进行初等行变换,若能将矩阵 $\boldsymbol{A}$ 化为单位矩阵 $\boldsymbol{I}$,单位矩阵 I 则自动化为 $\boldsymbol{A}^{-1}$,即

$$(\boldsymbol{A}\,\vdots\,\boldsymbol{I})\xrightarrow{\text{初等行变换}}(\boldsymbol{I}\,\vdots\,\boldsymbol{A}^{-1}).$$

【例 9.32】 矩阵

$$\boldsymbol{A}=\begin{bmatrix}2&2&3\\1&-1&0\\-1&2&1\end{bmatrix}.$$

求 $\boldsymbol{A}^{-1}$.

解 将矩阵 $\boldsymbol{A}$ 和单位矩阵 $\boldsymbol{I}$ 拼接成

$$(\boldsymbol{A}\,\vdots\,\boldsymbol{I})=\begin{bmatrix}2&2&3&1&0&0\\1&-1&0&0&1&0\\-1&2&1&0&0&1\end{bmatrix}\xrightarrow[r_3+r_2]{r_1-2r_2}\begin{bmatrix}0&4&3&1&-2&0\\1&-1&0&0&1&0\\0&1&1&0&1&1\end{bmatrix}$$

$$\xrightarrow{r_1\leftrightarrow r_2}\begin{bmatrix}1&-1&0&0&1&0\\0&4&3&1&-2&0\\0&1&1&0&1&1\end{bmatrix}\xrightarrow[r_2-4r_3]{r_1+r_3}\begin{bmatrix}1&0&1&0&2&1\\0&0&-1&1&-6&-4\\0&1&1&0&1&1\end{bmatrix}$$

$$\xrightarrow{r_2\leftrightarrow r_3}\begin{bmatrix}1&0&1&0&2&1\\0&1&1&0&1&1\\0&0&-1&1&-6&-4\end{bmatrix}\xrightarrow[r_2+r_3]{r_1+r_3}\begin{bmatrix}1&0&0&1&4&-3\\0&1&0&1&-5&-3\\0&0&-1&1&-6&-4\end{bmatrix}$$

$$\xrightarrow{-r_3}\begin{bmatrix}1&0&0&1&4&-3\\0&1&0&1&-5&-3\\0&0&1&-1&6&4\end{bmatrix}$$

所以
$$A^{-1}=\begin{bmatrix}1 & 4 & -3\\1 & -5 & -3\\-1 & 6 & 4\end{bmatrix}.$$

在用矩阵的初等行变换求逆矩阵时要注意:进行初等行变换的过程中,若矩阵 A 出现了零行,则矩阵 A 不可逆.

【例 9.33】 解矩阵方程 $XA=B$,其中
$$A=\begin{bmatrix}3 & -1\\-2 & 1\end{bmatrix},\quad B=\begin{bmatrix}2 & 3\\1 & -2\end{bmatrix}.$$

解 方程等号两边右乘 A^{-1},则
$$XAA^{-1}=BA^{-1}.$$
即
$$X=BA^{-1}.$$
因为
$$A^{-1}=\frac{1}{|A|}\begin{bmatrix}1 & 1\\2 & 3\end{bmatrix}=\begin{bmatrix}1 & 1\\2 & 3\end{bmatrix}.$$
则
$$X=\begin{bmatrix}2 & 3\\1 & -2\end{bmatrix}\begin{bmatrix}1 & 1\\2 & 3\end{bmatrix}=\begin{bmatrix}8 & 11\\-3 & -5\end{bmatrix}.$$

【例 9.34】 解方程组 $AX=b$,其中
$$A=\begin{bmatrix}1 & 1 & 1 & 1\\1 & 2 & -1 & 1\\2 & 2 & 3 & 1\\3 & 3 & 2 & 3\end{bmatrix},\quad X=\begin{bmatrix}x_1\\x_2\\x_3\\x_4\end{bmatrix},\quad b=\begin{bmatrix}5\\-2\\-2\\4\end{bmatrix}.$$

解 因为
$$(A\vdots I)=\begin{bmatrix}1 & 1 & 1 & 1 & 1 & 0 & 0 & 0\\1 & 2 & -1 & 1 & 0 & 1 & 0 & 0\\2 & 2 & 3 & 1 & 0 & 0 & 1 & 0\\3 & 3 & 2 & 3 & 0 & 0 & 0 & 1\end{bmatrix}\xrightarrow[r_4-3r_1]{\substack{r_2-r_1\\r_3-2r_1}}\begin{bmatrix}1 & 1 & 1 & 1 & 1 & 0 & 0 & 0\\0 & 1 & -2 & 0 & -1 & 1 & 0 & 0\\0 & 0 & 1 & -1 & -2 & 0 & 1 & 0\\0 & 0 & -1 & 0 & -3 & 0 & 0 & 1\end{bmatrix}$$
$$\xrightarrow{r_1-r_2}\begin{bmatrix}1 & 1 & 1 & 1 & 1 & 0 & 0 & 0\\0 & 1 & -2 & 0 & -1 & 1 & 0 & 0\\0 & 0 & 1 & -1 & -2 & 0 & 1 & 0\\0 & 0 & -1 & 0 & -3 & 0 & 0 & 1\end{bmatrix}\xrightarrow{r_1-r_2}\begin{bmatrix}1 & 0 & 3 & 1 & 2 & -1 & 0 & 0\\0 & 1 & -2 & 0 & -1 & 1 & 0 & 0\\0 & 0 & 1 & -1 & -2 & 0 & 1 & 0\\0 & 0 & -1 & 0 & -3 & 0 & 0 & 1\end{bmatrix}$$
$$\xrightarrow[r_4+r_3]{\substack{r_1-3r_3\\r_2+2r_3}}\begin{bmatrix}1 & 0 & 0 & 4 & 8 & -1 & -3 & 0\\0 & 1 & 0 & -2 & -5 & 1 & 2 & 0\\0 & 0 & 1 & -1 & -2 & 0 & 1 & 0\\0 & 0 & 0 & -1 & -5 & 0 & 1 & 1\end{bmatrix}\xrightarrow{-r_4}\begin{bmatrix}1 & 0 & 0 & 4 & 8 & -1 & -3 & 0\\0 & 1 & 0 & -2 & -5 & 1 & 2 & 0\\0 & 0 & 1 & -1 & -2 & 0 & 1 & 0\\0 & 0 & 0 & 1 & 5 & 0 & -1 & -1\end{bmatrix}$$
$$\xrightarrow[r_3+r_4]{\substack{r_1-4r_4\\r_2+2r_4}}\begin{bmatrix}1 & 0 & 0 & 0 & -12 & -1 & 1 & 4\\0 & 1 & 0 & 0 & 5 & 1 & 0 & 2\\0 & 0 & 1 & 0 & 3 & 0 & 0 & -1\\0 & 0 & 0 & 1 & 5 & 0 & -1 & -1\end{bmatrix}.$$

即
$$A^{-1}=\begin{bmatrix}-12 & -1 & 1 & 4\\ 5 & 1 & 0 & 2\\ 3 & 0 & 0 & -1\\ 5 & 0 & -1 & -1\end{bmatrix}.$$

则 $X=A^{-1}b$,即
$$\begin{bmatrix}x_1\\ x_2\\ x_3\\ x_4\end{bmatrix}=\begin{bmatrix}-12 & -1 & 1 & 4\\ 5 & 1 & 0 & 2\\ 3 & 0 & 0 & -1\\ 5 & 0 & -1 & -1\end{bmatrix}\begin{bmatrix}5\\ -2\\ -2\\ 4\end{bmatrix}=\begin{bmatrix}-44\\ 15\\ 11\\ 23\end{bmatrix}.$$

习题 9.2

1. 已知 $A=\begin{bmatrix}1 & 0\\ 0 & 1\end{bmatrix}$,$B=\begin{bmatrix}x & y\\ 2 & -1\end{bmatrix}$,$C=\begin{bmatrix}y & 2x\\ 2 & 2\end{bmatrix}$,且 $A=B-C$,求 x,y.

2. 已知 $A=\begin{bmatrix}1 & 3\\ 2 & -1\\ 2 & 1\end{bmatrix}$,$B=\begin{bmatrix}2 & 1 & 3\\ 5 & 2 & 1\end{bmatrix}$,求(1) $A^{T}-2B$;(2) $2A-B^{T}$.

3. 计算下列矩阵的乘积.

(1) $\begin{bmatrix}2\\ -2\\ 3\end{bmatrix}\begin{bmatrix}1 & -2\end{bmatrix}$;　　(2) $\begin{bmatrix}3 & -2\\ 4 & 1\end{bmatrix}\begin{bmatrix}1 & 1\\ 0 & 1\end{bmatrix}$;

(3) $\begin{bmatrix}2 & 1 & 2\\ 2 & 3 & 6\end{bmatrix}\begin{bmatrix}1 & 0 & 2 & 1\\ 0 & 1 & 3 & 2\\ -1 & 1 & 1 & 0\end{bmatrix}$;　　(4) $\begin{bmatrix}1 & 1 & 1\\ 1 & 2 & 1\\ 0 & 0 & 2\end{bmatrix}^2$.

4. 某企业集团三家公司均可生产甲、乙、丙三种产品,它们的单位成本如表 9-9 所列.现需要生产甲产品 100 kg,乙产品 120 kg,丙产品 80 kg,安排哪家公司生产成本最小?

表 9-9　三种产品单位成本表

单位:元/kg

类　别	产品甲	产品乙	产品丙
一公司	4	3	2
二公司	2	2	4
三公司	3	3	1

5. 下列矩阵是否是阶梯矩阵.

(1) $\begin{bmatrix}2 & 5 & 1 & 8\\ 0 & 1 & 8 & 1\\ 0 & 0 & 1 & 0\end{bmatrix}$;　　(2) $\begin{bmatrix}4 & 4 & 1 & 6\\ 0 & 2 & 3 & 5\\ 0 & 1 & 1 & 0\\ 0 & 0 & 0 & 8\end{bmatrix}$;

(3) $\begin{bmatrix}2 & 0 & 6 & 4 & 8\\ 0 & 0 & 2 & 1 & 3\\ 0 & 1 & 0 & 6 & 0\end{bmatrix}$;　　(4) $\begin{bmatrix}1 & 0 & 1 & 4 & 8\\ 0 & 0 & 3 & 1 & 3\\ 0 & 0 & 0 & 6 & 9\end{bmatrix}$.

6. 将下列矩阵化为行简化阶梯矩阵.

(1) $\begin{bmatrix} 3 & -1 & 0 & -1 & 1 \\ -2 & 1 & 1 & 0 & 2 \\ 2 & -1 & 4 & 5 & 3 \end{bmatrix}$；　　(2) $\begin{bmatrix} 1 & -2 & 1 & 1 \\ -1 & 1 & -1 & 3 \\ 2 & 1 & 2 & 4 \\ 3 & -1 & 3 & 5 \end{bmatrix}$.

7. 思考题：行列式的初等变换与矩阵初等变换有何区别？

8. 求下列矩阵的秩.

(1) $\begin{bmatrix} 2 & 1 & 3 \\ 3 & 2 & 6 \\ 1 & 1 & 2 \end{bmatrix}$；　　(2) $\begin{bmatrix} 2 & 3 & 1 & 4 & 2 \\ 1 & 1 & 2 & 2 & 1 \\ 1 & 2 & -1 & 2 & 1 \end{bmatrix}$.

9. 思考题：若矩阵的秩为 r，请问有没有 r 阶子式为零？

10. 已知矩阵 $\boldsymbol{A}=\begin{bmatrix} 2 & 1 & 0 \\ 1 & 2 & 1 \\ 1 & 1 & 1 \end{bmatrix}$，求(1) $|\boldsymbol{A}|$；(2) $\boldsymbol{A}^*$；(3) $\boldsymbol{A}^{-1}$.

11. 求下列矩阵的逆矩阵.

(1) $\begin{bmatrix} 2 & 6 \\ 1 & 4 \end{bmatrix}$；　　(2) $\begin{bmatrix} 2 & 1 & -1 \\ 0 & 2 & 1 \\ 4 & 2 & -3 \end{bmatrix}$.

12. 解下列矩阵方程.

(1) $\begin{bmatrix} 3 & -1 & 0 \\ -2 & 1 & 1 \\ 2 & -1 & 4 \end{bmatrix}\boldsymbol{X}=\begin{bmatrix} -1 & 1 & 0 \\ 0 & 2 & 1 \\ -5 & 3 & 1 \end{bmatrix}$；

(2) $\begin{bmatrix} 2 & 5 \\ -1 & -2 \end{bmatrix}\boldsymbol{X}\begin{bmatrix} 2 & 2 \\ 3 & 4 \end{bmatrix}=\begin{bmatrix} 1 & -2 \\ -3 & 4 \end{bmatrix}$.

13. 思考题：若方阵 $\boldsymbol{A}$ 满足等式 $\boldsymbol{A}^2-\boldsymbol{A}+2\boldsymbol{I}=\boldsymbol{0}$，$\boldsymbol{A}$ 是否可逆？

9.3　向　量

9.3.1　向量的概念

方程组

$$\begin{cases} x_1+x_2+x_3+x_4=1 \\ 3x_1+2x_2+x_3+x_4=-3 \\ x_2+3x_3+2x_4=5 \\ 5x_1+4x_2+3x_3+3x_4=-1 \end{cases}.$$

第二个方程加上第一个方程的两倍即可得到第四个方程，所以第四个方程是一个多余的方程.从方程中删除第四个方程不会影响到方程组的解.

由此可见，方程组中方程之间的关系是十分重要的，因而研究有序数组之间的关系也是十分重要的.为了进一步研究这种关系，从理论上深入地讨论线性方程组的解的问题，需要引入

n 维向量这个概念.

定义 9.28 由 n 个实数 $a_1, a_2, \cdots, a_n$ 组成的有序数组$(a_1, a_2, \cdots, a_n)$称为一个 n 维向量. a_i 称为向量的第 i 个分量,分量的个数 n 称为向量的维数. 通常用希腊字母 α,β,γ 等表示向量.

定义 9.29 如果 n 维向量$\boldsymbol{\alpha}=(a_1, a_2, \cdots, a_n)$,$\boldsymbol{\beta}=(b_1, b_2, \cdots, b_n)$的对应分量相等,即 $a_i=b_i(i=1,2,\cdots,n)$,则称向量 $\boldsymbol{\alpha}$ 与 $\boldsymbol{\beta}$ 相等,记作 $\boldsymbol{\alpha}=\boldsymbol{\beta}$.

分量都是零的向量称为零向量,记为 $\mathbf{0}$,即

$$\mathbf{0}=(0,0,\cdots,0).$$

若 $\boldsymbol{\alpha}=(a_1, a_2, \cdots, a_n)$,则向量$(-a_1, -a_2, \cdots, -a_n)$称为向量 $\boldsymbol{\alpha}=(a_1, a_2, \cdots, a_n)$ 的负向量,记为 $-\boldsymbol{\alpha}$.

定义 9.30 两个 n 维向量 $\boldsymbol{\alpha}=(a_1, a_2, \cdots, a_n)$ 与 $\boldsymbol{\beta}=(b_1, b_2, \cdots, b_n)$的对应分量之和构成的向量,称为向量 $\boldsymbol{\alpha}$ 与 $\boldsymbol{\beta}$ 的和,记为 $\boldsymbol{\alpha}+\boldsymbol{\beta}$,即 $\boldsymbol{\alpha}+\boldsymbol{\beta}=(a_1+b_1,a_2+b_2,\cdots,a_n+b_n)$. 由向量的加法及负向量的定义,可以定义向量的减法:

$$\begin{aligned}\boldsymbol{\alpha}-\boldsymbol{\beta}&=\boldsymbol{\alpha}+(-\boldsymbol{\beta})=(a_1, a_2, \cdots, a_n)+(-b_1, -b_2, \cdots, -b_n)\\&=(a_1-b_1,a_2-b_2,\cdots,a_n-b_n).\end{aligned}$$

定义 9.31 n 维向量 $\boldsymbol{\alpha}=(a_1, a_2, \cdots, a_n)$的各分量都乘以数 k 所构成的向量,称为数 k 与向量 α 的数量乘积,记为 $k\alpha$,即

$$k\boldsymbol{\alpha}=(ka_1,ka_2,\cdots,ka_n).$$

向量的加法与数量乘积这两种运算统称为向量的线性运算. 向量的线性运算满足下列八条运算规律:

① $\boldsymbol{\alpha}+\boldsymbol{\beta}=\boldsymbol{\beta}+\boldsymbol{\alpha}$;

② $\boldsymbol{\alpha}+(\boldsymbol{\beta}+\boldsymbol{\gamma})=(\boldsymbol{\alpha}+\boldsymbol{\beta})+\boldsymbol{\gamma}$;

③ $\mathbf{0}+\boldsymbol{\alpha}=\boldsymbol{\alpha}$;

④ $\boldsymbol{\alpha}+(-\boldsymbol{\alpha})=\mathbf{0}$;

⑤ $k(\boldsymbol{\alpha}+\boldsymbol{\beta})=k\boldsymbol{\alpha}+k\boldsymbol{\beta}$;

⑥ $(k+l)\boldsymbol{\alpha}=k\boldsymbol{\alpha}+l\boldsymbol{\alpha}$;

⑦ $k(l\boldsymbol{\alpha})=(kl)\boldsymbol{\alpha}$;

⑧ $\mathbf{1}\cdot\boldsymbol{\alpha}=\boldsymbol{\alpha}$.

其中 $\boldsymbol{\alpha}$、$\boldsymbol{\beta}$、$\boldsymbol{\gamma}$ 都是 n 维向量,k、l 都是实数.

9.3.2 向量的线性相关性

多个向量之间的比例关系表现为线性组合,如向量 $\boldsymbol{\alpha}_1=(1,2,-1,1)$,$\boldsymbol{\alpha}_2=(2,-3,1,0)$,$\boldsymbol{\alpha}_3=(4,1,-1,2)$. 容易看出 $\boldsymbol{\alpha}_1$ 的 2 倍加上 $\boldsymbol{\alpha}_2$ 就等于 $\boldsymbol{\alpha}_3$,即

$$\boldsymbol{\alpha}_3=2\boldsymbol{\alpha}_1+\boldsymbol{\alpha}_2.$$

这时,称 $\boldsymbol{\alpha}_3$ 是 $\boldsymbol{\alpha}_1$,$\boldsymbol{\alpha}_2$ 的线性组合.

定义 9.32 设有向量 $\boldsymbol{\alpha}_1,\boldsymbol{\alpha}_2,\cdots,\boldsymbol{\alpha}_m,\boldsymbol{\beta}$, 如果存在一组数 $k_1, k_2,\cdots, k_m$ 使得

$$\beta=k_1\boldsymbol{\alpha}_1+k_2\boldsymbol{\alpha}_2+\cdots+k_m\boldsymbol{\alpha}_m$$

成立. 则称向量 $\boldsymbol{\beta}$ 是向量组 $\boldsymbol{\alpha}_1,\boldsymbol{\alpha}_2,\cdots,\boldsymbol{\alpha}_m$ 的线性组合,或称向量 $\boldsymbol{\beta}$ 可由 $\boldsymbol{\alpha}_1,\boldsymbol{\alpha}_2,\cdots,\boldsymbol{\alpha}_m$ 线性表出. 其中 $k_1, k_2,\cdots,k_m$ 称为这一个组合的系数或表出的系数.

给定向量 $\boldsymbol{\beta}$ 与向量组 $\boldsymbol{\alpha}_1,\boldsymbol{\alpha}_2,\cdots,\boldsymbol{\alpha}_m$，如何判断 $\boldsymbol{\beta}$ 能否由 $\boldsymbol{\alpha}_1,\boldsymbol{\alpha}_2,\cdots,\boldsymbol{\alpha}_m$ 线性表出呢？

根据定义，这个问题取决于能否找到一组数 $k_1, k_2,\cdots, k_m$ 使得 $\boldsymbol{\beta}=k_1\boldsymbol{\alpha}_1+k_2\boldsymbol{\alpha}_2+\cdots+k_m\boldsymbol{\alpha}_m$ 成立.下面通过例子说明判定方法.

【例 9.35】 设 $\boldsymbol{\beta}=(1,1)$，$\boldsymbol{\alpha}_1=(1,-2)$，$\boldsymbol{\alpha}_2=(-2,4)$，问 $\boldsymbol{\beta}$ 能否由 $\boldsymbol{\alpha}_1,\boldsymbol{\alpha}_2$ 线性表出.

解　设 k_1, k_2 为两个数，使 $\boldsymbol{\beta}=k_1\boldsymbol{\alpha}_1+k_2\boldsymbol{\alpha}_2$ 成立，比较等式两端的对应分量，得

$$\begin{cases}k_1-2k_2=1\\-2k_1+4k_2=1\end{cases}.$$

这一方程组无解，说明满足 $\boldsymbol{\beta}=k_1\boldsymbol{\alpha}_1+k_2\boldsymbol{\alpha}_2$ 的 k_1,k_2 不存在，所以 $\boldsymbol{\beta}$ 不能由 $\boldsymbol{\alpha}_1,\boldsymbol{\alpha}_2$ 线性表出.

这就是说，把判断一个向量是否可以由一个向量组线性表出的问题转化成了判断一个线性方程组是否有解的问题，在本章的后面几节内容中将讨论线性方程组的求解问题.

定义 9.33　对于向量组 $\boldsymbol{\alpha}_1,\boldsymbol{\alpha}_2,\cdots,\boldsymbol{\alpha}_m$，如果存在一组不全为零的数 $k_1,k_2,\cdots,k_m$，使得

$$k_1\boldsymbol{\alpha}_1+k_2\boldsymbol{\alpha}_2+\cdots+k_m\boldsymbol{\alpha}_m=0.$$

则称向量组 $\boldsymbol{\alpha}_1,\boldsymbol{\alpha}_2,\cdots,\boldsymbol{\alpha}_m$ 是线性相关的.当且仅当 $k_1=k_2=\cdots=k_m=0$ 时，才有 $k_1\boldsymbol{\alpha}_1+k_2\boldsymbol{\alpha}_2+\cdots+k_m\boldsymbol{\alpha}_m=0$ 成立，则称 $\boldsymbol{\alpha}_1,\boldsymbol{\alpha}_2,\cdots,\boldsymbol{\alpha}_m$ 线性无关.

根据定义显然有以下结论：

① 一个零向量必线性相关，而一个非零向量必线性无关；

② 含有零向量的任意一个向量组必线性相关.

定理 9.10　向量组 $\boldsymbol{\alpha}_1,\boldsymbol{\alpha}_2,\cdots,\boldsymbol{\alpha}_m(m\geqslant 2)$ 线性相关的充分必要条件是其中至少有一个向量可由其余 $m-1$ 个向量线性表出.

推论　向量组 $\boldsymbol{\alpha}_1,\boldsymbol{\alpha}_2,\cdots,\boldsymbol{\alpha}_m(m\geqslant 2)$ 线性无关的充分必要条件是其中每一个向量都不能由其余 $m-1$ 个向量线性表出.

定理 9.11　若向量组中有一部分向量组（称为部分组）线性相关，则整个向量组线性相关.

推论 9.5　若向量组线性无关，则它的任意一个部分组线性无关.

【例 9.36】 讨论向量组 $\boldsymbol{\alpha}_1=(1,1,1)$，$\boldsymbol{\alpha}_2=(0,2,5)$，$\boldsymbol{\alpha}_3=(1,3,6)$ 的线性相关性.

解　令 $k_1\boldsymbol{\alpha}_1+k_2\boldsymbol{\alpha}_2+k_3\boldsymbol{\alpha}_3=0$，即

$$k_1(1,1,1)+k_2(0,2,5)+k_3(1,3,6)=(0,0,0).$$

则

$$\begin{cases}k_1+k_3=0\\k_1+2k_2+3k_3=0\\k_1+5k_2+6k_3=0\end{cases}.$$

方程组的解为

$$\begin{cases}k_1=k_2\\k_3=-k_2\end{cases}.$$

其中 k_2 为任意数，所以方程组有非零解，即存在不全为零的数 k_1,k_2,k_3，使得

$$k_1\boldsymbol{\alpha}_1+k_2\boldsymbol{\alpha}_2+k_3\boldsymbol{\alpha}_3-0.$$

由定义 9.33 知向量组 $\boldsymbol{\alpha}_1,\boldsymbol{\alpha}_2,\boldsymbol{\alpha}_3$ 线性相关.

此线性方程组为齐次线性方程组，我们将在后几节讨论齐次线性方程组的求解问题，由定义 9.33 和上面的例子可以看出，要判断一个向量组的线性关系，若能找到一组不全为零的数，则该向量组线性相关；能证明系数只能全取零，那么，该向量组是线性无关的.

9.3.3 向量的秩

我们知道,一个线性相关向量组的部分组不一定是线性相关的,例如向量组 $\boldsymbol{\alpha}_1=(2,-1,3,1)$,$\boldsymbol{\alpha}_2=(4,-2,5,4)$,$\boldsymbol{\alpha}_3=(2,-1,4,-1)$,由于 $3\boldsymbol{\alpha}_1-\boldsymbol{\alpha}_2-\boldsymbol{\alpha}_3=0$,所以向量组是线性相关的,但是其部分组 $\boldsymbol{\alpha}_1$ 是线性无关的,$\boldsymbol{\alpha}_1,\boldsymbol{\alpha}_2$ 也是线性无关的.

可以看出,上例中 $\boldsymbol{\alpha}_1,\boldsymbol{\alpha}_2,\boldsymbol{\alpha}_3$ 的线性无关的部分组中最多含有两个向量,如果再添加一个向量进去,就变成线性相关了.为了确切地说明这一问题,下面引入极大线性无关组的概念.

定义 9.34 若向量组 $\boldsymbol{A}$ 和它的一个部分组 $\boldsymbol{B}$ 满足:

① 向量组 $\boldsymbol{A}$ 线性无关;

② 向量组 $\boldsymbol{A}$ 中的任意一个向量都可由向量组 $\boldsymbol{B}$ 线性表出.则称向量组 $\boldsymbol{B}$ 是向量组 $\boldsymbol{A}$ 的一个极大线性无关组,简称为极大无关组.

【例 9.37】 设有向量组 $\boldsymbol{\alpha}_1=(1,0,0)$,$\boldsymbol{\alpha}_2=(0,1,0)$,$\boldsymbol{\alpha}_3=(0,0,1)$,$\boldsymbol{\alpha}_4=(1,0,1)$,$\boldsymbol{\alpha}_5=(1,1,0)$,$\boldsymbol{\alpha}_6=(1,0,-1)$,$\boldsymbol{\alpha}_7=(-2,3,4)$,求向量组的极大无关组.

解 显然 $\boldsymbol{\alpha}_1,\boldsymbol{\alpha}_2,\boldsymbol{\alpha}_3$ 是它的一个极大无关组.容易看出 $\boldsymbol{\alpha}_1,\boldsymbol{\alpha}_2,\boldsymbol{\alpha}_3$ 线性无关且 $\boldsymbol{\alpha}_4,\boldsymbol{\alpha}_5,\boldsymbol{\alpha}_6$,$\boldsymbol{\alpha}_7$ 都可由 $\boldsymbol{\alpha}_1,\boldsymbol{\alpha}_2,\boldsymbol{\alpha}_3$ 线性表出.另外,还容易证明:$\boldsymbol{\alpha}_1,\boldsymbol{\alpha}_2,\boldsymbol{\alpha}_4$ 或 $\boldsymbol{\alpha}_2,\boldsymbol{\alpha}_3,\boldsymbol{\alpha}_5$ 或 $\boldsymbol{\alpha}_4,\boldsymbol{\alpha}_5,\boldsymbol{\alpha}_7$ 都是它的极大无关组.

由此可以看出,一个向量组的极大线性无关组未必只有一个,但每个极大无关组所含的向量个数是相等的.

定义 9.35 向量组的极大无关组所含向量的个数称为该向量组的秩,记作 $r(\boldsymbol{A})$或$r(\boldsymbol{\alpha}_1,\boldsymbol{\alpha}_2,\cdots,\boldsymbol{\alpha}_m)$.

例 9.37 中的向量组的秩为 $r(\boldsymbol{A})=3$.

9.3.4 极大无关组

设 $\boldsymbol{A}$ 是一个 $m\times n$ 矩阵,即

$$\boldsymbol{A}=\begin{bmatrix} a_{11} & a_{12} & \cdots & a_{1n} \\ a_{21} & a_{22} & \cdots & a_{2n} \\ \vdots & \vdots & & \vdots \\ a_{m1} & a_{m2} & \cdots & a_{mn} \end{bmatrix}.$$

如果把 $\boldsymbol{A}$ 的第 i 行$(a_{i1},a_{i2},\cdots,a_{in})$看作一个行向量记为 $\boldsymbol{\alpha}_i$,则矩阵 $\boldsymbol{A}$ 就可看作由 m 个 n 维行向量组成的.同样地若把 $\boldsymbol{A}$ 的每一列看作一个列向量,则矩阵 $\boldsymbol{A}$ 就可看作由 n 个 m 维列向量组成的.

定理 9.12 任一矩阵的行秩与列秩相等,都等于该矩阵的秩 r.

定理 9.13 矩阵的初等变换不改变矩阵的秩.

本节的定理 9.13 建立了向量组(无论是行向量组还是列向量组)的秩与矩阵的秩之间的联系,即向量组的秩可通过相应的矩阵的秩求得,其通常用的方法是:先将向量组作为列向量构成矩阵 $\boldsymbol{A}$,然后对 $\boldsymbol{A}$ 实行初等行变换,将其列向量尽可能地化为简单形式,则由简化后的矩阵列之间的线性关系,就可以确定原向量组间的线性关系,从而确定其极大无关组.

【例 9.38】 求向量组 $\boldsymbol{\alpha}_1=(1,-1,2,1,0)$,$\boldsymbol{\alpha}_2=(2,-2,4,-2,0)$,$\boldsymbol{\alpha}_3=(3,0,6,-1,1)$,$\boldsymbol{\alpha}_4=(0,3,0,0,1)$的秩及一个极大无关组,并把其余向量用此极大无关组线性表示.

解　以 $\boldsymbol{\alpha}_1,\boldsymbol{\alpha}_2,\boldsymbol{\alpha}_3,\boldsymbol{\alpha}_4$ 为列向量构造矩阵 $\boldsymbol{A}$，用初等行变换把 $\boldsymbol{A}$ 化为简化阶梯形矩阵

$$\boldsymbol{A}=\begin{bmatrix}1&2&3&0\\-1&-2&0&3\\2&4&6&0\\1&-2&-1&0\\0&0&1&1\end{bmatrix}\to\begin{bmatrix}1&2&3&0\\0&1&1&0\\0&0&1&1\\0&0&0&0\\0&0&0&0\end{bmatrix}\to\begin{bmatrix}1&0&0&-1\\0&1&0&-1\\0&0&1&1\\0&0&0&0\\0&0&0&0\end{bmatrix}=(\boldsymbol{\beta}_1,\boldsymbol{\beta}_2,\boldsymbol{\beta}_3,\boldsymbol{\beta}_4).$$

因为 $r(\boldsymbol{A})=3$，所以 $r(\boldsymbol{\alpha}_1,\boldsymbol{\alpha}_2,\boldsymbol{\alpha}_3,\boldsymbol{\alpha}_4)=3$，又因为 $r(\boldsymbol{\beta}_1,\boldsymbol{\beta}_2,\boldsymbol{\beta}_3)=3$，所以 $\boldsymbol{\beta}_1,\boldsymbol{\beta}_2,\boldsymbol{\beta}_3$ 线性无关且是 $\boldsymbol{\beta}_1,\boldsymbol{\beta}_2,\boldsymbol{\beta}_3,\boldsymbol{\beta}_4$ 的一个极大无关组. 所以，相应地 $\boldsymbol{\alpha}_1,\boldsymbol{\alpha}_2,\boldsymbol{\alpha}_3$ 是 $\boldsymbol{\alpha}_1,\boldsymbol{\alpha}_2,\boldsymbol{\alpha}_3,\boldsymbol{\alpha}_4$ 的极大无关组. 由于 $\boldsymbol{\beta}_4=-\boldsymbol{\beta}_1-\boldsymbol{\beta}_2+\boldsymbol{\beta}_3$，相应地有 $\boldsymbol{\alpha}_4=-\boldsymbol{\alpha}_1-\boldsymbol{\alpha}_2+\boldsymbol{\alpha}_3$.

习题 9.3

1. 已知向量组 $\boldsymbol{A}$：$\boldsymbol{\alpha}_1,\boldsymbol{\alpha}_2,\boldsymbol{\alpha}_3,\boldsymbol{\alpha}_4$ 中 $\boldsymbol{\alpha}_2,\boldsymbol{\alpha}_3,\boldsymbol{\alpha}_4$ 线性相关，那么(　　).

A. $\boldsymbol{\alpha}_1,\boldsymbol{\alpha}_2,\boldsymbol{\alpha}_3,\boldsymbol{\alpha}_4$ 线性无关　　B. $\boldsymbol{\alpha}_1,\boldsymbol{\alpha}_2,\boldsymbol{\alpha}_3,\boldsymbol{\alpha}_4$ 线性相关

C. $\boldsymbol{\alpha}_1$ 可由 $\boldsymbol{\alpha}_2,\boldsymbol{\alpha}_3,\boldsymbol{\alpha}_4$ 线性表示　　D. $\boldsymbol{\alpha}_3,\boldsymbol{\alpha}_4$ 线性无关

2. 向量组 $\boldsymbol{\alpha}_1,\boldsymbol{\alpha}_2,\cdots,\boldsymbol{\alpha}_s$ 的秩为 r，且 $r<s$，则(　　).

A. $\boldsymbol{\alpha}_1,\boldsymbol{\alpha}_2,\cdots,\boldsymbol{\alpha}_s$ 线性无关

B. $\boldsymbol{\alpha}_1,\boldsymbol{\alpha}_2,\cdots,\boldsymbol{\alpha}_s$ 中任意 r 个向量线性无关

C. $\boldsymbol{\alpha}_1,\boldsymbol{\alpha}_2,\cdots,\boldsymbol{\alpha}_s$ 中任意 $r+1$ 个向量线性相关

D. $\boldsymbol{\alpha}_1,\boldsymbol{\alpha}_2,\cdots,\boldsymbol{\alpha}_s$ 中任意 $r-1$ 个向量线性无关

3. 讨论 $\boldsymbol{\alpha}_1=(1,2,-1)$，$\boldsymbol{\alpha}_2=(2,-3,1)$，$\boldsymbol{\alpha}_3=(4,1,-1)$的相关性.

4. 求向量组的秩：

$\boldsymbol{\alpha}_1=(1,-1,2,4)$，　$\boldsymbol{\alpha}_2=(0,3,1,2)$，　$\boldsymbol{\alpha}_3=(3,0,7,14)$，　$\boldsymbol{\alpha}_4=(1,-2,2,0)$.

5. 已知向量组 $\boldsymbol{a}_1=\begin{bmatrix}1\\0\\0\end{bmatrix}$，$\boldsymbol{a}_2=\begin{bmatrix}0\\1\\0\end{bmatrix}$，$\boldsymbol{a}_3\begin{bmatrix}0\\0\\1\end{bmatrix}$，并有向量 $\boldsymbol{a}=\begin{bmatrix}1\\2\\3\end{bmatrix}$.

(1) 判断向量组 $\boldsymbol{a}_1,\boldsymbol{a}_2,\boldsymbol{a}_3$ 的相关性；

(2) 用 $\boldsymbol{a}_1,\boldsymbol{a}_2,\boldsymbol{a}_3$ 线性表示 $\boldsymbol{a}$.

6. 求向量组的秩及极大无关组：

$\boldsymbol{\alpha}_1=(1,-1,2,4)$，　$\boldsymbol{\alpha}_2=(0,3,1,2)$，　$\boldsymbol{\alpha}_3=(3,0,7,14)$，　$\boldsymbol{\alpha}_4=(1,-2,2,0)$.

9.4　线性方程组

9.4.1　线性方程组概述

线性方程组的一般形式是

$$\begin{cases}a_{11}x_1+a_{12}x_2+\cdots+a_{1n}x_n=b_1\\a_{21}x_1+a_{22}x_2+\cdots+a_{2n}x_n=b_2\\\quad\vdots\\a_{m1}x_1+a_{m2}x_2+\cdots+a_{mn}x_n=b_m\end{cases}.\tag{9.4.1}$$

记矩阵 $\boldsymbol{A}$

$$\boldsymbol{A}=\begin{bmatrix} a_{11} & a_{12} & \cdots & a_{1n} \\ a_{21} & a_{22} & \cdots & a_{2n} \\ \vdots & \vdots & & \vdots \\ a_{m1} & a_{m2} & \cdots & a_{mn} \end{bmatrix} \tag{9.4.2}$$

称为方程组(9.4.1)的系数矩阵.

记向量

$$\boldsymbol{x}=\begin{bmatrix} x_1 \\ x_2 \\ \vdots \\ x_n \end{bmatrix}. \tag{9.4.3}$$

称为方程组(9.4.1)的未知数向量.

记向量

$$\boldsymbol{b}=\begin{bmatrix} b_1 \\ b_2 \\ \vdots \\ b_m \end{bmatrix} \tag{9.4.4}$$

称为方程组(9.4.1)的常数项向量.

则方程写成矩阵形式

$$\boldsymbol{Ax}=\boldsymbol{b}. \tag{9.4.5}$$

若方程等号右端常数项全为零,即 $\boldsymbol{b}=\boldsymbol{0}$,称 $\boldsymbol{Ax}=\boldsymbol{0}$ 为齐次线性方程组,若 $\boldsymbol{b}\neq\boldsymbol{0}$,则称 $\boldsymbol{Ax}=\boldsymbol{b}$ 为非齐次线性方程组.

有 m 个方程 n 个未知数的线性方程组称为 $m\times n$ 线性方程组,m 一般情况不等于 n.

满足方程组(9.4.5)的向量 $\boldsymbol{x}$ 为方程组的解,也称为解向量.

线性方程组由系数矩阵 $\boldsymbol{A}$ 和常数项向量 $\boldsymbol{b}$ 唯一确定,把系数矩阵 $\boldsymbol{A}$ 和常数项向量 $\boldsymbol{b}$ 拼接成矩阵 $(\boldsymbol{A}\vdots\boldsymbol{b})$,称为增广矩阵,即

$$(\boldsymbol{A}\vdots\boldsymbol{b})=\begin{bmatrix} a_{11} & a_{12} & \cdots & a_{1n} & b_1 \\ a_{21} & a_{22} & \cdots & a_{2n} & b_2 \\ \vdots & \vdots & \vdots & & \vdots \\ a_{m1} & a_{m2} & \cdots & a_{mn} & b_m \end{bmatrix}. \tag{9.4.6}$$

消元解法是解线性方程组基础适用的方法,经过消元后的方程组和原方程组是同解的,事实上就是对增广矩阵进行初等行变换.

定理 9.14 用初等行变换将线性方程组的增广矩阵 $(\boldsymbol{A}\vdots\boldsymbol{b})$ 化成 $(\boldsymbol{U}\vdots\boldsymbol{d})$,则 $\boldsymbol{Ax}=\boldsymbol{b}$ 和 $\boldsymbol{Cx}=\boldsymbol{d}$ 同解.

证明 矩阵进行初等行变换,相当于左乘初等矩阵 $\boldsymbol{P}$,则 $\boldsymbol{P}(\boldsymbol{A}\vdots\boldsymbol{b})=(\boldsymbol{U}\vdots\boldsymbol{d})$,即

$$\boldsymbol{PA}=\boldsymbol{U},\quad \boldsymbol{Pb}=\boldsymbol{d}.$$

若 $\boldsymbol{x}$ 为 $(\boldsymbol{A}\vdots\boldsymbol{b})$ 的解,即 $\boldsymbol{Ax}=\boldsymbol{b}$,则

$$\boldsymbol{Pb}=\boldsymbol{P}(\boldsymbol{Ax})=(\boldsymbol{PA})\boldsymbol{x}=\boldsymbol{Ux}.$$

又因为 $\boldsymbol{Pb}=\boldsymbol{d}$，即 $\boldsymbol{Ux}=\boldsymbol{d}$. 所以，方程组 $\boldsymbol{Ax}=\boldsymbol{b}$ 和 $\boldsymbol{Cx}=\boldsymbol{d}$ 同解. 证毕.

【例 9.39】 解线性方程组

$$\begin{cases}2x_1+2x_2-x_3=6\\x_1-2x_2+4x_3=3\\x_1+2x_2+x_3=9\end{cases}.$$

解 将方程组的增广矩阵化为行简化阶梯矩阵

$$(\boldsymbol{A}\vdots\boldsymbol{b})=\begin{bmatrix}2&2&-1&6\\1&-2&4&3\\1&2&1&9\end{bmatrix}\xrightarrow{r_2\leftrightarrow r_1}\begin{bmatrix}1&-2&4&3\\2&2&-1&6\\1&2&1&9\end{bmatrix}$$

$$\xrightarrow[r_3-r_1]{r_2-2r_1}\begin{bmatrix}1&-2&4&3\\0&6&-9&0\\0&4&-3&6\end{bmatrix}\xrightarrow{\frac{1}{6}r_2}\begin{bmatrix}1&-2&4&3\\0&1&-\frac{3}{2}&0\\0&4&-3&6\end{bmatrix}$$

$$\xrightarrow[r_3-4r_2]{r_1+2r_2}\begin{bmatrix}1&0&1&3\\0&1&-\frac{3}{2}&0\\0&0&3&6\end{bmatrix}\xrightarrow{\frac{1}{3}r_3}\begin{bmatrix}1&0&1&3\\0&1&-\frac{3}{2}&0\\0&0&1&2\end{bmatrix}$$

$$\xrightarrow[r_2+\frac{3}{2}r_3]{r_1-r_3}\begin{bmatrix}1&0&0&1\\0&1&0&3\\0&0&1&2\end{bmatrix}.$$

行简化阶梯矩阵表示的方程组为

$$\begin{cases}x_1=1\\x_2=3\\x_3=2\end{cases}.$$

则方程组的解为 $x_1=1, x_2=3, x_3=2$.

例 9.39 表明了可以用初等行变换求解线性方程组，一般步骤如下：

① 写出方程组的增广矩阵；

② 用初等行变换将增广矩阵化为行简化阶梯矩阵；

③ 由行简化阶梯矩阵得出方程组的解.

9.4.2　齐次线性方程组

齐次线性方程组的方程等号右端常数项为零，即

$$\begin{cases}a_{11}x_1+a_{12}x_2+\cdots+a_{1n}x_n=0\\a_{21}x_1+a_{22}x_2+\cdots+a_{2n}x_n=0\\\quad\vdots\\a_{m1}x_1+a_{m2}x_2+\cdots+a_{mn}x_n=0\end{cases}.\tag{9.4.7}$$

写成矩阵形式为 $\boldsymbol{Ax}=\boldsymbol{0}$，齐次线性方程组一定有解，当 $\boldsymbol{x}=\boldsymbol{0}$ 时，$x_1=x_2=\cdots=x_n=0$ 一定是方程组(9.4.7)的解，称为零解. 齐次线性方程组可能还有其他的解，需要将方程组等价变换为具有阶梯形式的方程组，方程组的所有解都可以判定.

【例9.40】 解齐次线性方程组

$$\begin{cases}x_1+2x_2+3x_3=0\\2x_1-x_2-x_3=0\\x_1-3x_2-3x_3=0\end{cases}.$$

解 齐次线性方程组的增广矩阵为$(\boldsymbol{A} \vdots \boldsymbol{0})$,由于常数项为零,进行初等行变换始终都是零,故对于齐次线性方程组的求解,直接用系数矩阵$\boldsymbol{A}$:

$$\boldsymbol{A}=\begin{bmatrix}1&2&3\\2&-1&-1\\1&-3&-3\end{bmatrix}\xrightarrow[r_3-r_1]{r_2-2r_1}\begin{bmatrix}1&2&3\\0&-5&-7\\0&-5&-6\end{bmatrix}\xrightarrow{r_3-r_2}\begin{bmatrix}1&2&3\\0&-5&-7\\0&0&1\end{bmatrix}$$

$$\xrightarrow{-\frac{1}{5}r_2}\begin{bmatrix}1&2&3\\0&1&\frac{7}{5}\\0&0&1\end{bmatrix}\xrightarrow{r_1-2r_2}\begin{bmatrix}1&0&\frac{1}{5}\\0&1&\frac{7}{5}\\0&0&1\end{bmatrix}\xrightarrow[r_2-\frac{7}{5}r_3]{r_1-\frac{1}{5}r_3}\begin{bmatrix}1&0&0\\0&1&0\\0&0&1\end{bmatrix}.$$

原方程组等价于方程组

$$\begin{cases}x_1=0\\x_2=0\\x_3=0\end{cases}.$$

则方程组只有零解 $x=0$.

【例9.41】 解齐次线性方程组

$$\begin{cases}x_1+x_2-2x_3-x_4=0\\x_1+3x_2+x_3-2x_4=0\\2x_1+4x_2-x_3-3x_4=0\\3x_1+5x_2-3x_3-4x_4=0\end{cases}.$$

解 系数矩阵

$$\boldsymbol{A}=\begin{bmatrix}1&1&-2&-1\\1&3&1&-2\\2&4&-1&-3\\3&5&-3&-4\end{bmatrix}\xrightarrow[r_4-3r_1]{\substack{r_2-r_1\\r_3-2r_1}}\begin{bmatrix}1&1&-2&-1\\0&2&3&-1\\0&2&3&-1\\0&2&3&-1\end{bmatrix}\xrightarrow[r_4-r_2]{r_3-r_2}\begin{bmatrix}1&1&-2&-1\\0&2&3&-1\\0&0&0&0\\0&0&0&0\end{bmatrix}$$

$$\xrightarrow{\frac{1}{2}r_2}\begin{bmatrix}1&1&-2&-1\\0&1&\frac{3}{2}&-\frac{1}{2}\\0&0&0&0\\0&0&0&0\end{bmatrix}\xrightarrow{r_1-r_2}\begin{bmatrix}1&0&-\frac{7}{2}&-\frac{1}{2}\\0&1&\frac{3}{2}&-\frac{1}{2}\\0&0&0&0\\0&0&0&0\end{bmatrix}.$$

行简化阶梯矩阵的第3、4行全是零,等价于方程 $0x_1+0x_2+0x_3+0x_4=0$,即 $0=0$,称为多余方程,可以去掉. 则原方程组等价于方程组

$$\begin{cases}x_1-\dfrac{7}{2}x_3-\dfrac{1}{2}x_4=0\\x_2+\dfrac{3}{2}x_3-\dfrac{1}{2}x_4=0\end{cases}.$$

方程组中 x_3,x_4 称为自由变量，x_1,x_2 受 x_3,x_4 的制约，若令 $x_3=c_1,x_4=c_2$，可得方程组的解：

$$\begin{cases}x_1=\dfrac{7}{2}c_1+\dfrac{1}{2}c_2\\x_2=-\dfrac{3}{2}c_1+\dfrac{1}{2}c_2\\x_3=c_1\\x_4=c_2\end{cases}.$$

将方程组的解写成向量形式

$$\boldsymbol{x}=\begin{bmatrix}\dfrac{7}{2}c_1+\dfrac{1}{2}c_2\\-\dfrac{3}{2}c_1+\dfrac{1}{2}c_2\\c_1\\c_2\end{bmatrix}=c_1\begin{bmatrix}\dfrac{7}{2}\\-\dfrac{3}{2}\\1\\0\end{bmatrix}+c_2\begin{bmatrix}\dfrac{1}{2}\\\dfrac{1}{2}\\0\\1\end{bmatrix}.$$

其中，c_1,c_2 为任意常数.

由例 9.40 和例 9.41 可以看出，齐次线性方程组可能只有零解也可能有非零解，这取决于是否有自由变量，反映在系数矩阵的秩和变量的个数上.

定理 9.15 n 元齐次线性方程组 $\boldsymbol{AX}=0$，若 $r(\boldsymbol{A})=n$，则方程组只有零解，若 $r(\boldsymbol{A})<n$，则方程组有非零解.

推论 9.6 若 $m\times n$ 齐次线性方程组 $\boldsymbol{AX}=0$ 中方程的个数小于未知数的个数，即 $m<n$，则方程组一定有非零解.

【例 9.42】 当 k 为何值时，齐次线性方程组

$$\begin{cases}x_1+x_2+2x_3=0\\x_1+kx_2+x_3=0\\x_1+x_2+kx_3=0\end{cases}.$$

有非零解？

解 系数矩阵

$$\boldsymbol{A}=\begin{bmatrix}1&1&1\\1&k&1\\1&1&k\end{bmatrix}\xrightarrow[r_3-r_1]{r_2-r_1}\begin{bmatrix}1&1&2\\0&k-1&0\\0&0&k-2\end{bmatrix}.$$

当 $k-1=0$ 或 $k-2=0$，即 $k=1$ 或 $k=2$ 时，易得 $r(\boldsymbol{A})<3$，则方程组有非零解.

9.4.3 非齐次线性方程组

非齐次线性方程组的等号右端常数项不全为零，即

$$\begin{cases} a_{11}x_1 + a_{12}x_2 + \cdots + a_{1n}x_n = b_1 \\ a_{21}x_1 + a_{22}x_2 + \cdots + a_{2n}x_n = b_2 \\ \quad\vdots \\ a_{m1}x_1 + a_{m2}x_2 + \cdots + a_{mn}x_n = b_m \end{cases}. \tag{9.4.8}$$

按照消元解法,将非齐次线性方程组的增广矩阵化成等价的行简化阶梯矩阵,由等价方程组得出方程组的解.

【例 9.43】 解下列非齐次线性方程组:

$$\begin{cases} x_1 + 2x_2 - 3x_3 = 1 \\ 2x_1 - x_2 + 2x_3 = 2 \\ 3x_1 + x_2 - x_3 = 4 \end{cases}.$$

解 将非齐次线性方程组的增广矩阵化为阶梯矩阵

$$(\boldsymbol{A} \vdots \boldsymbol{b}) = \begin{bmatrix} 1 & 2 & -3 & 1 \\ 2 & -1 & 2 & 2 \\ 3 & 1 & -1 & 4 \end{bmatrix} \xrightarrow[r_3 - 3r_1]{r_2 - 2r_1} \begin{bmatrix} 1 & 2 & -3 & 1 \\ 0 & -5 & 8 & 0 \\ 0 & -5 & 8 & 1 \end{bmatrix}$$

$$\xrightarrow{r_3 - r_2} \begin{bmatrix} 1 & 2 & -3 & 1 \\ 0 & -5 & 8 & 0 \\ 0 & 0 & 0 & 1 \end{bmatrix}.$$

阶梯矩阵中第 3 行等价于方程 $0x_1 + 0x_2 + 0x_3 = 1$,即 $0 = 1$,这种方程称为矛盾方程,有矛盾方程的方程组无解,所以原方程无解.

【例 9.44】 解下列非齐次线性方程组:

$$\begin{cases} x_1 + x_2 - 2x_3 - x_4 = 1 \\ x_1 - x_2 + x_3 - x_4 = 2 \\ x_1 - 3x_2 + 4x_3 - x_4 = 3 \end{cases}.$$

解 非齐次线性方程组的增广矩阵为

$$(\boldsymbol{A} \vdots \boldsymbol{b}) = \begin{bmatrix} 1 & 1 & -2 & -1 & 1 \\ 1 & -1 & 1 & -1 & 2 \\ 1 & -3 & 4 & -1 & 3 \end{bmatrix} \xrightarrow[r_3 - r_1]{r_2 - r_1} \begin{bmatrix} 1 & 1 & -2 & -1 & 1 \\ 0 & -2 & 3 & 0 & 1 \\ 0 & -4 & 6 & 0 & 2 \end{bmatrix}$$

$$\xrightarrow{-\frac{1}{2}r_2} \begin{bmatrix} 1 & 1 & -2 & -1 & 1 \\ 0 & 1 & \frac{3}{2} & 0 & -\frac{1}{2} \\ 0 & -4 & 6 & 0 & 2 \end{bmatrix} \xrightarrow[r_3 + 4r_2]{r_1 - r_2} \begin{bmatrix} 1 & 0 & -\frac{7}{2} & -1 & \frac{3}{2} \\ 0 & 1 & -1 & 0 & -\frac{1}{2} \\ 0 & 0 & 0 & 0 & 0 \end{bmatrix}.$$

上述变换中产生零行,称为多余方程,原方程组等价于

$$\begin{cases} x_1 - \frac{7}{2}x_3 - x_4 = \frac{3}{2} \\ x_2 - x_3 = \frac{1}{2} \end{cases}.$$

设 $x_3 = c_1, x_4 = c_2$,可得方程组的解:

$$x=\begin{bmatrix}\frac{3}{2}+\frac{3}{2}c_1+c_2\\ \frac{1}{2}-c_1\\ c_1\\ c_2\end{bmatrix}=\begin{bmatrix}\frac{3}{2}\\ \frac{1}{2}\\ 0\\ 0\end{bmatrix}+c_1\begin{bmatrix}\frac{3}{2}\\ -1\\ 1\\ 0\end{bmatrix}+c_2\begin{bmatrix}1\\ 0\\ 0\\ 1\end{bmatrix}.$$

其中,c_1,c_2 为任意常数.

例 9.44 解中 x_3,x_4 为自由变量,因此非齐次线性方程组的解为多解.

非齐次线性方程组可能有解,也可能无解,可以用矩阵的秩与未知数的个数判断.

定理 9.16 对于 n 元非齐次线性方程组 $\boldsymbol{AX}=\boldsymbol{b}$,如果 $r(\boldsymbol{A}\vdots\boldsymbol{b})=r(\boldsymbol{A})$,则方程组有解,否则无解.

定理 9.17 若 n 元非齐次线性方程组 $\boldsymbol{AX}=\boldsymbol{b}$ 有解,如果 $r(\boldsymbol{A})=n$,则方程组有唯一解,如果 $r(\boldsymbol{A})<n$,则方程组有多解.

【例 9.45】 当 a,b 为何值时,方程组

$$\begin{cases}x_1+x_2+2x_3=-1\\ x_1+2x_2+3x_3=1\\ 2x_1+2x_2+ax_3=b\end{cases}.$$

无解,有唯一解,有多解?

解 方程组的增广矩阵

$$(\boldsymbol{A}\vdots\boldsymbol{b})=\begin{bmatrix}1&1&2&-1\\ 1&2&3&1\\ 2&2&a&b\end{bmatrix}\xrightarrow[r_3-2r_1]{r_2-r_1}\begin{bmatrix}1&1&2&-1\\ 0&1&1&2\\ 0&0&a-4&b+2\end{bmatrix}.$$

当 $a-4=0,b+2\neq0$,即 $a=4,b\neq-2$ 时,有 $r(\boldsymbol{A}\vdots\boldsymbol{b})\neq r(\boldsymbol{A})$,此时方程组无解.

当 $a-4\neq0$,即 $a\neq4$ 时,有 $r(\boldsymbol{A}\vdots\boldsymbol{b})=r(\boldsymbol{A})=3$,此时方程组有唯一解.

当 $a-4=0,b+2=0$,即 $a=4,b=-2$ 时,有 $r(\boldsymbol{A}\vdots\boldsymbol{b})=r(\boldsymbol{A})<3$,此时方程组有多解.

9.4.4 线性方程组的应用实例

【例 9.46】 某公司投资 100 万元到 A,B,C 项目,且 A 项目的年收益为 25%,B 项目年收益率为 15%,C 项目年收益率为 5%,其中 A,B 项目风险相同,C 项目的风险最小. 现计划一年后获利 20 万元,问怎样投资才能保证风险最小并能完成获利目标?

解 假设投资 A,B,C 项目分别 x_1,x_2,x_3 万元能完成获利目标,则

$$\begin{cases}x_1+x_2+x_3=100\\ 0.25x_1+0.15x_2+0.05x_3=20\end{cases}.$$

将线性方程组的增广矩阵化成简化阶梯矩阵

$$(\boldsymbol{A}\vdots\boldsymbol{b})=\begin{bmatrix}1&1&1&100\\ 0.25&0.15&0.05&20\end{bmatrix}\xrightarrow{100r_2}\begin{bmatrix}1&1&1&100\\ 25&15&5&2\,000\end{bmatrix}$$

$$\xrightarrow{r_2-25r_1}\begin{bmatrix}1&1&1&100\\ 0&-10&-20&-500\end{bmatrix}\xrightarrow{-0.1r_2}\begin{bmatrix}1&1&1&100\\ 0&1&2&50\end{bmatrix}$$

$$\xrightarrow{r_1-r_2}\begin{bmatrix}1 & 0 & -1 & 50\\ 0 & 1 & 2 & 50\end{bmatrix}$$

则同解方程组为

$$\begin{cases}x_1-x_3=50\\ x_2+2x_3=50\end{cases}.$$

设 $x_3=c$ 万元,方程组的解为

$$\begin{cases}x_1=50+c\\ x_2=50-2c.\\ x_3=c\end{cases}$$

由于资金不能为负数,所以 $0\leqslant c\leqslant 25$ 万元,即能达到获利目标,尽可能多投资C项目则风险最小,故取 $x_3=25$,则 $x_1=75$,$x_2=0$.则投资A项目75万元、C项目25万元风险最小且能获利20万元.

【例9.47】 某工厂现使用了4种型号相同成分不同含量的化学药水(Ⅰ型,Ⅱ型,Ⅲ型,Ⅳ型),各种化学药水的成分含量如表9-10所列,现在由于Ⅳ型化学药水缺货,请设计一个方案,看是否能选用其他几种药水配置Ⅳ型药水.

表9-10 化学药水成分表

单位:g/L

类　别	Ⅰ型	Ⅱ型	Ⅲ型	Ⅳ型
成份A	1	2	1	4
成份B	2	2	1	5
成份C	3	4	1	7
成份D	2	4	2	8

解 记Ⅰ、Ⅱ、Ⅲ、Ⅳ型药水成分向量为 $\boldsymbol{\alpha}_1,\boldsymbol{\alpha}_2,\boldsymbol{\alpha}_3,\boldsymbol{\alpha}_4$,即

$$\boldsymbol{\alpha}_1=\begin{bmatrix}1\\2\\3\\2\end{bmatrix},\quad \boldsymbol{\alpha}_2=\begin{bmatrix}2\\2\\4\\4\end{bmatrix},\quad \boldsymbol{\alpha}_3=\begin{bmatrix}1\\1\\1\\2\end{bmatrix},\quad \boldsymbol{\alpha}_4=\begin{bmatrix}4\\5\\7\\8\end{bmatrix}.$$

假设Ⅳ型药水可以通过取Ⅰ型 x_1 份、Ⅱ型 x_2 份和Ⅲ型 x_3 份配置,则 $\boldsymbol{\alpha}_4=x_1\boldsymbol{\alpha}_1+x_2\boldsymbol{\alpha}_2+x_3\boldsymbol{\alpha}_3$,可以构成线性方程组

$$\begin{cases}x_1+2x_2+x_3=4\\ 2x_1+2x_2+x_3=5\\ 3x_1+4x_2+x_3=7\\ 2x_1+4x_2+2x_3=8\end{cases}.$$

将增广矩阵化为行简化阶梯矩阵,即

$$\begin{bmatrix}1 & 2 & 1 & 4\\ 2 & 2 & 1 & 5\\ 3 & 4 & 1 & 7\\ 2 & 4 & 2 & 8\end{bmatrix}\xrightarrow{\text{化为行简化阶梯矩阵}}\begin{bmatrix}1 & 0 & 0 & 1\\ 0 & 1 & 0 & 0.5\\ 0 & 0 & 1 & 2\\ 0 & 0 & 0 & 0\end{bmatrix}.$$

方程组的解为 $x_1=1$,$x_2=0.5$,$x_3=2$,即只需要用Ⅰ型1份、Ⅱ型0.5份和Ⅲ型2份即可配置

Ⅳ型药水.

习题 9.4

1. 解下列齐次线性方程组.

(1) $\begin{cases} 2x_1+x_2+2x_3+2x_4-2x_5=0 \\ x_1-2x_2+2x_3-3x_4+3x_5=0 \\ 4x_1-3x_2+6x_3-4x_4+4x_5=0 \\ 3x_1-x_2+2x_3-x_4+x_5=0 \end{cases}$;　　(2) $\begin{cases} x_1-x_2+4x_3-2x_4=0 \\ x_1-x_2-x_3+2x_4=0 \\ 3x_1+x_2+7x_3-2x_4=0 \\ x_1-3x_2-12x_3+6x_4=0 \end{cases}$.

2. 解下列非齐次线性方程组.

(1) $\begin{cases} x_1+2x_2+3x_3+x_4=3 \\ 2x_1+3x_2+3x_3+3x_4=-1 \\ 3x_1+5x_2+6x_3+4x_4=2 \end{cases}$;　　(2) $\begin{cases} 2x_1+3x_2+x_3=1 \\ x_1-2x_2+4x_3=11 \\ 3x_1+8x_2-2x_3=-9 \\ 4x_1-x_2+9x_3=23 \end{cases}$.

3. 某工厂下设三个车间，分别组装三种产品，三种产品消耗的配件如表 9-11 所列. 现有 A 配件 10 万个，B 配件 14 万个，C 配件 11 万个，问怎样安排车间生产才能使配件用完？

表 9-11　三种产品消耗配件表

配　件	产　品		
	P_1	P_2	P_3
A	1	2	2
B	2	1	3
C	2	1	2

4. 思考题：线性方程组有哪些求解方法？

本章小结

本章主要讲述了线性代数的基础知识，分为行列式、矩阵和向量两大内容，内容如下：

1. 行列式

① 2、3 阶行列式的计算(划线法)；

② n 阶行列式的计算，按任意行(列)展开或者化三角形法；

③ 行列式的性质.

性质 1　行列式与它的转置行列式相等，即 $D=D^{\mathrm{T}}$.

性质 2　交换行列式的两行(列)，行列式变号.

性质 3　用数 k 乘行列式的某一行(列)，等于用数 k 乘此行列式.

性质 4　若行列式的某一行(列)的元素是两数之和，则可以分成两行列式之和，即 $D=D_1+D_2$.

性质 5　将行列式的某一行(列)的所有元素都乘以数 k 后加到另一行(列)对应位置的元素上，行列式不变.

④ 克莱姆法则求解线性方程组.

2. 矩　阵

① 矩阵、零矩阵、行矩阵、列矩阵、方阵、上(下)三角矩阵、对角矩阵、数量矩阵、单位矩阵、阶梯矩阵、行简化阶梯矩阵、逆矩阵的概念;

② 矩阵的相等、加法、数乘、乘法和转置运算;

③ 矩阵的初等行变换,变换成行简化阶梯矩阵;

④ 用初等行变换求矩阵的秩、逆矩阵;

⑤ 解线性方程组.

3. 向　量

① 向量的概念;

② 向量的线性相关性;

③ 向量的秩;

④ 极大无关组.

本章还介绍了一些利用矩阵解决实际问题的例子,涉及经济、生物、日常生活、生产等各个领域,目的在于通过学习线性代数将知识用于实践中.

复习题 9

1. 选择题.

(1) 已知 $\begin{vmatrix} a_{11} & a_{12} & a_{13} \\ a_{21} & a_{22} & a_{23} \\ a_{31} & a_{32} & a_{33} \end{vmatrix}=3$,那么 $\begin{vmatrix} 2a_{11} & 2a_{12} & 2a_{13} \\ a_{21} & a_{22} & a_{23} \\ -2a_{31} & -2a_{32} & -2a_{33} \end{vmatrix}=$(　　).

A. -24　　B. -12　　C. -6　　D. 12

(2) 设矩阵 $\begin{bmatrix} a+b & 4 \\ 0 & d \end{bmatrix}=\begin{bmatrix} 2 & a-b \\ c & 3 \end{bmatrix}$,则(　　).

A. $a=3,b=-1,c=1,d=3$　　B. $a=-1,b=3,c=1,d=3$

C. $a=3,b=-1,c=0,d=3$　　D. $a=-1,b=3,c=0,d=3$

(3) 设3阶方阵 $\boldsymbol{A}$ 的秩为2,则与 $\boldsymbol{A}$ 等价的矩阵为(　　).

A. $\begin{bmatrix} 1 & 1 & 1 \\ 0 & 0 & 0 \\ 0 & 0 & 0 \end{bmatrix}$　　B. $\begin{bmatrix} 1 & 1 & 1 \\ 0 & 1 & 1 \\ 0 & 0 & 0 \end{bmatrix}$　　C. $\begin{bmatrix} 1 & 1 & 1 \\ 2 & 2 & 2 \\ 0 & 0 & 0 \end{bmatrix}$　　D. $\begin{bmatrix} 1 & 1 & 1 \\ 2 & 2 & 2 \\ 3 & 3 & 3 \end{bmatrix}$

(4) 若四阶方阵的秩为3,则(　　).

A. $\boldsymbol{A}$ 为可逆阵　　B. 齐次方程组 $\boldsymbol{AX}=0$ 有非零解

C. 齐次方程组 $\boldsymbol{AX}=0$ 只有零解　　D. 非齐次方程组 $\boldsymbol{AX}=\boldsymbol{b}$ 必有解

(5) 设 $\boldsymbol{A},\boldsymbol{B},\boldsymbol{C}$ 为同阶方阵,下面矩阵的运算中不成立的是(　　).

A. $(\boldsymbol{A}+\boldsymbol{B})^{\mathrm{T}}=\boldsymbol{A}^{\mathrm{T}}+\boldsymbol{B}^{\mathrm{T}}$　　B. $|\boldsymbol{AB}|=|\boldsymbol{A}||\boldsymbol{B}|$

C. $\boldsymbol{A}(\boldsymbol{B}+\boldsymbol{C})=\boldsymbol{BA}+\boldsymbol{CA}$　　D. $(\boldsymbol{AB})^{\mathrm{T}}=\boldsymbol{B}^{\mathrm{T}}\boldsymbol{A}^{\mathrm{T}}$

(6) 设 α_1,α_2 是 $\boldsymbol{AX}=\boldsymbol{b}$ 的解,η 是对应齐次方程 $\boldsymbol{AX}=0$ 的解,则(　　).

A. $\eta+\alpha_1$ 是 $\boldsymbol{AX}=\boldsymbol{0}$ 的解　　B. $\eta+(\alpha_1-\alpha_2)$ 是 $\boldsymbol{AX}=\boldsymbol{0}$ 的解

C. $\alpha_1+\alpha_2$ 是 $\boldsymbol{AX}=\boldsymbol{b}$ 的解　　D. $\alpha_1-\alpha_2$ 是 $\boldsymbol{AX}=\boldsymbol{b}$ 的解

(7) 向量组(1,0,0),(0,1,0),(0,0,1),(1,2,1),(3,0,4)的秩为(　　).

A. 3　　B. 2　　C. 4　　D. 5

2. 填空题.

(1) 行列式 $\begin{vmatrix} a_1b_1 & a_1b_2 & a_1b_3 \\ a_2b_1 & a_2b_2 & a_2b_3 \\ a_3b_1 & a_3b_2 & a_3b_3 \end{vmatrix}=$________.

(2) 设矩阵 $\boldsymbol{A}=\begin{bmatrix} 1 & 2 \\ 3 & 4 \end{bmatrix}$, $\boldsymbol{p}=\begin{bmatrix} 1 & 1 \\ 0 & 1 \end{bmatrix}$, 则 $\boldsymbol{AP}^{\mathrm{T}}=$________.

(3) 设 $\boldsymbol{A}=(1,3,-1)$, $\boldsymbol{B}=(2,1)$, 则 $\boldsymbol{A}^{\mathrm{T}}\boldsymbol{B}=$________.

(4) 若 $\begin{vmatrix} 2 & 1 & 0 \\ 1 & 3 & 1 \\ k & 2 & 1 \end{vmatrix}=0$, 则 $k=$________.

(5) 设 $\boldsymbol{A}$ 为 n 阶方阵, $|\boldsymbol{A}|\neq 0$, $\lambda\neq 0$ 为常数, 则 $|\lambda\boldsymbol{A}|=$________.

(6) 设矩阵 $\boldsymbol{A}=\begin{bmatrix} 0 & 0 & 1 \\ 0 & 1 & 1 \\ 1 & 1 & 1 \end{bmatrix}$, 则 $\boldsymbol{A}^{-1}=$________.

(7) 设向量(1, 4, 30)与向量(2, 8, a)线性无关, 则 $a\neq$________.

3. 计算解答题.

(1) 计算行列式

① $\begin{vmatrix} a & b & c \\ 0 & b & 0 \\ a & c & b \end{vmatrix}$;　　② $\begin{vmatrix} 2 & -5 & 2 \\ 3 & 1 & 3 \\ -2 & 5 & 1 \end{vmatrix}$.

(2) 已知 $\boldsymbol{A}=\begin{bmatrix} 1 & 2 & 2 \\ 2 & 1 & 2 \\ 1 & 2 & 3 \end{bmatrix}$, $\boldsymbol{B}=\begin{bmatrix} 2 & 1 & 0 \\ 1 & 1 & 2 \\ -1 & 2 & 1 \end{bmatrix}$, 求① $\boldsymbol{AB}-\boldsymbol{BA}$; ② $3\boldsymbol{A}-\boldsymbol{B}^{\mathrm{T}}$; ③ $\boldsymbol{A}^2-\boldsymbol{B}^2$; ④ $(\boldsymbol{A}-\boldsymbol{B})(\boldsymbol{A}+\boldsymbol{B})$.

(3) 已知向量组 $\boldsymbol{\alpha}_1=\begin{bmatrix} 1 \\ 1 \\ -2 \end{bmatrix}$, $\boldsymbol{\alpha}_2=\begin{bmatrix} 1 \\ -2 \\ 1 \end{bmatrix}$, $\boldsymbol{\alpha}_3=\begin{bmatrix} t \\ 1 \\ 1 \end{bmatrix}$ 的秩为 2, 求 t.

(4) 求下列矩阵的逆矩阵:

① $\begin{bmatrix} a & b \\ c & d \end{bmatrix}$ $(ad-bc\neq 0)$;　　② $\begin{bmatrix} 1 & 2 & 3 \\ 0 & 1 & 2 \\ 0 & 0 & 1 \end{bmatrix}$.

(5) 求下列矩阵的秩:

① $\begin{bmatrix} 1 & -2 & 3 \\ -1 & 2 & -3 \\ 1 & -2 & 3 \end{bmatrix}$;　　② $\begin{bmatrix} 1 & 3 & 2 \\ 2 & 4 & 3 \\ 3 & 7 & 5 \\ 1 & 1 & 1 \end{bmatrix}$.

(6) 解下列线性方程组:

① $\begin{cases}2x_1-x_2+3x_3=3\\3x_1+x_2-5x_3=0\\4x_1-x_2+x_3=3\end{cases}$;　　② $\begin{cases}x_1+2x_2+3x_3=3\\3x_1+5x_2+7x_3=10\\2x_1+3x_2+4x_3=7\end{cases}$;

③ $\begin{cases}2x_1-4x_2+5x_3+8x_4=1\\4x_1-8x_2+11x_3+18x_4=3\\2x_1-4x_2+6x_3+10x_4=2\end{cases}$;　　④ $\begin{cases}2x_1-3x_2+x_3+5x_4=6\\-3x_1+x_2+2x_3-4x_4=5\\5x_1-4x_2-x_3+9x_4=1\end{cases}$.

4. 应用题.

(1) 某工厂要组装A,B,C,D四种设备,每种设备生产过程中的消耗如表9-12所列.水费3元/t,电1.20元/度,人工40元/个,请计算各个设备的生产消耗.

表9-12　生产消耗表

类别	水/t	电/度	人工/个
A	3	500	2
B	1	1 800	3
C	2	800	4
D	2	1 200	2

(2) 甲、乙、丙三家商贸公司均出售Ⅰ、Ⅱ、Ⅲ、Ⅳ四种服装,统计表如表9-13和表9-14所列.求各个公司的总收入和总利润.

表9-13　年产量表

单位:万件

类别	Ⅰ	Ⅱ	Ⅲ	Ⅳ
公司一	25	29	18	30
公司二	23	30	21	31
公司三	20	27	19	32

表9-14　价格和利润表

单位:元

类别	价格	利润
Ⅰ	8	2
Ⅱ	6	1
Ⅲ	10	3
Ⅳ	9	2

参考文献

[1] 同济大学数学科学学院.高等数学[M].8 版.北京:高等教育出版社,2023.
[2] 周孝康,唐绍安.高等数学[M].北京:北京航空航天大学出版社,2016.
[3] 骈俊生,黄建国,蔡鸣晶.高等数学[M].2 版.北京:高等教育出版社,2018.
[4] 朱翔,刘宗宝,屈演春.应用数学[M].2 版.北京:高等教育出版社,2018.